习近平新时代中国特色社会主义思想的河南实践

系列丛书

黄河流域生态保护和高质量发展的河南担当

HENAN'S RESPONSIBILITY FOR THE ECOLOGICAL CONSERVATION AND HIGH-QUALITY DEVELOPMENT OF THE YELLOW RIVER BASIN

主编 ◎ 王建国

副主编 ◎ 王新涛 李建华 盛见 赵中华

社会科学文献出版社
SOCIAL SCIENCES ACADEMIC PRESS (CHINA)

“习近平新时代中国特色社会主义思想的河南实践”系列丛书
编委会

前　言

习近平总书记和党中央对河南工作高度重视、寄予厚望。党的十八大以来，先后四次到河南考察，多次发表重要讲话、作出重要指示，为河南工作把舵领航。全省上下深入学习贯彻习近平新时代中国特色社会主义思想和总书记关于河南工作的重要讲话重要指示精神，砥砺奋进、不懈探索，努力推动总书记重要讲话重要指示和党中央各项决策部署在河南落地落实、见行见效，脱贫攻坚任务如期全面完成，“十三五”规划全面收官，全省各项事业开创了新局面，为开启全面建设社会主义现代化河南新征程奠定了坚实基础。

按照全省宣传思想工作“八大工程”2021年度重点工作要求，河南省社科院承担研创出版“习近平新时代中国特色社会主义思想的河南实践”系列丛书，充分展示河南贯彻落实习近平新时代中国特色社会主义思想的具体举措和成功经验，既是落实全省宣传部长会议精神的重点举措，又是为建党100周年献礼，为推动河南“十四五”时期高质量发展、现代化河南建设凝聚强大精神动力的重大成果。

“习近平新时代中国特色社会主义思想的河南实践”系列丛书包括《打好“四张牌”的河南实践》《脱贫攻坚与乡村振兴的河南路径》《黄河流域生态保护和高质量发展的河南担当》《全面从严治党的河南作为》《保护传承弘扬黄河文化的河南使命》《传承红色基因的河南探索》6部。系列丛书围绕习近平总书记关于河南工作的重要讲话和指示批示精神，深入阐释习近平新时代中国特色社会主义思想的精神实质和丰富内涵，旨在全面展现习近平新时代中国特色社会主义思想的河南实践，为推动河南“十四五”开好局起好步，在中部地区崛起中奋勇争先、谱写新时代中原更加出彩的绚丽篇章提供理论支持和智力服务。

目　录

第一章 时代背景：实施黄河流域生态保护和高质量发展战略的历史方位

改革开放40多年来，我国区域发展空间格局不断调整优化，区域发展政策日益完善精准，区域经济发展更加协同协调。从“三大地带”到“四大板块”，再到提出并实施“一带一路”倡议、京津冀协同发展、长江经济带发展、粤港澳大湾区建设、长三角一体化发展、黄河流域生态保护和高质量发展等，我国区域发展战略从非均衡转向协调发展、从问题导向转向统筹系统谋划、从国土空间的板块布局转向重点区域的精准施策，构建起全方位、多层次、多领域、因地制宜、与时俱进的区域协调战略体系，形成优势互补、高质量发展的区域发展格局。黄河流域生态保护和高质量发展上升为国家战略，从区域发展角度看，不仅是区域经济协调发展战略的完善和深化，而且有助于改变我国区域经济发展南北失衡的空间格局，在真正意义上起到统筹东中西、协调南北方的作用，是开启全面建设社会主义现代化国家新征程的必然选择。

第一节 改革开放以来我国区域发展战略的历史演变

改革开放以来，党中央、国务院始终高度重视区域发展，做出了一系列重要决策部署，提出了“三大地带”发展战略，统筹推进东部率先发展、西部大开发、中部崛起和东北振兴区域发展战略，引领发挥各地区比较优势，区域发展的协调性不断增强。尤其是党的十八大以来，在以习近平同志为核心的党中央坚强领导下，又推出了京津冀协同发展、长江经济带发展、粤港澳大湾区建设、长三角一体化发展、黄河流域生态保护和高质量发展等新的区域发展战略，促进区域协调发展、协同发展、共同发展，推动形成区域发展新格局。

一　非均衡发展时期（1978~1998 年）

（一）东部沿海地区优先发展战略

1978 年党的十一届三中全会做出实行改革开放的历史性决策，我国开始实施东部沿海优先发展战略，从追求区域布局平衡向追求区域布局效率转变，特别是“六五”计划时期，明确提出了沿海地区、内陆地区和少数民族地区不同的发展方向。在东部沿海地区率先对外开放，集中财力资源、人力资源、物力资源向沿海地区倾斜，同时加大政策扶持力度，实施了一系列的支持措施。

1. 设立经济特区

1979 年 7 月中央正式批准深圳、珠海、汕头、厦门试办出口特区，给予广州、福建在对外经济活动中更多的自主权。1980 年 8 月，中共中央、国务院决定将深圳、珠海、汕头、厦门四市的出口特区更名为经济特区，标志着中国经济特区的正式诞生。经济特区是我国对外开放的重要窗口和桥梁，在我国改革开放的道路上发挥了重要的试验、示范、引领作用，在区域政策上起到了以“点”带“面”的作用，逐步形成了沿海到内陆地区分步骤梯次开发的格局，生产力布局也向东部沿海地区转移。

2. 设立经济技术开发区

为了支持沿海地区加快开放，1984 年中国在天津、上海、大连、秦皇岛、烟台、青岛、连云港、南通、宁波、温州、福州、广州、湛江、北海 14 个沿海港口城市的限定区域设立了第一批国家级经济技术开发区，旨在吸引外资、引进先进技术、承接国际产业转移、兴办三资企业等方面探索先行。这项政策是“特区政策”的延伸，是特区经验的推广和放大，随着我国区域经济的发展，经济技术开发区从沿海地区向沿江、内陆地区拓展，为我国逐步形成“经济特区—沿海开放城市—沿海经济开放区—内陆地区”的全方位开放格局做出了重要贡献。

（二）“三大地带”发展战略

“三大地带”发展战略是东部沿海地区优先发展战略的延续和深化，在实施完成“六五”计划之后，我国的生产力布局发生了新的变化，传统的沿海、内地的区域划分方法已经不能适应我国区域经济发展的需要，在此背景下，开始提出“三大地带”的划分方法。“七五”计划将全国划分为东部沿海、中部、西部三个经济地带，提出“要加速东部沿海地带的发展，同时把能源、原材料建设的重点放到中部，并积极做好进一步开发西部地带的准备。把东部沿海的发展同中、西部的开发很好地结合起来，做到互相支持，互相促进”，并提出了三大经济带的发展定位、发展目标和任务、支持政策等。“三大地带”发展战略的实施推动了我国区域经济梯度发展，无论在经济总量、产业结构还是在开放程度上，都呈现了东部沿海地区高于中部地区、中部地区高于西部地区的特点，形成东、中、西梯度发展的区域发展格局。

在 20 世纪 80 年代，我国社会经济发展迅速，东部沿海地区成为支撑我国经济高速增长的重要力量，但是东部地区与中西部地区的差距越来越大。因此，从“八五”计划开始，我国开始努力改善地区经济结构和生产力布局，在继续强调效率原则的同时，开始注意公平的目标取向。提出“正确处理发挥地区优势与全国统筹规划、沿海与内地、经济发达地区与较不发达地区之间的关系，促进地区经济朝着合理分工、各展其长、优势互补、协调发展的方向前进”。为促进区域经济协调发展，1992 年 8 月，中共中央、国务院决定开放沿江、沿边、内陆省会城市，先后开放了重庆、岳阳、武汉、九江、芜湖 5 个长江沿岸城市，哈尔滨、长春、呼和浩特、石家庄 4 个边境沿海地区省会城市，太原、合肥、南昌、郑州、长沙、成都、贵阳、西安、兰州、西宁、银川 11 个内陆地区省会城市，为中西部的经济发展提供了很好的政策环境。

虽然中央已经认识到区域差距问题并采取了一些措施，但是区域之间的差距仍然不断扩大。“八五”时期，东部沿海地区固定资产累计投资占全国的比重达到了 64.9%。整体上看，1995 年，东部沿海地区 GDP 占全国的比重达到了 59.3%，与 1978 年相比提高了 6.9 个百分点；中部地区 GDP 占全国的比重为 26.5%，与 1978 年相比下降了 4.2 个百分点；西部地区 GDP 占全国的比重为 14.2%，与 1978 年相比下降了 2.7 个百分点。同时，东部沿海地区与西部地区人均 GDP 之比由 1978 的 1.75∶1 扩大到 2.31∶1，区域间的经济差距并未缩小。

（三）区域协调战略启动

面对日益扩大的区域差距，“八五”时期我国区域发展战略已经有所调整，但是成效不明显，因此在“九五”时期我国区域发展战略发生了重大的转折，将区域协调发展提到了新的高度，《中共中央关于制定国民经济和社会发展第九个五年计划和二〇一〇年远景目标的建议》中明确提出“坚持区域经济协调发展，逐步缩小地区发展差距”，“从‘九五’开始，要更加重视支持内地的发展，实施有利于缓解差距扩大趋势的政策，并逐步加大工作力度，积极朝着缩小差距的方向努力”。这表明，从“九五”计划开始国家要逐步加大解决地区差距问题的力度。一方面，中西部地区要发挥自力更生的精神，努力将资源优势转变为经济优势，增强自身的经济活力；另一方面，政府要采取一系列有利于中西部地区加快发展的政策措施。

在“九五”时期，国家将缩小地区发展差距定为此阶段经济社会发展的目标之一，政策也开始向中西部地区倾斜，提出了六个方面的政策措施：在中西部地区安排资源开发和基础设施建设项目，引导资源加工型和劳动密集型产业向中西部地区转移；理顺资源型产品价格，增强中西部地区自我发展能力；实施规范的中央财政转移支付制度，逐步增加对中西部地区的财政支持；加快中西部地区改革开放步伐，引导外资更多地投向中西部地区；加大对贫困地区的支持力度；加强东部沿海地区与中西部地区的经济联合和技术合作。① 这一时期，中西部地区在国家的政策支持下经济社会发展速度较快，部分省份的经济增长速度接近东部沿海地区，区域差距在一定程度上有所缩小，但是受到发展基础和发展条件的制约，这一时期中西部地区国民生产总值占全国的比重仍然持续下降。

整体上看，我国实施的以效率优先的区域非均衡发展战略符合我国国情和发展实际，取得了巨大的成功。一是东部沿海地区先行先试，尤其是经济特区、开放城市和经济开发区的发展，为我国持续推进改革开放做出了有益的探索，积累了宝贵的经验，为中西部地区提供了示范效应。二是东部沿海地区经济的发展，有利于短期内提升我国的综合国力，中国的经济实现了跨越式发展，长三角、珠三角、环渤海等区域成为我国经济发展

---

① 栾贵勤：《中国区域经济发展大事典》，吉林人民出版社，2011。

龙头，初步完成了邓小平同志关于“两个大局”的第一个大局，为实现第二个大局奠定了坚实的基础。三是东部地区的快速发展，充分吸纳我国中西部农村劳动力就业，促进了我国整体国民经济效率的提升。但是，非均衡发展战略的实施也带来了一系列的问题，东部沿海地区与中西部地区的差距不断拉大，不仅表现在经济差距上，还表现在社会发展差距和生态环境问题上。国家给予东部地区过多的特殊优惠政策，而中西部地区国家给予的政策相对不足，这也造成了我国东中西部地区在经济发展政策环境方面面临不公平的竞争。

二　协调发展时期（1999~2011 年）

（一）西部大开发战略

从自身发展基础看，西部地区地域广阔，是我国重要的生态屏障和资源保障区域，受自然环境、历史条件、社会发展等诸多因素的影响，西部地区仍处于比较落后的状态。从国内发展条件看，改革开放 20 年来，东部地区经济社会快速发展，已经具备了实现邓小平同志“两个大局”第二个大局帮助内地发展的能力。从国际形势看，1998 年亚洲金融危机的爆发，对我国东部沿海地区的外向型经济带来了较大冲击。在此背景下，1999 年 3 月 3 日，江泽民同志在九届全国人大二次会议和全国政协九届二次会议的党员负责人会上的讲话中，正式提出了“西部大开发”的战略思想；1999 年 6 月 17 日，江泽民同志在西安主持召开的西北五省区国有企业改革与发展座谈会上，更加系统阐述了西部大开发的战略构想；1999 年 9 月，党的十五届四中全会通过的《中共中央关于国有企业改革和发展若干重大问题的决定》中正式提出实施西部大开发战略。[①] “十五”计划中明确提出了“实施西部大开发战略，加快中西部地区发展，合理调整地区经济布局，促进地区经济协调发展”，按照西部、中部和东部地区的先后次序，对各地区的发展进行了总体安排，扭转了改革开放以来按东、中、西三大地带梯度推进的区域发展战略。

西部大开发战略是调整我国区域经济发展失衡的重大部署，为新一阶段我国区域经济发展指出了奋斗的方向。西部大开发的目标是力争用 5~10

---

① 曾培炎：《西部大开发决策回顾》，中共党史出版社、新华出版社，2010。

年的时间，使西部地区的基础设施和生态环境建设取得突破性进展，中央在重点工程建设和投资政策方面给予西部地区大力支持，在“十五”期间中央安排基础设施建设资金 4600 亿元，财政转移支付 5000 多亿元。西部大开发的实施，极大地推动了西部地区经济发展。一是基础设施建设明显加快，青藏铁路、西气东输、西电东送、支线机场、干线公路等一批基础设施项目相继建成使用。二是生态环境得到了恢复和保护，实施了退耕还林还草、天然林保护、风沙源治理等重点工程。三是居民收入有所增长，人民生活水平有所提高。但是民族问题、贫困现象突出、生态环境脆弱等仍是西部地区长期面临的难题。

（二）东北振兴战略

东北地区是我国自然禀赋和经济发展具有较大一致性、区域交通联系紧密、各种要素空间组合较好、发育程度相对成熟的重要经济区域。新中国成立以来，东北地区是我国重点建设区域，大规模集中投资布局了以能源、原材料、装备制造为主的战略产业和大型骨干企业，为我国形成独立完整的工业体系和国民经济体系做出了历史性重大贡献。[①] 1978 年，东北地区以占全国 8.3%的国土面积，承载了全国 9.1%的人口，地区生产总值占全国的比重达到了 14.0%。随着改革开放的推进，东北老工业基地体制性、结构性矛盾突出，主要表现在市场化程度不高，国有企业所占比重较高；产业结构调整缓慢，资源型城市面临资源枯竭，接续产业尚未跟进；国有企业办社会带来的包袱较为沉重，就业压力较大等问题。到 2002 年，东北地区生产总值占全国的比重仅为 9.5%，比 1978 年下降了 4.5 个百分点，人口占全国的比重也下降到 8.2%。

为了解决东北地区出现的萧条问题，2002 年党的十六大报告明确提出“支持东北地区等老工业基地加快调整和改造，支持以资源开采为主的城市和地区发展接续产业”。2003 年中共中央、国务院《关于实施东北地区等老工业基地振兴战略的若干意见》提出了振兴东北地区的指导思想、原则、任务和政策措施。2004 年 4 月，国务院成立了振兴东北地区等老工业基地领导小组办公室，全面启动振兴东北老工业基地战略。2007 年《东北地区振兴规划》

---

① 安树伟：《改革开放 40 年以来我国区域经济发展演变与格局重塑》，《人文杂志》2018 年第 6 期。

发布，至此，东北振兴战略正式成为我国重要的区域发展战略之一。

东北振兴战略取得了一定的效果，地区产业结构得到了优化，对外开放水平显著提高，棚户区、下岗职工等民生问题逐步解决。但是，困扰东北地区发展的一些深层次问题还没有得到有效解决，如体制机制创新任务艰巨、人才与资本外流依然严重、营商环境亟待改善、产业结构调整缓慢、国有企业改革艰难。

（三）中部崛起战略

中部地区是我国区域关联度最强的地区，承东启西，连南贯北，具有开拓大市场和发展大流通的优越条件。改革开放以来，中央相继出台和实施了东部沿海优先发展、西部大开发、东北振兴等战略，中部地区一直没有中央的政策支持。长期以来，中部地区经济发展速度相对较慢，一些重要指标在全国的位次不断下降，2002 年，东部、中部、西部、东北地区的人均地区生产总值分别为 14701.3 元、6284.2 元、5722.2 元、10775.3 元，不难看出，中部地区的人均地区生产总值不仅与东部地区、东北地区有较大差距，而且低于 9447.0 元的全国平均水平，同时与西部地区相比也不具有优势。因此，中部地区的政府部门和学者呼吁要防止“中部塌陷”，认为我国区域协调发展的矛盾突出表现在中部地区。

在此背景下，中央做出了支持中部崛起的战略部署。2004 年国务院《政府工作报告》中明确提出“要坚持推进西部大开发，振兴东北地区等老工业基地，促进中部地区崛起，鼓励东部地区加快发展，形成东中西互动、优势互补、相互促进、共同发展的新格局”。2006 年中共中央、国务院发布了《关于促进中部地区崛起的若干意见》，提出将中部地区建成全国重要的粮食生产基地、能源原材料基地、现代装备制造及高技术产业基地和综合交通枢纽。随后发布了一系列的具体实施政策，明确中部 6 省 26 个城市比照实施振兴东北老工业基地的政策，243 个县（市、区）比照实施西部大开发的政策。

中部地区崛起战略的实施取得了明显的成效，一是投资规模扩大，增速快于全国和其他地区。随着中部崛起战略的实施，国家加大了对中部地区的投资力度，投资环境得到改善，利用外资规模也迅速扩张。二是经济增长速度加快，与东部地区差距缩小。在投资强度加大的刺激下，中部地区的经济增速加快，中部崛起战略实施之前，东部地区经济增速快于中部地区；中部崛起战略实施之后，中部地区经济增速快于东部地区。

（四）东部率先发展战略

从“鼓励东部地区加快发展”到“东部地区率先发展”，国家对于整个东部地区的发展并没有专门的文件和整体规划，更多地体现在支持局部地区发展的规划和文件上。国家“十一五”规划纲要提出，“坚持实施推进西部大开发，振兴东北地区等老工业基地，促进中部地区崛起，鼓励东部地区率先发展的区域发展总体战略，健全区域协调互动机制，形成合理的区域发展格局”，“东部地区要率先提高自主创新能力，率先实现经济结构优化升级和增长方式转变，率先完善社会主义市场经济体制，在率先发展和改革中带动帮助中西部地区发展”。进入 21 世纪，转型发展成为我国经济的主题，东部地区的率先发展战略，就是鼓励东部地区加快产业结构升级和优化空间布局，建立资源节约、环境友好、持续发展的绿色经济体系，带动我国整个经济社会全面转型。

总体上看，“四大板块”构成的我国区域发展战略取得了明显的成效，中部和西部地区呈现快速增长的态势，区域间发展差距相对缩小。2005～2011 年，中部地区和西部地区占全国地区生产总值的比重呈上升态势，中部地区占全国地区生产总值的比重从 2005 年的 18.8%提高到 2011 年的 20.0%，西部地区占全国地区生产总值的比重从 2005 年的 16.9%提高到 2011 年的 19.2%，东部地区占全国地区生产总值的比重呈下降态势，与 2005 年相比，2011 年东部地区占全国地区生产总值的比重下降了 3.6 个百分点。从表 1-1 和表 1-2 可以看出，这一时期，我国的固定资产投资向中部、西部和东北地区倾斜。同时，从表 1-3 可以看出，2005 年东部地区与中、西、东北地区人均地区生产总值的比值分别为 2.23∶1、2.54∶1、1.48∶1，2011 年东部地区与中、西、东北地区人均地区生产总值的比值分别为 1.83∶1、1.92∶1、1.29∶1，四大区域间人均地区生产总值的差距在逐渐缩小。但是，这一时期的区域协调战略多是问题导向的战略，还不是一种计划性、全面性、系统性的发展战略。[①]

① 蔡之兵、张可云：《空间布局、地方竞争与区域协调——新中国 70 年空间战略转变历程对构建中国特色社会主义空间科学的启示》，《人文杂志》2019 年第 12 期。

表 1-1　2005 年东、中、西、东北地区部分指标占全国的比重

单位：%

	东部地区	中部地区	西部地区	东北地区
土地面积	9.5	10.7	71.5	8.2
总人口	36	27.4	28	8.4
地区生产总值	55.6	18.8	16.9	8.7
全社会固定资产投资总额	52.4	18.5	20.3	8.8

资料来源：《2006 年中国统计年鉴》。

表 1-2　2011 年东、中、西、东北地区部分指标占全国的比重

单位：%

	东部地区	中部地区	西部地区	东北地区
土地面积	9.5	10.7	71.5	8.2
总人口	38.1	25.7	27	8.2
地区生产总值	52	20.0	19.2	8.7
全社会固定资产投资总额	42.6	23.2	23.6	10.7

资料来源：《2012 年中国统计年鉴》。

表 1-3　2005 年、2011 年东、中、西、东北地区人均地区生产总值比较

单位：元

年份	东部地区	中部地区	西部地区	东北地区	全国
2005	23768	10608	9338	15982	14040
2011	53350	29229	27731	41400	35181

资料来源：《2006 年中国统计年鉴》《2012 年中国统计年鉴》。

三　和谐发展时期（2012 年至今）

（一）布局“三个支撑带”

2012 年党的十八大对新常态下我国的区域经济发展战略提出了新的思路。2014 年 12 月，中央经济工作会议明确提出“要重点实施‘一带一路’建设、京津冀协同发展和长江经济带三大战略”，符合新常态下促进区域协调发展的总体要求，对完善区域发展战略体系、探索区域发展新经验、拓展国民经济发展新空间具有深远意义。

1. “三个支撑带”的提出

共建“一带一路”。2013 年，习近平主席先后提出共建“丝绸之路经济带”和“21 世纪海上丝绸之路”，二者构成了“一带一路”重大倡议。总体态势是东西两翼带动中部崛起，从而形成陆海统筹、东西互济、面向全球的开放新格局。在中国和沿线国家共同努力下，“一带一路”从愿景到现实、由倡议到建设，取得了举世瞩目的成就。

京津冀协同发展。京津冀是环渤海经济圈的核心区域，是中国经济第三增长极，实施京津冀协同发展重大战略，对推进区域发展体制机制创新、培育新的增长极和优化区域发展格局具有十分重大的意义。2015 年，中共中央政治局会议通过《京津冀协同发展规划纲要》，标志着京津冀协同发展进入新阶段。京津冀协同发展虽已取得诸多成果，但是北京大城市病、河北及周边地区的发展较为滞后等问题依然存在。

长江经济带发展。长江经济带是承东启西、对接“一带一路”的核心经济带，它是我国区域经济发展的重要引擎，包括长三角城市群、长江中游城市群、成渝城市群三个国家级城市群及滇中城市群和黔中城市群两个区域性城市群。开展长江经济带建设，对于大力推进我国区域协调发展和对内对外开放、打造中国经济新增长带，具有重大战略意义。自战略实施以来，沿江 11 省市严格贯彻“共抓大保护、不搞大开发”原则，积极推进长江经济带双向开放，长江流域经济发展质量全面提升。其沿线城市群发展水平梯度差异较明显，自西向东发展水平依次提高，形成以长三角城市群为龙头，以长江中游城市群和成渝城市群为重要支撑，以滇中城市群和黔中城市群为补充的格局。

2. “三个支撑带”的特点

“四大板块”战略是“问题导向型”的战略设计思路，西部大开发战略主要解决西部地区落后问题，东北老工业基地振兴战略主要解决国企改革和资源枯竭问题，中部崛起战略主要解决中部地区经济“塌陷”问题。而“三个支撑带”战略具有更为突出的“目标导向型”和“改革创新型”特点，推进路径和实施手段更为科学系统，在全面深化改革、扩大开放和探索区域治理现代化等方面更富有深意。一是目标明确，在全面深化改革和扩大开放战略布局中承担更大责任。共建“一带一路”主题是开放发展，目标是促进经济要素有序自由流动、资源高效配置和国内外市场的深度融合，推动沿线各国实现经济政策协调，开展更大范围、更高水平、更深层次的区域合作，着力打造开放、包容、均衡、普惠的区域合作架构。京津冀协同发展战略的主题是协同发展，目标在于有序疏解非首都功能，通过打破行政壁垒在更大空间范围内调整优化经济结构和空间结构，力争在推动区域协同发展体制机制改革、强化创新驱动、内涵集约发展等方面取得突破。长江经济带发展战略的主题是创新发展，目标是流域沿线地区加快理顺体制机制，着力在实施创新驱动战略、优化沿江产业布局、合理引导产业转移、促进发展提质增效升级等方面积累经验。二是战略重点和推进路径更为清晰合理，"三个支撑带"战略均确定了发展重点和推进实施的基本路径。三是"三个支撑带"战略均强调打破行政区划的界限，强调跨区域合作，强调国内区域合作与国际区域合作的统筹，强调在更广阔空间范围内合理配置资源。

（二）重点发展城市群、都市圈和中心城市

世界经济发展史早已经证明，经济增长极点并非同时出现在所有的地区，恰恰相反，凡是最先出现城市和城市群的区域，经济发展总是快于其他区域。城市群已成为支撑世界各主要经济体发展的核心区，国家间的竞争正日益演化为主要城市群之间的综合比拼。从"十二五"规划时期，国家开始重视城市群的建设，提出"在东部地区逐步打造更具国际竞争力的城市群，在中西部有条件的地区培育壮大若干城市群"。2014 年出台的《国家新型城镇化规划（2014～2020 年）》强调，城市群是中国未来经济发展格局中最具活力和潜力的核心地区，在全国生产力布局中起着战略支撑点的作用。"十三五"规划中明确提出我国要建设 19 个城市群，建设京津冀、长三角、珠三角世界级城市群，提升山东半岛、海峡西岸城市群开放竞争水平；培育中西部地区城市群，发展壮大东北地区、中原地区、长江中游、成渝地区、关中平原城市群，规划引导北部湾、晋中、呼包鄂榆、黔中、滇中、兰州—西宁、宁夏沿黄、天山北坡城市群发展，形成更多支撑区域发展的增长极。"十四五"规划对"十三五"规划中的 19 个城市群的名称进行了细化和优化，对其发展等级和目标进行了调整，并提出"发展壮大城市群和都市圈"。在此期间，2018 年 11 月中共中央、国务院发布的《关于建立更加有效的区域协调发展新机制的意见》提出，要建立以中心城市

引领城市群发展、城市群带动区域发展新模式。2019 年 2 月，出台了《国家发展改革委关于培育发展现代化都市圈的指导意见》。我国将形成“城市群—都市圈—中心城市”跨越行政区域的空间分布格局。

中心城市和城市群正在成为承载发展要素的主要空间形式①，城市群、都市圈、中心城市将成为区域发展的重要载体。我国提出的城市群、都市圈、中心城市等区域重点发展的思路，一是符合区域协调发展新要求，我国经济由高速增长阶段转向高质量发展阶段，不能简单要求各地区在经济发展上达到同一水平，而是要根据各地区的条件，走合理分工、优化发展的路子。区域发展不会呈现“遍地开花”的格局，而是会向重点地区集聚，形成几个能够带动全国高质量发展的新动力源，进而带动经济总体效率提升。二是提高了区域政策的精准性，缩小了区域政策单元。我国东西差距、南北差距仍然是客观存在的现实，城市群、中心城市不仅覆盖了东部沿海地带，也涵盖了中西部内陆地区，是中央在全国范围内的总体布局，明确了 19 个城市群的空间范围、发展阶段（成熟型、培育型、形成型）、发展任务，通过培育城市群、都市圈、中心城市带动区域协调发展。三是构建新区域发展体系，推动区域经济发展由传统的省域经济、行政区经济向城市群、都市圈经济转变，统筹东中西、协调南北方，促进经济要素在更大范围、更高层次、更广空间顺畅流动与合理配置，顺应小城镇、中心城市、大都市、都市圈梯次发展的趋势，构建以城市群、发展轴、经济区等为支撑的功能清晰、分工合理、各具特色、协同联动的区域发展新格局。

（三）实施粤港澳大湾区、长江三角洲一体化、黄河流域生态保护和高质量发展战略

党的十九大报告首次将区域协调发展上升到国家战略，明确提出坚定实施区域协调发展战略，这既是对原有区域发展总体战略的丰富完善，也是对长期以来坚持区域协调发展的全面提升。这一时期，中央层面密集出台了一系列的区域发展战略和政策，其中最重要的是粤港澳大湾区、长江三角洲一体化、黄河流域生态保护和高质量发展三大战略。

---

① 习近平：《推动形成优势互补高质量发展的区域经济布局》，《求是》2019 年第 12 期。

粤港澳大湾区发展战略。粤港澳大湾区既是我国也是世界开放程度最高、创新活力最强、经济要素流动最快的区域之一，具备建成国际一流湾区和世界级城市群的良好基础。2015 年 3 月，在国家发布的《推动共建丝绸之路经济带和 21 世纪海上丝绸之路的愿景与行动》中首次提出要深化与港澳合作，打造粤港澳大湾区。2016 年 3 月，“十三五”规划中提出，推动粤港澳大湾区和跨省区重大合作平台建设，强调要“携手粤港澳共同打造粤港澳大湾区”，建设世界级城市群。2017 年 12 月，中央经济工作会议公报中明确指出要科学规划粤港澳大湾区建设，并把粤港澳大湾区上升为与京津冀一体化和长江经济带并列的国家级区域发展战略。2019 年 2 月，中共中央正式发布《粤港澳大湾区发展规划纲要》，粤港澳大湾区建设进入政策制定和协调推进实施并重的阶段。

长江三角洲区域一体化发展战略。长三角是我国最有实力、最具潜力、最富活力的核心经济区域之一，在全国有着举足轻重的战略地位，在世界经济体系中也有着十分重要的影响。2018 年 11 月，习近平主席在首届中国国际进口博览会开幕式上正式宣布，支持长江三角洲区域一体化发展并上升为国家战略，加强与“一带一路”建设、京津冀协同发展、长江经济带发展、粤港澳大湾区建设相互配合，完善中国改革开放的空间布局。2019 年 3 月国务院《政府工作报告》明确提出，将长三角区域一体化发展上升为国家战略。2019 年 5 月，中共中央政治局会议审议通过《长江三角洲区域一体化发展规划纲要》，明确指出长三角一体化发展的战略定位是“一极三区一高地”，就是要把长三角建设成为全国发展强劲活跃增长极、高质量发展样板区、率先基本实现现代化引领区、区域一体化发展示范区和新时代改革开放新高地。加快长三角区域一体化发展这一国家战略部署深刻体现了长三角经济区在全国经济战略中的重要地位和责任担当，旨在推进长三角要素与市场一体化迈向深入、迈向全面化，加快推动一体化发展重点从要素、市场和设施层面上的“基础一体化”，更多更快地转为向公共服务、城乡规划、环境保护、产业布局等领域延伸的“中端一体化”，对于在新的一体化方向和重点上特别是为政策、体制和制度完全统一有效的“高端一体化”加快突破创造了可能和政策空间。

黄河流域生态保护和高质量发展战略。黄河流域生态环境与长江流域相比更为脆弱，经济发展水平比长江流域更为落后，黄河流域资源环境承载力与社会经济发展的矛盾日益凸显，此时将长江经济带实践的成功经验和做法用于黄河流域正当时。2019 年 9 月，习近平总书记在河南主持召开黄河流域生态保护和高质量发展座谈会时指出，黄河流域生态保护和高质量发展，同京津冀协同发展、长江经济带发展、粤港澳大湾区建设、长三角一体化发展一样，是重大国家战略。这是又一个促进我国区域均衡发展、绿色发展的重大战略，是对党的十八大以来我国区域协调发展战略的补充与完善。

四　我国现阶段区域发展的基本特征

（一）中心城市引领城市群发展

习近平总书记指出，不能简单要求各地区在经济发展上达到同一水平，不平衡是普遍的，要在发展中促进相对平衡，这是区域协调发展的辩证法。因此，新时代的区域战略追求的不是均衡，而是相对平衡。在此思想指导下，我国打破行政区划，布局了 19 个城市群、一批都市圈、9 个国家级中心城市，建立以中心城市引领城市群发展、城市群带动区域发展新模式。

（二）东中西发展差距和南北方发展差距并存

经济增长的地区结构变化表明，我国的区域发展差异不仅表现在东部与中西部之间，而且表现在南方与北方之间，“南强北弱”的不平衡发展，是新时代制定区域发展战略和政策必须考虑的国情特点。因此，应在继续推进东中西部协调发展缩小东西差距的同时关注南北方的统筹。

（三）统筹经济社会区域与流域区域并重

我国工业化和城镇化取得了巨大成就，基本上形成了有利于未来发展的国土空间开发结构和经济社会分布格局，但也累积形成了生产力布局与生态环境安全格局、发展规模与资源环境承载这两对尖锐矛盾。长江流域、黄河流域、珠江流域、淮河流域、辽河流域等流域性区域，生产力布局与生态环境安全格局矛盾突出；以京津冀、长三角、珠三角、长江中游、成渝、中原等城市群为代表的经济社会集中发展区域，发展规模与资源环境承载矛盾突出。破解上述两对矛盾，是新时代我国区域协调发展战略亟须解决的突出问题。因此，瞄准流域统筹的长江经济带发展、黄河流域生态环境保护和高质量发展，就成为新时代统筹流域发展与生态保护战略的代表，京津冀协同发展、粤港澳大湾区建设、长三角一体化发展就成为统筹经济社会区域发展战略的代表。解决国土空间上的生产力布局与生态安全格局、经济社会发展规模与资源环境承载间的尖锐矛盾，是新时代区域协调发展战略的重大创新。

第二节　新中国成立后黄河的保护治理

黄河流域在我国经济社会发展和生态安全方面具有十分重要的地位，是我国重要的生态屏障和经济地带。黄河是全世界公认的最难治理的大河之一，历史上黄河三年两决口、百年一改道，中华民族始终在同黄河水旱灾害做斗争，但是黄河屡治屡决的局面始终没有根本改观。新中国成立后，国家高度重视黄河的治理开发，开展了大规模的黄河治理保护工作，实现黄河治理从被动到主动的历史性转变，取得了举世瞩目的成就。党的十八大以来，中央着眼于生态文明建设全局，明确了“节水优先、空间均衡、系统治理、两手发力”的治水思路，黄河流域经济社会发展和百姓生活发生了巨大的变化。

一　黄河保护治理的发展历程

（一）流域洪涝灾害综合治理阶段（1949~1991 年）

新中国成立后，党和国家对治理开发黄河极为重视，1952 年 10 月，毛泽东同志视察黄河时号召“要把黄河的事情办好”，开启了人民治黄的新阶段。人民治黄以来，围绕除害兴利，黄河流域防洪减灾体系不断完善，先后建成三门峡、小浪底等控制性水利枢纽工程和刘家峡、龙羊峡等干支流水利枢纽以及一批平原蓄滞泄洪工程，四次加高培厚下游临黄大堤，制定了“八七”分水方案，开展了标准化堤防工程建设，基本形成了“上拦下排、两岸分滞”的下游防洪工程体系，初步形成了“拦、调、排、放、挖”综合处理和利用泥沙体系。

（二）点源污染和水土流失治理阶段（1992~2011 年）

这一时期，我国主要开展流域工业、城市污染治理和以水土流失治理为主的生态建设。1992 年，联合国召开环境与发展大会，通过了《21 世纪议程》，提出了可持续发展战略。1994 年，国务院通过《中国 21 世纪议程》，将可持续发展战略上升为国家战略。与此同时，这一阶段随着我国的工业化进程加快，开始进入第一轮重工业化阶段，伴随着粗放式经济的高速发展，城市化进程加快，工业污染和生态破坏总体呈加剧趋势，流域性、区域性生态退化和环境污染开始出现。基于生态承载力与人类经济社会可持续发展关系的认识，“维护黄河健康生命”的治黄理念被提出。黄河流域先后被纳入全国重点流域水污染防治和水土流失治理等国家规划。流域生态治理和建设工作从分散治理开始逐步向集中治理和规模治理方向发展，水土保持和生态建设目标逐步从保障和改善农村生产生活条件上升为维护黄河健康生命和国家、区域生态安全。同时，污染防治工作也开始由工业领域逐渐转向流域和城市污染综合治理。

（三）流域生态文明建设阶段（2012 年至今）

党的十八大以来，党中央着眼于生态文明建设全局，坚持山水林田湖草综合治理、系统治理、源头治理，统筹推进各项工作。明确了“节水优先、空间均衡、系统治理、两手发力”的治水思路，不断提升黄河流域生态治理要求。2014 年，习近平总书记赴黄河兰考东坝头段考察，对黄河防汛、改善滩区群众生产生活条件提出了要求。2016 年，习近平总书记在宁夏考察时强调，沿岸各省（区）都要自觉承担起保护黄河的重要责任，坚决杜绝污染黄河行为，让母亲河永远健康。2019 年，习近平总书记先后赴内蒙古、甘肃、河南考察调研，在黄河流域生态保护和高质量发展座谈会上强调，要坚持“绿水青山就是金山银山”的理念，坚持生态优先、绿色发展，以水而定、量水而行，因地制宜、分类施策，上下游、干支流、左右岸统筹谋划，共同抓好大保护，协同推进大治理，着力加强生态保护治理，保障黄河长治久安，促进全流域高质量发展，改善人民群众生活，保护传承弘扬黄河文化，让黄河成为造福人民的幸福河。

二 黄河保护治理取得的重大成就

（一）水沙治理取得显著成效

保障了黄河岁岁安澜。我国的防洪减灾体系基本建成，上游青海、甘肃、宁夏、内蒙古河段堤防得到根本改观；中游禹门口至三门峡大坝河段河势得到了基本控制，建设了一批控导工程及护岸工程；建成一批下游防洪控制性工程，两岸标准化堤防全面建成，防洪能力不断增强。先后战胜了 12 次超过 1 万米^3/秒的大洪水，包括 1958 年 22300 米^3/秒的特大洪水，创造了伏秋大汛 71 年堤防不决口的历史奇迹，确保了人民生命财产安全。经过多年调水调沙，黄河下游主河槽过流能力由 20 世纪 90 年代末的不足 2000 米^3/秒提升至 2020 年的 4300 米^3/秒。

实现了黄河不断流。自 20 世纪 70 年代开始，受持续干旱、水资源滥用等因素影响，到 20 世纪末黄河下游有 22 年出现断流，其中 1991～1999 年连年断流。1997 年黄河断流时间达 226 天。从 1999 年开始，黄河水利委员会被授权实施水量统一调度。2000 年以来，黄河实现连续 20 年不断流，而且随着水资源调度水平和管理水平的提高，下游河道输水量和入海水量稳步增加，黄河入海河口的生态环境不断好转，取得了显著的经济、社会和生态环境效益。

遏制了“悬河”淤积抬升速度。黄河治理，首在治沙。一是强化了泥沙淤积的源头治理，通过淤地坝建设、退耕还林还草、封山绿化等工程治理和自然修复相结合，到 2020 年，黄土高原累计保存治理面积近 22 万平方公里，累计拦减泥沙 193.6 亿吨，平均每年减少入黄泥沙近 3 亿吨。二是强化了泥沙淤积的“靶向”治理，在中游界定了多沙粗沙区和对下游淤积影响的最大粗泥沙集中来源区。三是努力塑造协调的水沙关系，2002 年以来连续进行调水调沙，下游河道最小过流能力由 1800 米^3/秒提高到 4200 米^3/秒，打破了“河淤堤高”“人沙赛跑”的恶性循环。河道萎缩态势初步遏制，黄河含沙量近 20 年累计下降超过八成。

保障了水资源可持续利用。实施水资源消耗总量和强度双控，流域用水增长过快局面得到有效控制，入渤海水量年均增加约 10%，通过引调水工程为华北地区提供了水源，有力支撑了经济社会可持续发展。流域内建成 19000 多个蓄水供水工程，有效调节了水资源的时空分布。黄河流域及下游引黄灌溉面积发展到新中国成立初期的 10 倍，成为国家重要的粮棉生产基地。黄河为 60 多座大中城市、340 个县（市、旗）提供了水源保障。

（二）生态环境持续明显向好

水土流失综合防治成效显著。近年来，通过水土保持综合治理，尤其是退耕还林还草工程的实施，黄土高原植被得到快速恢复，主要是坡顶和缓坡地带的效果明显。从表 1-4 可以看出，由于黄河中上游治理沙漠和水土流失成效显著，黄河主要支流近 10 年平均输沙量比多年平均输沙量显著减少。

表 1-4　黄河干流主要水文控制站实测水沙特征值对比

		唐乃亥	兰州	头道拐	龙门	潼关	花园口	高村	艾山	利津
控制流域面积（万平方公里）		12.20	22.26	36.79	49.76	68.22	73.00	73.41	74.91	75.19
年径流量（亿立方米）	多年平均	200.6（1950～2015 年）	309.2（1950～2015 年）	215.0（1950～2015 年）	258.1（1950～2015 年）	335.5（1952～2015 年）	373.0（1950～2015 年）	331.6（1952～2015 年）	330.9（1952～2015 年）	292.8（1952～2015 年）
	近 10 年平均	216.0	329.4	208.7	229.6	282.3	303.7	276.7	250.7	196.2
	2018 年	291.5	441.8	324.9	341.2	414.6	448.0	410.1	376.3	333.8
	2019 年	310.3	477.3	353.0	380.0	415.6	457.6	407.8	369.5	312.2
年输沙量（亿吨）	多年平均	0.119（1956～2015 年）	0.633（1950～2015 年）	1.00（1950～2015 年）	6.76（1950～2015 年）	9.78（1952～2015 年）	8.36（1950～2015 年）	7.49（1952～2015 年）	7.23（1952～2015 年）	6.74（1952～2015 年）
	近 10 年平均	0.112	0.236	0.572	1.31	1.72	1.16	1.38	1.46	1.26
	2018 年	0.211	0.960	0.997	3.24	3.73	3.44	3.15	3.17	2.97
	2019 年	0.172	0.210	1.44	1.25	1.68	3.28	3.30	3.17	2.71
年平均含沙量（千克/立方米）	多年平均	0.592（1956～2015 年）	2.05（1950～2015 年）	4.67（1950～2015 年）	26.2（1950～2015 年）	29.1（1952～2015 年）	22.4（1950～2015 年）	22.6（1952～2015 年）	21.8（1952～2015 年）	23.0（1952～2015 年）
	2018 年	0.724	2.17	3.07	9.54	9.01	7.68	7.68	8.42	8.89
	2019 年	0.554	0.440	4.08	3.29	4.04	7.17	8.09	8.58	8.68

续表

		唐乃亥	兰州	头道拐	龙门	潼关	花园口	高村	艾山	利津
年平均中数粒径（毫米）	多年平均	0.017（1984~2015年）	0.016（1957~2015年）	0.016（1958~2015年）	0.026（1956~2015年）	0.021（1961~2015年）	0.019（1961~2015年）	0.020（1954~2015年）	0.021（1962~2015年）	0.019（1962~2015年）
	2018年	0.011	0.014	0.029	0.023	0.015	0.016	0.013	0.013	0.012
	2019年	0.01	0.012	0.027	0.021	0.019	0.025	0.022	0.022	0.021
输沙模数［吨/（年·平方公里）］	多年平均	97.3（1956~2015年）	284（1950~2015年）	273（1950~2015年）	1360（1950~2015年）	1430（1952~2015年）	1150（1950~2015年）	1020（1952~2015年）	965（1952~2015年）	896（1952~2015年）
	2018年	173	431	271	651	547	471	429	423	395
	2019年	141	94.3	391	251	246	449	450	423	360

资料来源：《2019中国河流泥沙公报》。

生态修复效果明显。三江源等重大生态保护和修复工程加快实施，上游水源涵养能力稳定提升。中游黄土高原蓄水保土能力显著增强，实现了“人进沙退”的治沙奇迹，2020年库布齐沙漠植被覆盖率达到53%。下游河口湿地面积逐年回升，由于我国持续开展黄河下游生态调度，通过生态补水，2020年河口三角洲水面面积增加45.35平方公里，黄河营养盐入海氮通量、总磷通量均达到近5年来同期最多，近海地区低盐度区面积增加约150平方公里，河海交汇线向外扩移最远达23公里，黄河下游至入海口地下水位普遍抬升。河口三角洲生态环境明显改善，生物多样性显著增多，最大限度呵护了我国暖温带最完整的湿地生态系统。

水污染得到遏制。2002年黄河Ⅰ~Ⅲ类水质断面比例仅为19.4%，在七大流域中仅好于太湖流域。因此，我国针对黄河流域实施了最严格的水资源管理制度，强化了纳污红线控制，初步建立了涵盖入河排污、饮用水水源地监管等内容的监督管理体系，积极探索建立流域联合治污机制，妥善处置重大水污染事件，在涉河经济活动强度不断加大的情况下，初步控制了水质恶化趋势。2019年，黄河Ⅰ~Ⅲ类水质断面占比达到了72.9%，黄河流域总体污染程度由2002年的重度污染改善为轻度污染（见表1-5）。

表 1-5　2019 年黄河流域水质状况

单位：个，%

水体	断面数	比例					
		Ⅰ类	Ⅱ类	Ⅲ类	Ⅳ类	Ⅴ类	劣Ⅴ类
流域	137	3.6	51.8	17.5	12.4	5.8	8.8
干流	31	6.5	77.4	16.1	0.0	0.0	0.0
主要支流	106	2.8	44.3	17.9	16.0	7.5	11.3
省界断面	39	2.6	56.4	12.8	10.3	10.3	7.7

资料来源：《2019 中国生态环境状况公报》。

（三）发展水平不断提升

郑州、西安、济南等中心城市和中原等城市群加快建设，全国重要的农牧业生产基地和能源基地的地位进一步巩固，新的经济增长点不断涌现。黄河流域九省（区）农村贫困人口持续减少，从 2010 年的 6059 万人减少到 2018 年的 577 万人，减少 5482 万人，减少了 90.48%，滩区居民迁建工程加快推进，百姓生活得到显著改善（见表 1-6）。

表 1-6　2010～2019 年黄河流域及全国农村贫困人口情况

单位：万人，%

	2010 年	2011 年	2012 年	2013 年	2014 年	2015 年	2016 年	2017 年	2018 年	2019 年
青海	118	108	82	63	52	42	31	23	10	5
四川	1409	912	724	602	509	400	306	212	98	52
甘肃	862	722	596	496	417	325	262	200	121	46
宁夏	77	77	60	51	45	37	30	19	9	4
内蒙古	258	160	139	114	98	76	53	37	14	—
陕西	756	592	483	410	350	288	226	169	83	17
山西	574	444	359	299	269	223	186	133	74	16
河南	1461	955	764	639	565	463	371	277	168	51
山东	544	345	313	264	231	172	140	60	0	—
黄河流域	6059	4315	3520	2938	2536	2026	1605	1130	577	191

续表

	2010 年	2011 年	2012 年	2013 年	2014 年	2015 年	2016 年	2017 年	2018 年	2019 年
全国	16567	12238	9899	8249	7017	5575	4335	3046	1660	551
黄河流域占全国的比例	36.57	35.26	35.56	35.62	36.14	36.34	37.02	37.10	34.76	34.66

资料来源：国家统计局住户调查办公室编《中国农村贫困监测报告 2019》，中国统计出版社，2019。

三　黄河保护治理的难题症结

（一）洪水风险

黄河目前最大的威胁仍是洪水灾害，下游防洪短板突出，洪水预见期短、威胁大。一是黄河水少沙多、水沙关系不协调是黄河治理的难点和重点所在，小浪底水库调水调沙后续动力不足，水沙调控体系的整体合力无法充分发挥。二是地上悬河的不利局面依然长期存在。一方面，地上悬河、游荡性河势尚未完全得到控制，黄河下游“地上悬河”形势严峻，下游地上悬河长达 800 公里，现状河床平均高出背河地面 4~6 米，其中新乡市河段高于地面 20 米，299 公里游荡性河段河势未完全得到控制，危及大堤安全；另一方面，“二级悬河”形势加剧，“二级悬河”使得河槽过洪能力明显降低，中小洪水漫滩概率增加。上游宁蒙段经过四大沙漠边缘，是典型的沙漠宽谷，历史上河道演变剧烈，水沙关系复杂，加上上游龙羊峡、刘家峡水库建成后使宁蒙段河道冲沙能力降低，宁蒙段有成为 200 多公里“新悬河”的危险。三是黄河大堤还存在险点隐患。黄河下游两岸大堤是在历代民埝的基础上不断加高培修而成，基础条件复杂，堤身土质混杂，存在渗透变形、液化、沉降和不均匀沉陷等问题。四是黄河下游防洪水风险压力依然存在，下游滩区既是黄河滞洪沉沙的场所，也是 190 万群众赖以生存的家园，防洪运用和经济发展矛盾长期存在。河南、山东居民迁建规划实施后，仍有近百万人生活在洪水威胁中。

（二）生态环境脆弱

黄河上游局部地区生态系统退化，水源涵养功能降低。上游地区天然草地生态功能退化严重，退化率在60%~90%。土地沙化问题依然突出，甘南黄河重要水源补给生态功能区草地已出现严重退化、沙化和盐碱化。沼泽生态系统退化严重，若尔盖草原湿地生态功能区人为活动干扰加剧，沼泽生态系统发生退化。中游地区水土流失依然严重，仍有20多万平方公里的水土流失面积亟待治理，多为粗沙区，对河道影响大。黄土高原丘陵沟壑水土保持生态功能区水土流失严重，生态退化趋势难以得到根本遏制，强烈、极强烈流失面积2.7万平方公里，剧烈流失面积1.2万平方公里。下游生态流量偏低，下游滩区历史遗留问题多，泥沙在下游大量淤积导致下游河道变宽、流速变缓、河床抬高，生态破坏问题时有发生。入海河口黄河三角洲自然湿地萎缩严重，近30年约减少52.8%。水污染防治问题依然严峻，黄河流域的工业、城镇生活和农业面源三方面污染，加之尾矿库污染，使得2018年黄河137个水质断面中，劣V类水占比达12.4%，明显高于全国6.7%的平均水平。黄河流域水质情况呈现明显的空间差异性，上游、下游水质状况明显优于中游。黄河流域产业结构偏重，能源基地集中，其中煤化工企业占全国总量的80%，高耗水、高污染企业多，导致流域生态环境风险较高，企业大多沿河分布，主要污染集中在支流。2018年11个劣V类断面全部分布在支流，其中8个位于汾河流域，2006~2018年汾河流域持续重度污染。

（三）水资源保障形势严峻

我国南北差别和东西差距显著，黄河流域水资源保障形势严峻。黄河流域比长江流域自然条件差、发展相对滞后，黄河水资源总量不到长江的7%，人均占有量仅为全国平均水平的27%。通过各水资源一级区水资源量对比发现，黄河流域的水资源量排位靠后，水资源相对匮乏。在水量分布上，黄河流域呈现明显的时空分布不均的特征，汛期时防洪问题依旧突出，但实际上黄河流域年径流量日益减少，人均水资源量低于国际公认的极度缺水标准（见表1-7）。2014年黄河出现罕见的全流域性干旱，2015年黄河干支流径流量为50年来的最低点，2016~2017年黄河流域干支流年径流量保持低位运行。黄河流域的水资源衰减、径流量减少，不仅明显影响流域工农业发展转型和城市化推进，也削弱了干支流对污染物的稀释能力。此外，黄河流域的水资源利用较为粗放，农业用水效率不高，水资源开发利用率高达80%，远超一般流域40%的生态警戒线。

表 1-7　2019 年各水资源一级区水资源量

水资源一级区	降水量（毫米）	地表水资源量（亿立方米）	地下水资源量（亿立方米）	地下水与地表水资源不重复量（亿立方米）	水资源总量（亿立方米）
全国	651.3	27993.3	8191.5	1047.7	29041.0
北方 6 区	346.0	4713.0	2563.7	897.8	5610.8
南方 4 区	1192.3	23280.3	5627.8	149.9	23430.2
松花江区	603.4	1935.1	628.4	288.1	2223.2
辽河区	557.9	305.7	195.1	101.9	407.6
海河区	449.2	104.5	190.4	117.0	221.4
黄河区	496.9	690.2	415.9	107.2	797.5
淮河区	610.0	328.1	274.8	179.0	507.2
长江区	1059.8	10427.6	2580.5	122.1	10549.7
其中：太湖流域	1261.8	204.2	44.1	21.6	225.8
东南诸河区	1844.9	2475.0	542.0	13.6	2488.5
珠江区	1627.5	5065.8	1198.4	14.2	5080.0
西南诸河区	1013.5	5312.0	1307.0	0.0	5312.0
西北诸河区	183.2	1349.4	859.2	104.7	1454.0

资料来源：《2019 年中国水资源公报》。

（四）发展质量不高

黄河上中游七省区是发展不充分的地区，同东部地区及长江流域相比存在明显差距，传统产业转型升级步伐滞后，内生动力不足。黄河流域九省区自然条件、经济基础都有明显差异，山东省处于我国东部沿海地区，经济发展相对较快，2019 年的地区生产总值为 71067.53 亿元，占流域地区生产总值的 28.72%；而地处西部地区的青海、宁夏两省区，经济发展水平相对落后，其地区生产总值占流域地区生产总值的比例较低，分别为 1.20%、1.52%。黄河流域九省区的人均地区生产总值均低于全国平均水平，且上中下游间差距较大，处于源头的青海玉树州与入海口的山东东营市人均地区生产总值相差超过 10 倍。黄河流域对外开放程度低，九省区货物进出口总额仅占全国的 12.3%。黄河流域是我国贫困人口的集聚区，处于黄河上游的省份及中游的陕西均属欠发达地区，贫困人口众多，具有明显的贫困面广、贫困程度深、贫困人口多、返贫率高的特点，全国 14 个集中连片特困地区有 5 个涉及黄河流域。

第三节 黄河流域生态保护和高质量发展战略的正式提出

新中国成立 70 多年来，党和政府对黄河流域的治理与开发一直十分重视，并在黄河的水沙治理、防洪减灾等方面取得了显著成效，对生态环境保护、经济可持续发展与人民生活水平提高均产生了积极影响。但治理黄河并非一日之功，当前黄河流域仍存在水资源保障形势严峻、流域生态环境脆弱、区域发展质量有待提高等突出问题。为从根本上解决黄河流域面临的自然生态保护与经济社会发展之间存在的结构性矛盾问题，习近平总书记于 2019 年 9 月来河南调研，在郑州黄河国家地质公园，沿黄河岸边步行察看周边环境，了解沿黄地区生态保护、水资源利用、堤防建设和防洪形势等情况，并主持召开黄河流域九省区，以及生态环境部、自然资源部、水利部、国家发展改革委等负责同志座谈会，明确提出黄河流域生态保护和高质量发展，同京津冀协同发展、长江经济带发展、粤港澳大湾区建设、长三角一体化发展一样，是重大国家战略。

一 主要目标

黄河流域生态保护高质量发展战略旨在解决生态保护和社会经济发展之间的矛盾，战略实施的目标在于：一是推动黄河流域生态环境明显改善，初步形成系统完整、上中下游功能互补的全流域生态保护格局，生态功能进一步加强，生态环境保护和治理能力得到较大提升。二是防洪能力和水资源保障水平稳步提升，干支流协同、水沙一体化调控的防灾减灾体系初步建立，水沙调控能力持续加强，全社会节水生产生活方式初步确立，水资源保障能力与经济社会发展基本匹配。三是黄河文化的影响力大幅提升，文物发掘保护条件得到较大改善，文化研究和文化创新加快发展，讲好黄河故事，保护传承弘扬好黄河文化。四是高质量发展取得积极进展，经济结构进一步优化，传统产业实现转型发展，粮食和能源保障地位进一步加强，新型产业对经济的贡献持续增长，中心城市带动作用明显，区域合作明显增强。五是人民生活水平大幅提升，基本公共服务保障能力进一步提高，革命老区、少数民族地区、相对贫困地区等特殊类型地区和滩区居民生产生活条件极大改善，人民获得感、幸福感增强。

二 主要任务

（一）加强生态环境保护

黄河生态系统是一个有机整体，保护黄河生态环境是一项系统工程，需要跨区域协同治理。要强化上下游系统保护、左右岸全面恢复、干支流综合治理，提升生态系统稳定性和质量，让黄河充分休养生息，永葆活力。黄河流域生态环境保护黄河的水来自上游，泥沙来自中游，灾害主要发生在下游，这也使得黄河流域上中下游区域生态保护重点不同。为此，应充分考虑上中下游区域的差异性，进行分区、分片、分类治理。上游地区承担着水源涵养生态功能，深入实施三江源、祁连山等重点生态保护工程，推进天然林保护、湿地保护修复、沙化土地植被修复等，形成人与自然和谐发展的现代化建设新格局。中游地区面临水土流失和环境污染问题，一方面要推进水土流失综合治理、退耕还林还草以保持水土，加固水利工程；另一方面要减排主要污染物，淘汰工业企业落后产能和压减过剩产能，促进农业合理使用化肥农药。下游地区是人类经济活动高强度区，生态系统退化严重，在污染防治的同时要围绕滩区治理、洪涝旱碱治理以及黄河三角洲湿地保护等相互关联的生态工程，进行生态修复和重建，保障黄河防洪安全和经济可持续发展。

（二）保障黄河长治久安

洪水风险依然是黄河流域最大的威胁，水沙关系仍然是黄河流域复杂难治的症结所在。要保障黄河长久安澜，必须紧紧抓住水沙关系调节这个“牛鼻子”。强化防御大洪水意识，完善水沙调控机制，加强统一调度，科学开展黄河调水调沙，提高干流冲沙能力，实施干流和主要支流水库联合调度，建立以流域管理为主、区域协同配合的水沙调控运行管理机制，解决九龙治水、分头管理问题，实现对水沙关系的长期有效调解。构建安全可靠的防洪减灾体系，实施河道和滩区综合提升治理工程，减缓黄河下游淤积，缓解“二级悬河”发育态势，全面提高下游防洪减灾能力，确保黄河沿岸安全。

（三）推进水资源节约集约利用

黄河的水资源量有限，不能把水当作无限供给的资源，坚持以水定城、以水定地、以水定人、以水定产，合理规划人口、城市和产业发展，把水资源作为最大的刚性约束，实施最严格的水资源管理制度，坚决抑制不合理的用水需求。以水而定、量水而行，合理控制水资源严重短缺地区人口和发展规模，促进经济社会发展与水资源承载力相适应。要统筹生态用水与生产用水生活用水、本地水与外调水等，优化全流域水资源配置。大力发展节水产业和技术，大力推进农业节水，推进节水型城市建设，强化工业节水排减，实施全社会节水行动，推动用水方式由粗放向节约集约转变。

（四）推动黄河流域高质量发展

坚持绿水青山就是金山银山的理念，宜水则水、宜山则山，宜粮则粮、宜农则农，宜工则工、宜商则商，面上保护、点上开发，积极探索富有地域特色的高质量发展新路子。根据不同地区的主体功能、资源禀赋和产业基础，明确上中下游保护治理和发展的重点方向和优先领域，促进上中下游左右岸联动发展，生产生活生态协调发展。三江源、祁连山、黄土高原、黄河三角洲等生态功能重要的地区，要加大生态修复和环境治理力度，保护生态，涵养水源，提高生态保护能力，创造更多生态产品。河套灌区、汾渭平原等粮食主产区，要推进农业现代化水平，提高农产品质量，提升粮食安全保障能力。鄂尔多斯、陇东等能源基地，深化能源综合改革，加强能源安全保障能力。郑州、西安等中心城市和城市群，推进要素资源集聚，提高经济和人口承载能力。贫困地区加快补齐基础设施和公共服务短板，全力保障和改善民生。

（五）保护、传承、弘扬黄河文化

黄河文化是中华文明的重要组成部分，突出黄河文化是中华民族的根和魂的定位，保护好、传承好、弘扬好黄河文化。推进黄河文化遗产的系统保护，开展黄河流域历史文化资源普查，建立黄河流域重点文物数据库，坚决依法加强对重大工程建设中的文物保护，加强对历史珍贵文物的抢救保护，加强对历史文化名城和古村落整体格局与历史风貌保护。深入传承黄河厚重文化基因，推进黄河文化资源活化利用，丰富传承方式，拓展传承载体。充分挖掘黄河文化蕴含的时代价值，促进文旅融合发展，依托世界遗产、古都古城、重要景区等，高标准建设黄河文化旅游体系。讲好“黄河故事”，延续历史文脉，坚定文化自信，为实现中华民族伟大复兴的中国梦凝聚精神力量。

三　基本特征

（一）战略性和全局性

黄河流域在我国经济社会发展和生态安全方面具有重要地位，不仅是我国重要的“生态走廊”，而且资源富集程度高，组合条件好，是我国重要的能源、化工、原材料和基础工业基地。黄河流域上游地区的水能资源、中游地区的煤炭资源、下游地区的石油和天然气资源，在全国占有极其重要的地位，被誉为我国的“能源流域”。国家规划建设的山西、鄂尔多斯盆地、蒙东、西南、新疆五大国家综合能源基地有三个位于黄河流域。黄河流域也是我国农业经济开发的重点地区，上游青藏高原和内蒙古高原是我国主要的畜牧业基地；上游河套灌区、中游汾渭平原、下游的黄淮海平原是我国农产品主产区，其中河南、山东、内蒙古等省区是全国粮食生产核心区。2019 年，河南和山东的粮食总产量分别达到了 6695 万吨和 5537 万吨，分别居于全国第 2 和第 3 位。同时，山东和河南也是我国最大的蔬菜水果供应地。因此，推进黄河流域生态保护和高质量发展是一项全局性的战略部署，事关中华民族伟大复兴和永续发展，需要做到高点站位、整体规划、统筹推进。

（二）综合性和协同性

这是由黄河流域高质量发展的多重目标任务所决定的。黄河在我国的战略地位很重要，但同时治理难度也很大。当前黄河流域仍存在一些突出困难和问题。究其原因，既有先天不足的客观制约，也有后天失养的人为因素，“表象在黄河，根子在流域”。黄河流域高质量发展的内容涉及多个层面和多个领域，具有综合性的特征，需要协同推进生态保护、流域治理，促进高质量发展、文化保护和传承等各个方面。

（三）区域性和复杂性

这是由黄河流域复杂多样性的自然和经济特征决定的。黄河流经高寒地区和温带干旱、半干旱、半湿润地区，上、中、下游区域特征差异明显；黄河流域各地自然资源禀赋、经济发展条件各不相同，要发挥各地区的比较优势，就不能搞一个模式。将黄河流域生态保护和高质量发展上升为重大国家战略，有利于探索富有地域特色的高质量发展新路。

（四）动态性和示范性

这也是与其他区域所共有的特征。高质量发展具有动态性，在区域发展的不同阶段，高质量发展的内涵和重点也会发生变化。特别是以信息技术为核心的第三次技术革命已经成为重塑区域发展的重要推动力，技术进步也将对黄河流域的区域发展格局产生重要影响。高质量发展的动态性要求我们，在推动高质量发展中，要对现状与未来的发展趋势有科学的判断，及时调整相应的思路、任务与政策，实现区域持续健康发展。当前，我国正处在转变发展方式、优化经济结构、转换增长动力的攻关期，需要加快建设现代化经济体系。黄河流域作为我国重要的经济发展带，更要融入时代潮流，从发展动能、经济结构上加快转型，成为中国经济实现高质量发展的引领者、示范者，成为推动我国经济发展的又一增长极，成为坚持生态优先、绿色发展的生态文明示范带。

参考文献

肖金成、安树伟：《从区域非均衡发展到区域协调发展——中国区域发展 40 年》，《区域经济评论》2019 年第 1 期。

魏后凯、年猛、李功：《“十四五”时期中国区域发展战略与政策》，《中国工业经济》2020 年第 5 期。

肖金成：《区域发展战略的演变与区域协调发展战略的确立——新中国区域发展 70 年回顾》，《企业经济》2019 年第 2 期。

北京市社会科学院课题组：《中国区域经济 40 年的发展成就与展望》，《区域经济评论》2019 年第 6 期。

丁任重、陈姝兴：《中国区域经济政策协调的再思考——兼论“一带一路”背景下区域经济发展的政策与手段》，《南京大学学报》（哲学·人文科学·社会科学版）2016 年第 1 期。

邓仲良、张可云：《“十四五”时期中国区域发展格局变化趋势及政策展望》，《中共中央党校（国家行政学院）学报》2021 年第 2 期。

张贡生：《中国区域发展战略之 70 年回顾与未来展望》，《经济问题》2019 年第 10 期。

孙斌栋、郑燕：《我国区域发展战略的回顾、评价与启示》，《人文地理》2014 年第 5 期。

任保平、张倩：《黄河流域高质量发展的战略设计及其支撑体系构建》，《改革》2019 年第 10 期。

张贡生：《黄河流域生态保护和高质量发展：内涵与路径》，《哈尔滨工业大学学报》（社会科学版）2020 年第 5 期。

王金南：《黄河流域生态保护和高质量发展战略思考》，《环境保护》2020 年第 1 期。

金凤君：《黄河流域生态保护与高质量发展的协调推进策略》，《改革》2019 年第 11 期。

徐勇、王传胜：《黄河流域生态保护和高质量发展：框架、路径与对策》，《中国科学院院刊》2020 年第 7 期。

第二章　重大意义：保护黄河是事关中华民族伟大复兴的千秋大计

习近平总书记明确指出："黄河流域生态保护和高质量发展，同京津冀协同发展、长江经济带发展、粤港澳大湾区建设、长三角一体化发展一样，是重大国家战略。""保护黄河是事关中华民族伟大复兴的千秋大计。"千百年来，奔腾不息的黄河同长江一起，哺育着中华民族，孕育了中华文明。黄河既是一条源远流长、波澜壮阔的自然河，又是一条孕育中华民族灿烂文明的母亲河。黄河东西地跨九省区，绵延 5000 多公里，流域面积超过 75 万平方公里，横亘祖国的中北方，既是我国重要的经济地带，也是生态十分脆弱的区域，更是发展相对滞后的地区。实施黄河流域生态保护和高质量发展战略，对于保障黄河长治久安、顺利推进社会主义现代化国家建设具有重大战略意义。

第一节　黄河对中华民族历史形成的重要作用

黄河发源于巴颜喀拉山脉北麓，从青藏高原奔腾而下，流经 5000 多公里，在黄河中下游地区形成宽广美丽富饶的冲积大平原，为中华民族的诞生提供了优越的地理环境；与此同时，九曲黄河，奔腾向前，以百折不挠的磅礴气势塑造了中华民族自强不息的民族精神和民族品格，成为中华民族坚定文化自信的重要根基。

一　黄河奠定了中华民族形成的自然地理基础

黄河有着世界大河中最伟大的塑造平原的能力，黄河泛滥所形成的黄河两岸及华北大型冲积扇平原，正是最适宜进行农业生产的地方，为中华民族和中华文明的诞生和发展奠定了坚实的自然地理基础。黄河在历史上曾经多次改道，现在的黄河自西向东流经青海、四川、甘肃、宁夏、内蒙古、陕西、山西、河南、山东九个省和自治区，流域面积 75.9 万平方公里。在历史上，黄河还曾经流过今天的河北、天津、安徽、江苏四个省和市，历史上的黄河流域面积超过 100 万平方公里。

黄河流经青藏高原、黄土高原和华北平原三大地形阶梯，以奔腾之势塑造着黄河流域独特的地理环境。黄河中下游四季分明，是最适合人类生存和生活的地区。奔腾不息的黄河已经流淌了 150 万年，远古时代的黄河流域，气候温和，雨量充沛，土地肥沃，许多地方被森林草原覆盖，为我们的祖先提供了生息劳作、繁衍发展的良好环境。早在 80 万年前，黄河中游就有“蓝田人”从事渔猎活动。7000 年前，生活在西安一带的“半坡人”建造了布局有序的村落。黄河两岸考古发掘出土的农具及陶器上绘画的鱼、奔跑的小鹿，生动地记录了当时的生活内容和文明的发展进程。华夏民族的祖先在黄河流域勇敢地劳动和开拓，创造了辉煌的文明和文化。传说中的“三皇五帝”，以及后来的夏商周三代和我国历史上的诸多王朝皆建都在黄河流域。

黄河流域广阔的平原、肥沃的土地非常适宜于粮食的大面积种植，优越的农业生产条件为中华民族数千年的农耕文明提供了坚实的自然地理基础。因在河南新郑市裴李岗发现而命名的裴李岗文化广泛分布在黄河沿岸的郑州、新郑、尉氏、中牟、新密、巩义、登封等地，是公元前 6000 至公元前 5000 年的早期新石器遗址，出土的石器中有石墨盘和石磨棒，证明当时已经有了原始的粮食加工。同一时期河北武安县的磁山文化，也是早期的新石器遗址，除了同样有石磨盘、石磨棒以外，还发现了腐朽的粟类谷物，证明当时黄河沿岸的人类已经脱离了原始的采集、渔猎，开始有了农业生产活动。[①] 此外，黄河流域的仰韶文化、大汶口文化、龙山文化等都出土了大量的农业生产活动相关文物，证明了早期的黄河流域已经可以产出大量的粮食，能够养活足够多的人口，黄河为人口的大量繁衍生息和经济社会的发展奠定了坚实的物质基础。

---

① 葛剑雄：《黄河与中华文明》，中华书局，2020，第 97 页。

二 黄河孕育了光辉灿烂的中华文明

在探索文明的起源时，谁也不能无视河流的作用。这种作用在人类文明之初，往往是决定性的、无可替代的。尼罗河、幼发拉底河、底格里斯河、恒河、黄河、长江，都孕育出了伟大的文明，都是今天世界文明的重要源头。中华文明的起源有多个中心的说法，但黄河流域毫无疑问是最重要的那个中心。在中国历史上，黄河一直享有至高无上的地位，早在汉代就被称为“四渎”（当时被认为四条最大的河流，即黄河、长江、淮河、济水）之宗。黄河对中华文明的起源、传承和发展做出了无可比拟的重大贡献。

文明的诞生实质上是人类第一次技术革命，即农业革命的结果，农业革命使“游荡的人”变成“聚落的人”，发展出定居模式和复杂社会。中国是以黄河、长江所组成的两河流域为地理特征的农耕文明，其中又以黄河流域为代表。黄河为中华民族奠定了深厚的根脉基础，黄河文化对于中华文明的根源性作用，是由黄河文化的文化基因决定的。在黄河流域形成发展的黄河文化在一定程度上决定了中华文明的发展方向和发展道路。在黄河流域发现的马家窑文化、齐家文化、老官台文化、裴李岗文化、龙山文化、大汶口文化和仰韶文化等众多极具代表性的新石器时代文化遗址，构成了中华文明最初的文化形态。黄河流域在起初孕育了整个华夏文明，在洛阳盆地的二里头遗址产生了“最早的中国”，即历史上最早的广域王权国家。中华民族5000多年的文明史上，黄河流域地区有3000多年是全国的政治、经济、文化中心。黄河中下游的“中原”地带，自然条件优越，成为许多朝代“定都”的核心地区，包括夏、商、西周（成周洛邑）、东周、西汉（初期）、东汉、曹魏、西晋、北魏、隋、唐（含武周）、五代、北宋和金等20多个朝代。中国八大古都中，西安、洛阳、郑州、开封、安阳五大古都位于黄河流域。这些都充分证明了黄河对于中华文明传承和发展的重要性。

中华优秀传统文化中诸多最具有代表性的文化都是在黄河流域诞生和发展完善的。像代表古代先进物质文明的农耕种植技术、天文历法、数理算术、灌溉工程、传统医药、彩陶瓷器等均率先在黄河流域诞生和发展提升，尤其是“四大发明”更是对世界文明进程产生了重大而深远的影响。此外，帝王传承制度与宗法制、用人制度与科举制、法律制度与伦理秩序体系等事关国家社会运转的各项制度均在黄河流域发展完善。“河图洛书”文化思维的生发、周易理论体系的形成、儒家思想的发生发展、道家文化经典的著述传播等大都发生在黄河流域，其精神文化塑造了中华文明的基本品格，深刻影响着中华民族的民族心理与性格。诞生在黄河流域的《诗经》《易经》《尚书》《春秋》《礼记》《论语》《墨子》《孟子》《老子》《庄子》《荀子》等元典，是中华文明的精髓，对后世影响深远，对现代文明的影响依然可见。可以说，黄河文化是华夏文明的主干和核心，黄河是中华文明的根源和恢宏象征。黄河对中华文明的起源、传承和发展做出了无可比拟的重大贡献。

三　黄河塑造了自强不息的民族品格

“天行健，君子以自强不息”出自《易传》中的《象传》。其大意是，天道行广无私、长养万物、永不止息，君子应该效法天道，努力自强，永不停止地追求进步，如天道一样运行不息。九曲黄河，奔腾向前，以百折不挠的磅礴气势塑造了中华民族自强不息的民族精神和民族品格，所以，黄河可以说是中华民族坚定文化自信的重要根基所在。我们称黄河为中华民族的母亲河，不仅是因为黄河滋养哺育了沿河万物，而且是因为她还决定了我们的精神、思考方式和人格。

自强不息的民族精神的形成缘于中华文明所具有的特点。中华文明多样而灿烂，是一种以农耕文明为主轴，以草原游牧文明与山林农牧文明为两翼，并与外来文明交流融合而成的复合型文明。一方面，农耕文明自然地要求人们要辛勤播种多劳才能多得，从而使中华民族养成了艰苦奋斗的理念，孕育出了中华民族吃苦耐劳、勤俭兴家的精神文化；另一方面，多民族文化在华夏大地的交融中必然存在激烈的竞争，多种文明在交融、激荡中又塑造了中华民族自立自强的精神特质，有力地促进了中华文明的进步和繁荣，并最终在长期的社会生活实践中多元文化相互交往渗透成为一个彼此不能分割的整体，塑造出中华民族吃苦耐劳、自立自强、艰苦奋斗的精神。

作为一条多沙河流，黄河向以“善淤、善决、善徙”著称，历史上多次改道。据统计，自公元前 602 年到 1938 年的 2540 年间，黄河下游决溢达 1590 次，被称作“三年两决口，百年一改道”。对于黄河下游地区在历史上究竟发生过多少次大的改道，说法不一。胡渭在《禹贡锥指》中指出，自大禹到明代，黄河共发生 5 次大的改道；刘鹗在《历代黄河变迁图考》中的黄河变迁图里绘出了 6 次大的改道；《邓子恢文集》中认为，黄河下游河道在 3000 多年中发生重要改道 26 次，其中大的改道 9 次；叶青超等提出，黄河下游共发生 7 次大的改道。[①] 1855 年，黄河在兰考县东坝头附近决口，夺大清河入渤海，形成了现行河道。中华民族正是在抵御与适应自然环境变化所导致的灾害性影响的过程中创造了独具特色的中华文明，历代正常运行的统治集团都将“河防”列为当朝要务，与河事相关的漕运、灌溉等水利实业亦渐次兴起，促进了中华民族的发展和繁荣。自古以来，从大禹治水到潘季驯“束水冲沙”，从汉武帝“瓠子堵口”到康熙帝把“河务、漕运”刻在宫廷的柱子上，中华民族始终在同黄河水害做斗争。《夏本纪》记述大禹的自述道：“予娶涂山，辛壬癸甲，生启，予不子，以故能成水土功。”大禹为了治水，劳身焦思，三过家门而不入，终于平定了水患。这种自强不息的治河精神，在长期的治河实践中代代传承。黄河在客观上以生命的源泉和动力推进了人类的文明和进步。一部中华民族治理黄河的历史，又是中华儿女自强不息的奋斗史。这种前赴后继、团结奋斗的治河实践，从内涵和实质上极大地丰富了自强不息的黄河精神。

四　黄河构成了中华民族坚定文化自信的重要根基

黄河文化历史悠久，源远流长，是中华民族的“根”与“魂”，蕴含着众多的历史记忆与价值理念，融汇成中华文明的精髓。黄河不仅是一条地理的河，而且是一条文明之河、精神之河，是中华民族精神的象征，为我们在实现中华民族伟大复兴的进程中，凝聚时代力量，提供精神源泉。习近平总书记在黄河流域生态保护和高质量发展座谈会上强调，要推进黄河文化遗产的系统保护，深入挖掘黄河文化蕴含的时代价值，讲好黄河故事，延续历史文脉，坚定文化自信，为实现中华民族伟大复兴的中国梦凝聚精神力量。

黄河是我们中华文明星光璀璨的宝贵源泉，是中华民族自立自信之源，是民族包容开放交流之源。只有深度挖掘黄河文化的精神内涵，才能深刻领

① 叶青超、陆中臣、杨毅芬等：《黄河下游河流地貌》，科学出版社，1990，第 1~268 页。

悟黄河文化的博大精深，更好地坚定文化自信。“黄河之水天上来，奔流到海不复回。”九曲黄河像一条纽带，从巴颜喀拉山，经青藏高原、黄土高原、黄淮海大平原，一路浩瀚东流，纵横九省区，哺育了黄河流域的亿万华夏儿女，见证着中华民族的繁衍变迁，缔造了黄河文化的灿烂辉煌，孕育了“上善若水、润泽万物”的奉献开创精神。在华夏上下五千年的文明进程中，许多王朝都选择黄河流域定都安邦，沿河的西安、洛阳、开封、郑州、安阳位列中国“八大古都”，孔子、孟子、老子、杜甫等先贤文豪，《易经》《诗经》《论语》《孟子》等文化典籍，造纸术、印刷术、指南针、火药“四大发明”以及唐诗、宋词、绘画、石刻等文学艺术，都诞生于黄河流域，黄河流域一直是中华文明的重心所在，印证着黄河文化的璀璨与辉煌。

“黄河落天走东海，万里写入胸怀间。”滔滔黄河，纵横 5000 公里，沿途融汇白河、汾河、泾河、洛河等 13 条支流，流域总面积近 80 万平方公里，每一支流流域，都是早期人类文化的发源地，都有其独特的表现形式与丰富内涵，如秦汉文化、三晋文化、中原文化、齐鲁文化等。黄河孕育了“兼容并蓄、汇纳百川”的开放包容精神，在漫长的历史时期，黄河文化以其无与伦比的开放性与包容性吸收着不同地域、不同民族的优秀文化，在相互碰撞、相互借鉴、相互融合中不断丰富与完善其内涵，成为中华文明的重要组成部分，同时也让中华文明具有了开放、包容的品质，永远保持着生机与活力。黄河流域还是陆上丝绸之路的起点，在东西方文明的相互交流中，不断吸收与整合域内外文化的优秀因子，汇聚成博大精深的黄河文化。正如习近平总书记所指出的“文明因交流而多彩，文明因互鉴而丰富”。黄河早已成为中华民族强大凝聚力、向心力的精神纽带，增强了中华民族坚韧不拔、自强不息、勇往直前的奋进创新精神，更加坚定了我们对自己文化的自信。

第二节　黄河流域在我国经济社会发展和生态安全中的重要地位

黄河流过青海省、四川省、甘肃省、宁夏回族自治区、内蒙古自治区、陕西省、山西省、河南省、山东省 9 个省区，横贯中国的东中西三大战略区域，流域面积 75.9 万平方公里。黄河流域构成我国重要的生态屏障，是我国重要的经济地带，同时又是国家脱贫攻坚、区域协调发展与“一带一路”建设等重大战略的关键区域。

一 黄河流域构成我国重要的生态屏障

黄河流域连接青藏高原、黄土高原、华北平原，黄河流经黄土高原水土流失区、五大沙漠沙地，沿河两岸分布有东平湖和乌梁素海等湖泊、湿地，河口三角洲湿地生物多样，既是我国重要的生态屏障，也是我国重要的生态廊道。流域内生态系统类型多样化特征明显，不但有森林生态系统、草地生态系统，还有湿地生态系统、荒漠生态系统等。黄河源区具有强大的水源涵养和水源补给功能，上中游以其有限的水资源改善着黄土高原和荒漠戈壁的脆弱生态环境，下游为沿黄地区经济社会发展提供重要客水资源。长久以来，黄河流域一直是我国北方地区重要的生态屏障，形成了独具特色的生态系统，承担着防风固沙、生态环境保护和绿色发展的重要职能[①]，保护好黄河对维护我国生态安全具有至关重要的作用。

黄河流域是我国重要的“生态廊道”，森林生态系统具有涵养水源、保持水土、美化净化环境、保持生物多样性、改善城乡人居环境、提升游憩质量以及增进人的身心健康等多种功能。据《中国统计年鉴（2020）》统计，2019 年，黄河流域九省区森林面积为 7427.32 万公顷，占全国森林面积的 33.69%；我国森林覆盖率为 22.96%，黄河流域九省区中有 3 个省的森林覆盖率高于全国平均水平，其中陕西省的森林覆盖率最高，为 43.06%；其次是四川省，为 38.03%，但省内仅有阿坝州处于黄河流域，并非所有森林都能对黄河流域的生态安全发挥作用；处于第三位的是河南省，为 24.14%。青海省由于植被多为草原，其森林覆盖率仅为 5.82%；甘肃省多戈壁荒漠，其森林覆盖率为 11.33%。森林作为陆地生态系统的最重要主体，加快流域内森林建设对于黄河流域高质量发展至关重要。

黄河流域草原生态系统在防风固沙、保持水土、维系生态平衡中具有极为重要的作用，广袤的草原也是数百万蒙、藏、汉、回等族人民的栖息繁衍之地。《全国草原监测报告 2017》中的数据表明，2017 年全国草原总

---

① 张可云：《推动黄河流域生态保护和高质量发展的战略思考》，《区域经济评论》2020 年第 1 期。

面积为 392832.7 千公顷，黄河流域 9 省区草原面积为 172302.8 千公顷，占全国草原总面积的 43.86%。全国天然草原鲜草总产量 106491.18 万吨，折合干草约 32841.93 万吨。其中，黄河流域九省区鲜草产量为 46971.4 万吨，占全国天然草原鲜草总产量的 44.11%；折合干草量 14800.9 万吨，占全国折合干草量的 45.07%。

黄河流域湿地生态系统对维护区域乃至国家生态安全具有举足轻重的作用。据水利部统计，2018 年，黄河流域九省区湿地面积为 20628.9 千公顷，占全国湿地面积的 38.48%。其中，自然湿地面积 19225.3 千公顷，占全国自然湿地面积的 41.19%；人工湿地面积 1403.6 千公顷，占全国人工湿地面积的 20.81%。全国湿地面积占国土面积的比例为 5.58%，黄河流域 9 省区湿地面积占辖区面积的比例为 5.76%。山东、青海 2 个省的湿地面积占辖区面积的比例高于全国平均水平，分别为 11.07%、11.27%；山西省的湿地面积占辖区面积的比例最低，仅为 0.97%。

二　黄河流域是我国重要的经济地带

黄河流域是我国重要的经济地带，黄淮海平原、汾渭平原、河套灌区是农产品主产区，粮食和肉类产量占全国 1/3 左右。黄河流域又被称为“能源流域”，煤炭、石油、天然气和有色金属资源丰富，煤炭储量占全国一半以上，是我国重要的能源、化工、原材料和基础工业基地。作为我国经济发展的重要区域，黄河流域对区域乃至全国的发展都具有重要的战略意义。2019 年，黄河流域九省区地区生产总值为 247407.66 亿元，占全国国内生产总值的 24.97%，在全国经济社会发展中具有重要的战略地位。

黄河流域是我国重要的粮食生产核心区，黄淮海平原、汾渭平原、河套灌区是农产品主产区，全国 13 个粮食主产区有 4 个分布在此，有 18 个地市的 53 个县被列入全国产粮大县，2019 年流域粮食总产量 2.3 亿吨，占全国粮食总产量的 35.16%。从沿黄流域分布情况来看，2019 年河南省粮食产量最高，达到 6695.4 万吨，占流域总产量的 28.69%；山东省排名第二，达到 5357.0 万吨，占流域总产量的 22.95%；青海省粮食产量最低，为 105.5 万吨，占流域总产量的 0.45%（见表 2-1）。

表 2-1　2019 年黄河流域及全国粮食生产状况

项目	农作物播种总面积（千公顷）	粮食作物播种面积（千公顷）	粮食播种面积比例（%）	粮食产量（万吨）
山西	3524.4	3126.2	88.70	1361.8
内蒙古	8885.0	6287.5	70.77	3552.5
山东	10933.1	8312.8	76.03	5357.0
河南	14714.0	10743.5	73.02	6695.4
四川	8692.9	6279.3	72.23	3498.5
陕西	4132.1	2998.9	72.58	1231.1
甘肃	3831.6	2581.1	67.36	1162.6
青海	553.5	280.2	50.62	105.5
宁夏	1153.0	677.4	58.75	373.2
黄河流域	56419.6	41286.9	73.18	23337.6
全国	165930.7	116770.0	70.37	66384.3
流域占全国的比例	34.00	35.36	—	35.16

资料来源：国家统计局。

黄河流域内不仅煤炭、石油、天然气、水能、风能、太阳能等能源资源种类齐全，而且相当一部分能源储量大、质量好、开采条件优越，分布相对集中，有利于建设大型的能源基地，国家规划建设的 5 大重点能源基地有 3 个位于该区域。黄河流域煤炭资源最为丰富，流域总面积不到 80 万平方公里，其中含煤区域逾 35.7 万平方公里，主要分布在宁东、神东、晋北、陕北等基地，现已探明煤炭产地达 685 处，保有储量 4000 多亿吨，国家规划的 14 个大型煤炭生产基地，有 9 个在黄河沿线分布，煤炭年产量占全国总量的 70%左右。黄河流域石油、天然气资源储量也颇为丰富，石油和天然气探明保有储量分别占全国的 23.1%和 13.2%。此外，黄河水力资源富集，特别是黄河上游河段的龙羊峡至青铜峡，为峡谷和川地相间分布的地形，这一段共有龙羊峡、积石峡、刘家峡、青铜峡等近 20 个峡谷，水流湍急，总落差 1300 多米，蕴藏着丰富的水能资源，装机量可达 2082.8 兆瓦，年发电量 788.9 亿度，是全国 10 大水电基地之一。[①] 据全国第三次水力资源普查报告，黄河流域水力资源理论蕴藏量 10 兆瓦及以上的河流就有 155 条，

① 张文合：《关于建立黄河流域能源产业密集带的设想》，《宁夏社会科学》1991 年第 2 期。

理论蕴藏量共计 43312.1 兆瓦。

黄河流域矿产资源丰富，已经探明的矿产有 114 种，在全国已探明的 45 种主要矿产中，黄河流域有 37 种。其中，具有全国性优势（储量占全国总储量的 32% 以上）的有稀土、石膏、玻璃硅质原料、煤、铝土矿、铝、耐火黏土等 8 种。而且黄河流域矿产资源分布相对集中，为综合开发利用提供了有利条件。黄河流域的铅、锌、铝、铜、铂、钨、金等有色金属冶炼工业，以及稀土工业在全国处于较大优势地位。全国 8 个规模最大的炼铝厂，黄河流域就占 4 个，黄河流域作为我国重要的化工、原材料和基础工业基地，具有无可替代的重要地位。

三　黄河流域是打赢脱贫攻坚战的关键区域

受历史、自然条件等影响，黄河流域生态系统脆弱，经济社会发展相对滞后，是中国贫困人口相对集中、生态相对脆弱的区域，也是我国打赢脱贫攻坚战的重要区域和关键区域。习近平总书记在 2017 年召开的深度贫困地区脱贫攻坚座谈会上指出："深度贫困地区往往处于全国重要生态功能区，生态保护同经济发展的矛盾比较突出。"黄河上游的青海、四川、甘肃、宁夏及中游的内蒙古和陕西等地属于欠发达地区，贫困人口较多、贫困程度较深、返贫率较高，尤其是青海、四川和甘肃藏区及甘肃的临夏州和四川的凉山州被列入"三州三区"深度贫困地区。

党的十八大以来，党中央把贫困人口脱贫作为全面建成小康社会的底线任务和标志性指标，在全国范围全面打响了脱贫攻坚战。脱贫攻坚力度之大、规模之广、影响之深，前所未有。2021 年 2 月 25 日，习近平总书记向全世界庄严宣告，经过全党全国各族人民的共同努力，在迎来中国共产党成立一百周年的重要时刻，我国脱贫攻坚战取得了全面胜利，现行标准下 9899 万农村贫困人口全部脱贫，832 个贫困县全部摘帽，12.8 万个贫困村全部出列，区域性整体贫困得到解决，完成了消除绝对贫困的艰巨任务，创造了又一个彪炳史册的人间奇迹。经过新中国成立以来 70 多年的快速发展，尤其是自 2015 年底脱贫攻坚战正式打响以来，黄河流域贫困群众收入水平大幅度提高，贫困地区基本生产生活条件不断改善，贫困地区经济社会发展明显加快，现行标准下农村贫困人口与全国人民一道实现了脱贫，贫困县全部摘帽，解决了区域性整体贫困问题，脱贫攻坚战取得全面胜利。

但不可否认的是，黄河流域脱贫人口和区域返贫风险较大，巩固提升脱贫攻坚成果的任务依然艰巨。2019 年，全国农村居民人均可支配收入已经达到了 16020.7 元，但是在黄河流域 9 个省区中，只有山东省的农村居民人均可支配收入高于全国平均水平，达到 17775.5 元，其余 8 个省区农村居民人居可支配收入都低于全国平均水平，最低的甘肃省，还不足万元，仅为 9628.9 元（见表 2-2）。黄河上中游贫困地区的自然条件、生态环境短期内难以得到根本改观，基础设施、公共服务欠账仍然较多，产业发展基础还不够牢固，营商环境与其他地区相比也还存在较大差距，在资金、技术人才等要素竞争中处于不利地位，这些都有可能成为影响脱贫攻坚成果巩固、制约区域协调发展的重要因素。

表 2-2　2019 年黄河流域各省区及全国农村居民人均可支配收入及结构

单位：元，%

地区	可支配收入	工资性收入		经营净收入		财产净收入		转移净收入	
		金额	比例	金额	比例	金额	比例	金额	比例
山西	12902.4	6098.1	47.26	3396.0	26.32	210.3	1.63	3197.9	24.79
内蒙古	15282.8	3173.8	20.77	8067.1	52.79	522.9	3.42	3519.1	23.03
山东	17775.5	7165.2	40.31	7799.3	43.88	456.4	2.57	2354.5	13.25
河南	15163.7	5688.6	37.51	5076.8	33.48	231.3	1.53	3989.0	26.31
四川	14670.1	4662.1	31.78	5641.1	38.45	456.5	3.11	3910.5	26.66
陕西	12325.7	5024.6	40.77	3791.5	30.76	214.4	1.74	3295.1	26.73
甘肃	9628.9	2769.2	28.76	4322.0	44.89	129.5	1.34	2408.3	25.01
青海	11499.4	3617.3	31.46	4296.7	37.36	409.5	3.56	3197.5	27.81
宁夏	12858.4	4962.7	38.60	4976.1	38.70	388.1	3.02	2531.6	19.69
全国	16020.7	6583.5	41.09	5762.2	35.95	377.3	2.36	3297.8	20.58

资料来源：国家统计局编《中国统计年鉴 2020》，中国统计出版社，2020。

四　黄河流域是推动我国区域协调发展的关键所在

黄河绵延 5000 多公里，黄河流域横贯中国的东中西部，流域区域发展差距呈现内部趋稳、外部拉大的趋势。黄河流经的 9 个省区中，除四川外全部位于北方地区。中国经济进入新常态以来，南北经济发展差距有所扩大，推动黄河流域高质量发展将有助于缓解南北经济空间失衡的问题。从黄河流域内部看，经济发展呈“阶梯状”分布，具体表现为上游塌陷、中游崛起、下游发达，区域协调发展的提升空间较大。黄河流域生态保护和高质量发展战略将成为贯彻落实区域协调发展战略的重要举措，为西部开发、东北振兴、中部崛起、东部率先发展战略的推进提供了新的历史契机。

从全国区域的发展视角看，南北经济分化日益凸显，黄河流域九省区大多处于北方，因此，推动黄河流域高质量发展，对于遏制我国南北经济发展差距扩大的趋势，打造一条资源高效利用和生态持续改善的绿色高质量发展示范带，促进全国区域经济协调和高质量发展具有重要的战略意义。① 黄河流域生态保护与高质量发展上升为国家战略，能够促进西部大开发形成新格局、中部实现崛起和下游发达地区的山东实现新旧动能转换、高质量发展，缩小贫困落后的西北地区与中东部地区的发展差距，推动全流域整体进入高质量发展新阶段。黄河流域高质量发展战略的实施，也必将极大地推动沿黄九省区转变发展方式、优化经济结构、转换增长动力，促进黄河流域区域经济协调可持续发展。同时，黄河流域也将成为促进我国区域均衡发展，推进国家“一带一路”建设的重要地带。

黄河流域目前的经济社会发展呈阶梯状分布：上游落后、中游崛起、下游发达。黄河源头的青海玉树州与入海口的山东东营市人均地区生产总值相差超过十倍，这充分体现了流域经济发展的不平衡。黄河上游的甘肃、青海、宁夏在全国的经济排名中经常垫底，构成了事实上的西北经济塌陷区，相比较黄河中游的关中城市群、晋陕豫黄河金三角、中原城市群和下游的山东半岛城市群、黄河三角洲高效生态经济区，黄河上游地区的落后更加明显。从各省区来看，虽然沿黄九省区的经济发展各具优势，但山东、河南、陕西、山西、甘肃等省份经济普遍面临新旧动能转换的压力。此外，改革开放以来，黄河流域逐步形成了一批全国性、区域性的中心城市和城市群，但是与沿海发达地区的中心城市和城市群相比，黄河流域城市之间经济联系较弱，尤其是省域之间联系更弱，九省区各城市之间既缺乏产业、要素、政策的协同，也缺乏与其他区域战略在产业专业、人才交流以及技术交流等方面的合作。在中国历史上，黄河流域的发展曾经长期处于领先

① 马庆斌、陈妍：《推动黄河流域高质量发展》，央广网，2019 年 10 月 18 日。

地位；在新时代，黄河流域的振兴是历史发展的必然趋势，黄河流域生态保护和高质量发展将成为中国区域经济全面复兴的标志。①

第三节 实施黄河流域生态保护和高质量发展战略的必要性

黄河流域生态保护与高质量发展上升为国家战略，是继京津冀协同发展、长江经济带发展、长三角一体化发展、粤港澳大湾区建设后又一个具有空间属性的国家发展战略，其完善了中国区域发展重大战略整体框架，为解决中国特定区域重大问题提供了新的战略支撑。黄河流域生态保护和高质量发展战略的提出，着眼中华民族伟大复兴，着眼经济社会发展大局，着眼黄河流域岁岁安澜，是黄河治理史上的一个里程碑，充分体现了全局性和系统性的战略意蕴。

一 保卫黄河长治久安的战略需要

自古以来，黄河水旱灾害频发、危困深重。新中国成立以来，通过持续治理，黄河流域防洪减灾体系基本建成，生态环境持续改善，发展水平不断提升，人民生活发生显著变化。但受制于一些主客观因素，这一区域依然存在许多突出困难和问题："地上悬河"之势构成洪水威胁，生态环境脆弱状况没有根本扭转，水资源保障形势严峻，欠发达地区面积广阔，经济发展质量整体不高。在快速工业化、城镇化进程中，黄河的部分干流水生态环境受到一定程度的影响，迫切需要加以保护。

黄河穿越崇山峻岭，千折万转，是一条自然条件复杂、河情极其特殊的河流。今天的黄河依然是世界上水情最为复杂、治理任务最为艰巨、管理保护难度最大的河流，防洪与滩区发展的矛盾亟待破解，水资源供需矛盾日益突出，生态建设亟须加强，涉河经济活动仍须规范等，治黄工作任重道远、行无止境。最突出的问题是泥沙洪灾隐患依然长期存在。"黄河西来决昆仑，咆哮万里触龙门"，描述了黄河水流之湍急；"九曲黄河万里沙"，意味着黄河流域水土流失严重。因为黄河经过黄土高坡，黄河流域出

① 廖元和：《以创新思维推动黄河流域高质量发展》，《区域经济评论》2020 年第 1 期。

现常年的黄沙，这是它的名字由来，也是带来隐患的重要表现。黄河流经的黄土高原上存在很多沿岸的水土流失、生态破坏和水污染问题。泥沙带来了更大的洪灾隐患，洪水风险依然是流域的最大威胁，黄河地上悬河有800公里，尽管对某些地段的居民进行了迁徙，但是仍然有上百万人生活在洪水的威胁之中。如果不能解决这个问题，洪水来临之时将威胁数十万甚至上百万人的生命财产安全。

作为中华民族的母亲河，黄河是一条资源性缺水河流，水资源总量不到长江的7%，人均占有量仅为全国平均水平的27%，流域水资源利用和保障形势非常严峻。2018年，我国水资源总量为27462.5亿立方米，人均水资源量为1971.8立方米，降水量为682.5毫米。黄河流域九省区水资源总量为5900.4亿立方米，占全国水资源总量的21.49%。黄河流域9省区中，四川、山东、河南、陕西4省的降水量高于全国平均降水量，分别为1050.3毫米、789.5毫米、755毫米、703毫米，其他5省区的降水量低于全国平均水平。内蒙古、甘肃、宁夏三省区的降水量不足400毫米，分别为328.2毫米、371.9毫米、389.2毫米。水资源短缺问题已经成为黄河流域经济社会可持续发展和良好生态环境维持的最大制约和短板，实施黄河流域生态保护和高质量发展战略恰逢其时。

二　统筹推进“五位一体”总体布局的战略需要

生态兴则文明兴，生态衰则文明衰，这是人类文明史所揭示的朴素真理。国内外经济发展的经验皆证明，先污染再治理的代价太大，是不可持续的，中国特色社会主义的伟大事业决不能再走西方国家先污染后治理的老路。随着我国经济社会发展不断深入，生态文明建设地位和作用日益凸显。党的十八大把生态文明建设纳入中国特色社会主义事业总体布局，使生态文明建设的战略地位更加明确，明确要将生态文明建设融入经济建设、政治建设、文化建设、社会建设各方面和全过程。黄河流域生态环境极其脆弱，黄河流域的发展必然走生态保护前提下的高质量发展道路，坚持将生态文明建设作为“五位一体”战略布局中的重要一位，坚持生态优先、绿色发展的高质量发展道路，秉持休戚与共、平等相待的可持续发展意识，走出一条人与自然和谐共生的科学发展之路。

自古以来，中华民族始终在同黄河水旱灾害做斗争，新中国成立以来，在中国共产党的领导下，黄河防洪减灾和水沙治理取得明显成效，流域生态环境持续向好，随着三江源等重大生态保护和修复工程的推进，上游水源涵养能力稳定提升，中游黄土高原蓄水保土能力显著增强，出现了“人进沙退”的治沙奇迹，生物多样性明显增加。但不可回避的问题是，黄河流域生态脆弱区面积最大，荒漠化、沙漠化土地集中分布，生态脆弱的问题依然突出。上游五省区目前沙漠化面积约为86.9万平方公里，约占五省区陆域面积的1/3。流域九省区荒漠化土地总面积约占九省区陆域总面积的1/4。2019年，黄河流域水土流失面积约为26.42万平方公里，占总流域面积的33.25%，是我国乃至世界上水土流失最严重的地区之一。上游局部地区生态系统退化，水源涵养功能降低，中游水土流失严重，汾河等支流污染问题严重，下游生态流量偏低，还有一些断流的支流，现在虽然做了保障但是水流极其有限。实施黄河流域生态保护和高质量发展战略比推进其他区域战略更具难度，其所涉及的内容十分丰富，问题也相当复杂。因此，加大黄河流域的生态保护和环境治理力度有着十分重要的现实意义，推动黄河流域生态保护和高质量发展，与长江经济带一样共抓大保护，成为新时代我国生态文明建设的又一重大实践，这无疑是关系中华民族长远利益和可持续发展的战略之举。

三　实现中华民族伟大复兴的战略需要

“黄河宁，天下平”道尽了黄河安澜与国家民族命运息息相关。从历史上看，国家统一，国力强盛，黄河就能得到比较有效的开发和治理，黄河的安宁则使人民得以休养生息，国家繁荣昌盛。中华民族是具有悠久历史和灿烂文化的伟大民族，中华文明是世界上唯一自古延续至今没有中断的文明，为人类社会发展做出了重要贡献。实现中华民族伟大复兴一直是中华儿女的伟大目标和不懈追求。在中国共产党的领导下，中国人民经过长期艰苦卓绝的努力和奋斗，中华民族从积贫积弱、任人宰割的悲惨境地中彻底翻转过来，迎来从站起来、富起来到强起来的伟大飞跃。中国从来没有像今天这样接近世界舞台的中央，中华民族从来没有像今天这样接近伟大复兴。2020年，我国国内生产总值超过了100万亿元人民币，超过美国经济总量的70%，我们接下来的任务就是乘势而上，向着全面建成社会主义现代化强国目标迈进，在社会主义现代化基础上实现中华民族的伟大复兴。黄河 70 多年的安澜、新中国 70 多年来取得的辉煌成就，即是“黄河宁，天下平”的最好证明。

可以说一部治理黄河的历史就是中国自古以来的一部治国史。水是人类文明赖以生存和发展的基础，治水是人类社会永恒的主题。在一个发源于黄河流域、有着数千年农业文明的大国，治理黄河是历朝历代安邦定国的应有之义。纵观历史，各个朝代均有大规模治理黄河的历史记载，当期及随后数十年间虽有收效，但其利难以泽被后世，治理的有效性也在持续衰减。所以，在中国数千年的农业文明时期，为了取得连续的合意的黄河治理效果，不仅需要建立各种治理制度，还需要国家财政一直不断地投入，所以才有“盛世治河”一说，而且历史上各朝代的统治后期，黄河治理愈发成为财政投入的无底洞和滋生腐败的温柔乡，因此黄河在历史上也长期处于治、淤、决、改的无解循环中。当然，中国古代流传至今的宝贵治黄经验与智慧以及相关典籍记载，都是我们回看审视黄河流域的过去今生并据此判断其未来前进方向的有益借鉴。随着黄河流域生态保护和高质量发展战略的顺利推进和深入实施，古老黄河与中华民族一起进入了新时代，焕发出勃勃生机。

四　维护社会稳定和促进民族团结的战略需要

黄河上游的高原和山区是我国历史上贫困人口多、贫困面广、贫困程度深的典型地区，是我国脱贫攻坚的主战场和难啃的“硬骨头”。黄河流域尤其是上游地区几乎生活着全国所有的少数民族，很多又与革命老区、贫困地区等叠加，中下游地区也生活着很多少数民族群众，加快推动黄河流域生态保护和高质量发展，是维护民族团结，实现中华民族大家庭繁荣发展的战略需要。黄河流域的沿黄九省区人口密集，尤其是河南、山东、陕西等都是人口大省、农业大省，但是与沿海地区相比，经济社会发展滞后，人民收入水平也存在一定差距。

社会稳定既是人们社会生活得以正常进行的必要条件，也是一个社会进步和发展的基础。邓小平曾明确指出，没有稳定的环境，什么都搞不成，已经取得的成果也会失掉。贫富差距问题影响社会心理，引发社会不满情绪的滋生蔓延，影响人心所向，容易生成社会不稳定的心理温床。经过新中国成立 70 多年的艰苦努力和快速发展，黄河流域总体上实现了脱贫致富，但是流域内部分贫困人口和贫困地区脱贫基础不牢固，已脱贫群众致富水平不高，脱贫可持续性不强，返贫现象时有发生，巩固脱贫攻坚成果任务繁重。还有不少深度贫困群体的脱贫主要依靠特惠政策扶持，一旦扶贫政策退出，保持收入持续增长、稳定脱贫任务艰巨。黄河上游的青海、四川、甘肃、宁夏及中游的内蒙古和陕西等地属于欠发达地区，黄河流域是多民族聚居地区，主要有汉、回、藏、蒙古、东乡、土、撒拉、保安等民族，其中少数民族占10%左右。实施好黄河流域生态保护和高质量发展战略，不仅有利于构建和谐社会，而且有利于维护民族团结，对于中华民族大家庭繁荣稳定发展具有重大意义。

参考文献

葛剑雄：《黄河与中华文明》，中华书局，2020。

陈耀：《黄河流域生态保护和高质量发展战略的思考要点》，《区域经济评论》2020年第1期。

张廉、段庆林、王林伶：《黄河流域生态保护和高质量发展报告（2020）》，社会科学文献出版社，2020。

蒋文龄：《黄河流域生态保护和高质量发展的战略意蕴》，《新民晚报》2020年5月11日。

郭志远：《推进黄河流域水资源节约集约利用》，《中国社会科学报》2020年9月16日。

第三章　重要地位：河南在黄河流域发展中的历史贡献

黄河是中华民族的母亲河、华夏文明的发祥地，有着5000多年源远流长的文明史。位居黄河中游的河南，具有3000多年的历史。九曲黄河滋养着世世代代的河南儿女，而生息繁衍在河南这片土地上的先民们，以丰硕的文明果实回馈着母亲河的哺育，“居天下之中”的河南无论是在黄河流域发展史上还是在中华民族发展史上都承载着无与伦比的厚重与沧桑。新中国成立以后，特别是改革开放以来，河南积极开展黄河保护治理与开发，在确保黄河安澜、建设生态文明、推进经济高质量发展、传承弘扬黄河文化等方面取得巨大成就，以舍我其谁的使命感和时不我待的紧迫感不断开创黄河流域生态保护和高质量发展新局面。纵观河南经济社会变迁的历程，其无疑是中国历史演进中极为重要的组成部分，不仅是黄河流域盛衰的一面镜子，更见证了国家由弱到强的演进走向。

第一节　北宋及以前河南在黄河流域的历史地位

黄河流域一直被认为是中华民族的摇篮、中国古代文明的发祥地之一。地处黄河流域中下游地区的河南，气候条件适宜，自然资源丰富，地理区位优越，非常适合人类的生存和繁衍，也因此成为黄河文明荟萃之地。至少在北宋及以前的数千年历史中，河南的政治变动关乎天下兴亡，河南的经济发展长期领先于全国，河南的文化博大精深，构成了中国传统文化的主流。河南，在黄河流域文明演进历程中擘画出浓墨重彩的篇章。

一 黄河文明的滥觞之地

黄河是中华民族的母亲河流，在亘古不息的奔腾中，孕育了光辉灿烂的黄河文明。黄河文明最初形成于公元前4000年至公元前2000年，主要集中于黄河中下游以河南省现辖区域为主体的中原地区。作为黄河文明乃至中华文明的重要发祥地，河南在黄河文明兴起和繁荣过程中发挥了重大的作用。

河南的自然环境为文明的产生提供了前提条件，境内的河流山川成为先民们发展经济赖以生存的重要依靠。有资料显示，河南境内所发现的旧石器时代遗址已达到50余处，分布在灵宝、陕州区、渑池、伊川、巩义、荥阳、南召、镇平、西峡、卢氏等近20个地区，其中有相当一部分位于黄河流域。① 旧石器时代的河南，生产工具虽然仍然落后，但旧石器制作工艺的复杂化和石制品品种的陆续增多，都显示了先民们在艰苦的自然环境下改造自然、求得生存的努力。

大约一万年前，人类进入新石器时代。河南新石器时期包括裴李岗文化、仰韶文化和龙山文化等前后相连贯的不同阶段。裴李岗文化、仰韶文化和龙山文化也是这一时期黄河文明的代表性文化。其中，裴李岗文化距今8000~7000年，分布于河南中部，已经发现的文化遗址有100余处。裴李岗文化遗址所发现的各类石器已经摆脱了原始的打制石器特征，大范围采用磨制石器，出土的谷类、大豆等碳化粮食以及一些陆生动物、水生动物的骨骼和渔猎工具显示，裴李岗时期农业经济已经成为社会经济的主体，渔猎经济则是人们生活的重要补充。仰韶文化是裴李岗文化之后在河南境内出现的又一种文化遗存，截至目前已经发现近千处遗址，包括陕县庙底沟、郑州大河村、安阳后岗和大司空村等不同的类型。仰韶文化距今7000~4000年，是我国延续时间最长的发达的原始文化，其内涵非常丰富。各氏族部落在河谷阶地上营建或大或小的村落，过着稳定的定居生活。氏族成员主要从事农耕，饲养猪、羊等家畜，兼营狩猎、采集、捕捞等活动。这一时期的原始手工业也比较发达，尤其是陶器制造。三门峡、洛阳等地区的考古遗址显示，当时的人们已经较好地掌握了制陶的选土、造型、装饰

① 杨育彬：《河南考古五十年回眸》，《华夏考古》1999年第3期。

等工序。出土的陶器涵盖了钵、盆、碗、罐、细颈壶、小尖底瓶等各种类型，一些彩陶器不仅造型优美，且表面有以红彩或黑彩画就的绚丽几何图案和动物花纹，工艺成熟，形象生动。龙山文化距今 4900~4200 年，因最早发现于山东章丘龙山镇城子崖而得名，地域范围主要在黄河中下游地区。

河南境内的龙山文化主要分布在豫西、豫北、豫中、豫西南一带，因地区不同，文化风貌也有差异。从三门峡庙底沟、洛阳三湾、郑州大河村等地的遗存看，龙山文化时期的社会生产力有了很大进步，生产工具中的石器多为磨制而成，陶器制作技术也有了很大进步，家庭饲养业的出现则表明了社会经济的多元化特征，社会形态也由原始的母系氏族社会向父系氏族社会转化，私有财产已经出现，这意味着阶级社会的时代已经来临。此外，在龙山文化时期，河南各地出现了数量不少的古城址遗址，如登封王城岗、新密新砦、新密古城寨、郾城郝家台、淮阳平粮台、辉县孟庄、温县徐堡、博爱西金城等。这说明当时的人们已经有条件建造规模较大的城池，国家的雏形开始形成。

与考古发现提供的实证材料相比，文献记载更为形象地展示了河南在龙山时期发展的历史。三皇五帝中有不少活动在以河南为中心的黄河流域，相关部族活动于河南的记载经常见诸史书。[①]《通志二十略·都邑略》云："伏牺都陈，宛丘城是也，今陈州治。……神农都鲁，或云始都陈……黄帝都有熊，又迁涿鹿。"陈州，即今淮阳；有熊，即今新郑。特别是在黄帝时期，部族活动的范围进一步扩大，"东至于海，登丸山，及岱宗。西至于空桐，登鸡头。南至于江，登熊、湘。北逐荤粥，合符釜山，而邑于涿鹿之阿"。黄帝被公认为华夏族始祖，《史记》记载，黄帝"生而神灵，弱而能言，幼而徇齐，长而敦敏，成而聪明"。班固在《东都赋》中认为黄帝的功绩在于"分州土，立市朝，作舟舆，造器械，斯乃轩辕氏之所以开帝功也"。五帝之中，颛顼部落主要活动在以"东郡濮阳"帝丘为中心的黄河流域，这在后世史书中有明确记载。《左传·昭公十七年》云："卫，颛顼之

---

① 三皇五帝所指历来不一。张守节《史记正义》云："案：太史公依《世本》《大戴礼》，以黄帝、颛顼、帝喾、唐尧、虞舜为五帝。谯周、应劭、宋均皆同。而孔安国《尚书序》、皇甫谧《帝王世纪》、孙氏注《世本》，并以伏牺、神农、黄帝为三皇，少昊、颛顼、高辛、唐、虞为五帝。"

虚也，故为帝丘。”杜预注：“卫，今濮阳县，昔帝颛顼居之。其城内有颛顼帝冢，亦号颛顼之虚。”黄帝长子青阳氏族部落活动在河南境内，青阳之孙帝喾主要活动范围仍然在黄河中游地区。《尚书·序》云：“汤始居亳，从先王居。”孔安国《尚书传》则言：“契父帝喾，都亳。”契为汤之先祖，商汤“从先王居”，说明亳（今河南偃师境内）也是帝喾的都城。帝喾在位时期，社会稳定，经济发展。《史记》对帝喾的功绩给予了积极评价：“帝喾溉执中而遍天下，日月所照，风雨所至，莫不从服。”尧、舜虽然定都在晋南一带，但这两个部族在河南境内的活动依然频繁，从尧开始的治水过程有许多就发生在河南境内。

传统文献记载的三皇五帝时期是中国进入文明时代的重要转折期。在这一时期，以河南为中心的黄河中下游地区成为我国历史上各个氏族、部落交往、角逐和融合的中心。随着这个中心的不断扩大，最终形成以炎黄部落联盟为核心，包括东夷、苗蛮大部分先民的共同体。社会的大变动、部族的大融合，加速了社会的发展步伐，加速了文明社会的降临。在中原大地，河南因黄河中下游得天独厚的自然条件成为文明的渊薮，这里所发现的早期文化，无疑代表着中华文明前进的方向，而农业的发展、城池的出现和礼乐制度的萌生，则标志着河南引领中国社会率先迈进了文明的殿堂。

二　黄河流域王朝兴替的角逐场

当原始社会走到历史尽头的时候，河南境内的部落开始出现新的分化。舜帝末年的历史已经反映了原始的禅让制不适应社会发展的要求，部落之间风行一时的推选部落首领的军事民主制逐步被父子相传的继承制所取代。禹的儿子启以杀伯益、废禅让制、夺取统治地位而结束蒙昧原始时代，建立了文明阶段的奴隶制社会——夏朝。夏朝统治的中心区域，西起今河南西部和山西南部，南接湖北，北入黄河，东通东海，有相当一部分位于今河南境内。夏朝的都城首先设在阳翟（今河南禹州），在以后的多次迁都中，曾先后建都于济源、开封南、渑池附近和洛阳等地。豫中和豫西是夏人活动的中心地区，而在河南发现的早商、中商和晚商都城遗址，也毫无疑问地表明了河南在商代的政治中心地位。商人兴起于今河南商丘，商汤灭夏后在西亳（今河南偃师尸乡沟）建都，考古工作者已在那里发掘出了这座商代早期规模宏大、布局严谨的大型都城遗址。商汤以后，商朝曾多次迁移都城，但基本上不出河南。如从成汤都西亳到盘庚迁都殷，中间曾五次迁都：仲丁由亳迁傲（今河南郑州），河亶甲迁相（今河南内黄），祖乙迁邢（今河南温县），南庚迁奄（今山东曲阜附近），盘庚迁殷（今河南安阳）。西周定都于镐京（今陕西西安），全国的政治中心也随之由河南西移至关中地区。然而，如何控制原殷人所统治的地区成为西周统治者颇为关注的一个重要问题。周武王最后与周公商定构建了以雒邑（今河南洛阳东）为中心的新的防卫体系，并在原商王朝所控制的地区进行了大规模的分封，在河南境内就分封了陈（今河南淮阳）、宋（今河南商丘）、蔡（今河南上蔡）、许（今河南许昌）、管（今河南郑州）、杞（今河南杞县）等诸侯国。周成王即位后，“使召公复营雒邑，如武王之意。周公复卜申视，卒营筑，居九鼎焉”[①]。雒邑成为“此天下之中，四方入贡道里均”的战略要地。

春秋战国时期是中国社会发生巨大变化的历史时期。随着社会经济的发展，奴隶社会逐步为封建社会所取代。新的社会制度的确立既是社会生产力发展下的产物，也伴随着各诸侯国纵横捭阖的权力之争。地处中原的河南，正是各诸侯国反复争夺的核心区域。春秋时期，发生于公元前 632 年的城濮（今河南范县濮城镇）之战，使郑、宋、卫等中原小国摆脱了楚国的控制，归附了晋国，晋文公于战后大会诸侯于践土（今原阳西南），周襄王正式册封其为霸主。公元前 627 年，秦国派兵偷袭郑国，但在行军途中为郑人所知，秦以为郑已有所备，遂灭晋的盟国滑（今偃师西南）而归，当秦兵退至崤地（今渑池西）时，遭晋军截击，以至全军覆没。公元前 597 年，晋楚大战于邲（今河南郑州北），晋军大败。邲之战后，楚庄王当上了中原的霸主。战国时期是诸侯兼并、走向统一的时代，河南境内的主要诸侯国有郑、卫、宋、魏、韩、赵、楚、秦、曾等，河南仍是诸侯争战的主战场，许多重大历史事件都发生在河南境内。公元前 361 年，魏国在打退韩国和赵国的进攻后，为了便于控制东方，便把都城从安邑（今山西夏县）迁到大梁（今河南开封），这是开封第一次成为国都。在秦朝统一天下的过程中，河南地处与秦国毗邻的位置，是秦人东进过程中最先占领的地区，

① （西汉）司马迁：《史记》卷 34《周本纪》，中华书局，1982，第 129 页。

秦人就是从河南开始不断东进并最终完成天下一统的。秦于公元前256年灭西周，公元前249年灭东周，公元前226年灭韩国，公元前225年灭魏国，公元前223年灭楚国，占领了河南全境。

自秦以后历经2000多年的封建王朝政权中，有不少将首都设在河南境内，把河南作为其政治活动的中心。我国的八大古都中，有洛阳、开封、郑州、安阳四个城市位于河南境内，其中洛阳、开封、郑州三大古都都位于黄河流域。相对而言，在五代以前，洛阳的地位最为重要。“若问古今兴废事，请君只看洛阳城”，有“十三朝古都”之称的洛阳，作为政治中心的历史前后有1000多年。东汉、魏、晋、北魏皆建都于此。隋、唐两代的东都，也在这里，隋炀帝、唐高宗、武则天、唐中宗、唐玄宗、唐昭宗、唐哀帝等都曾长期都居洛阳，武则天时改称洛阳为神都，洛阳成为隋唐控制东方的中枢。五代至北宋时期，随着黄河下游地区经济的恢复发展，以及江南地区经济的日益重要，梁、晋、汉、周及北宋王朝的首都定于开封，开封成了全国的政治、交通、经济及文化的中心。此后，虽然金朝灭亡前曾短暂迁都开封，但从全国政治中心的转移上看，北宋是在河南建都的最后一个封建王朝。在我国古代历史中，就河南在黄河流域及全国的政治地位来看，这是一个转折性的变化。

“得中原者得天下”，在相当长的一段时间内，河南是全国当仁不让的政治中心和战略枢纽。从战略布局的角度而言，河南地处战略要冲，在中国古代的战争中，经常成为觊觎天下的武装集团努力谋划、夺取的目标，而多次发生的激烈的武装冲突也让河南的经济社会发展大受影响。例如，东汉末年的战争使黄河流域受到严重摧残，河南首当其冲，曹操“白骨露于野，千里无鸡鸣。生民百遗一，念之断人肠”的诗句，就是对这一现象的生动描绘。五胡十六国的战乱也给河南带来了难以估量的损失，所谓“永嘉丧乱，百姓流亡，中原萧条，千里无烟，饥寒流陨，相继沟壑”，则是对当时情况的真实描写。中国古代一些著名的政治变革很多也都发生在河南境内，如秦始皇反吕不韦奴隶主复辟、东汉的兵制改革、曹操挟天子都许和实行屯田制、曹魏时期的九品中正制、北魏孝文帝立“三长”（邻长、里长、党长）制和推行均田制及汉化、北宋王安石变法等，这些举措都在不同程度上推动了中国历史的发展。

三　黄河流域的经济中心

率先告别蒙昧时代以后，在继之而起的夏、商两代，河南处于绝对的经济中心地位，一直是黄河流域及全国范围内最发达的地区，代表着当时社会经济发展的高度。在农业方面，农业种植面积逐步扩大，农作物品种和农业生产工具的种类不断增多。在手工业方面，开始出现一些专门生产用于交换的物品的手工业部门，如制陶作坊等。商业也从手工业中分化出来，开始出现专门的商人，一些出土遗址中发现的象牙、玉石、贝等河南不产的物品，都有可能是通过商业贸易实现流通的。彼时河南经济的发展奠定了我国早期历史的基础，并扩散着中原文明和黄河文化，增强着对周边地区的辐射力，为黄河流域和中华民族物质文明的积累做出了重大贡献。

西周兴起以后，关中农业的发展超过了中原地区，河南丧失了全国政治中心和经济中心的地位，但仍然是整个东部广大地区的经济重心。河南境内的农业较之夏商时期有了很大进步，奴隶的集体耕作提高了劳动生产效率，轮耕制的实行提高了土地的利用率，但农具仍然停留在石器与铜器并用的时代，耕作水平还没有实现根本性的突破。制陶业、冶铸业、纺织业、手工业部门发展迅速，手工业门类分工越来越细，还形成了官营手工业和民间手工业并存的局面。特别值得一提的是，为了更好地控制东部广大地区，西周还在河南境内建立起了以洛邑（今河南洛阳）为中心，西连镐京（今陕西西安），东接宋（今河南商丘）、彭（今江苏徐州），北跨黄河的交通线。交通网络的形成大大便利了商人往来和货物流通，形成了以诸侯国为核心的交易市场和以交通网络联系的商业发展格局。

春秋时期的政治中心回到河南，政治优势带动了河南的经济发展和经济地位的提升，全国经济中心也再次回到河南。在战国前期的100多年中，主要领土位于河南的魏国社会经济处于领先地位。魏国的霸业衰落后，河南仍是七国中魏、赵、韩、楚四国的中心地区。这一时期，随着冶铁技术的发明和牛耕的使用，农业开始摆脱春秋以前的传统耕作方式，犁耕的普遍使用大大提高了农业生产的效率，依靠奴隶进行大规模经营已经不再需要，铁制农具引入农业生产，使开垦的土地面积迅速扩大，农作物的种植出现新的气象。河南的手工业取得了更大的进步，铸铜、冶铁、纺织、漆器、陶瓷、制骨、玉石等手工业门类更为齐全，工艺水平进一步提高，还出现了专门的手工工场区和作坊区。韩国的都城新郑以及阳城（今河南登封市东南）、冥山（今河南信阳市东南）、棠溪（今河南舞阳县西南）、合膊、龙渊（两地均在河南西平县西）、邓师（今河南孟州市东南）等地均是著名的铁器生产中心。河南洛邑、新郑、梁陈等地的商业城市迅速发展，商业经营兴旺，市场上可以买到北方的马匹、骆驼，南方的象牙、鱼鳖，东方的海产鱼、盐，西方的皮革和矿产等。河南境内流行的贝币、铜币、金银币等货币数量庞大、品种繁多、来源地域广阔。这显示了河南当时已成为各地商人的云集之地，是黄河流域商业发展的中心所在。

自秦汉以至北宋的近1400年间，河南的社会经济总体上保持了强劲的发展势头，诸多经济领域位居全国前列，与河北、陕西、山东同是黄河流域的经济重心地区，创造了灿烂的物质文明，支撑着古代社会历史迈进鼎盛时期。

秦汉时期，河南经济摆脱了春秋战国时代各诸侯国各自为政的局面，成为全国经济一体化发展的重要组成部分。秦代虽国祚短促，但仓储业的发展和交通框架的构建对河南产生了重要影响。为防范东方六国残余势力的反抗，秦王朝在河南境内建立了不少粮仓以保证军政的粮食需求，并以河南为中心构筑了控制东部广大地区的交通网络。两汉时期，牛耕和铁制工具得到普遍使用，地主庄园经济快速发展，特别是东汉定都洛阳以后，河南的车辆制造、舟船制造、酿酒业、造纸业、纺织业等得到了长足发展，而在商业方面，“汉兴，海内为一，开关梁，驰山泽之禁，是以富商大贾周流天下，交易之物莫不通，得其所欲”①。河南不仅有洛阳等全国性的商业都会，各郡县也形成了地区性的商业中心，出现了不同层次的商业发展模式。河南经济也因此而繁荣起来，在全国经济发展中发挥着举足轻重的作用。

东汉末年的战乱给河南经济带来灭顶之灾，而魏晋时期则是河南经济恢复和再度发展的时期，曹魏政权从最为根本的农业复苏入手，大力推行屯田制等措施。屯田制的成功实施，不仅解决了军粮供应问题，也使民众开始聚集起来，河南逐步走出汉末社会动荡所带来的人口稀少的窘境。农业经济恢复之后，由于河南特殊的地理位置和政治中心的确立，与社会上

---

① （西汉）司马迁：《史记》卷129《货殖列传》，中华书局，1982，第3261页。

层有关的畸形商业消费很快盛行起来，商业市场也步入繁荣时期。然而，恢复不久的河南经济到了五胡十六国时期再度陷入动荡。直到鲜卑族所建立的北魏统一黄河流域后，河南经济才逐步复苏，并最终奠定了隋唐盛世的基础。北魏抛弃了黄河流域原有的土地占有形式，实行了对后世影响深远的均田制，使河南再度成为农业生产发达地区，而将政治中心迁移至洛阳，则让以洛阳为中心的河南商业发展代表了整个黄河流域经济发展的方向和趋势，洛阳也成为海内外客商云集的繁华都市。

隋唐时期，中国历史再次进入大统一、大发展时期，出现了史上罕见的隋朝“开皇之治”和唐朝“开元盛世”，但繁荣的背后也有像“安史之乱”那样的波动。地处隋唐腹地的河南，既是政治中心区，又是经济中心区，也是战火重灾区，对当时社会大环境的影响极其敏感。东都洛阳为河南区域中心，其农业、手工业、商业等全面发展，经济发达程度丝毫不亚于都城长安。在洛阳的带动下，河南境内各州郡的经济也都有了长足发展，其中以豫东汴州（今河南开封）最为迅速。唐末五代之际，乘洛阳累遭兵火、破败不堪之危，开封渐次取代洛阳成为河南新的区域经济政治中心，并日益发展成为我国新的政治中心，从而完成了北宋以前我国古代政治中心沿黄河两岸从西安、洛阳再到开封的东移过程。然而，“安史之乱”以后，我国的经济重心开始由黄河流域向东南转移，河南在全国的中心地位随之动摇，由全国绝对的经济核心区逐步变为全国主要经济区域之一。

北宋社会经济在古代高度发达，处于政治、经济、文化中心的河南，也进入一个辉煌时期。以开封为代表的城市建设、商品经济、手工业经济，无疑是当时的顶峰。开封城市建设规模空前，布局开放合理，市政设施完善，人口多达 100 余万，“人烟浩穰，添十数万众不加多，减之不觉少”①，而当时其他国家人口最多的城市也不过 40 万。“八荒争辏，万国咸通。集四海之珍奇，皆归市易”②，开封成为世界上城市经济尤其是商业最发达的国际大都会。河南园艺科技水平和大量移植银杏、金橘、甘橙、荔枝等南方林果的成就，在中国历史上也是少见的。特色种植业则以洛阳、陈州（今河南淮阳）的牡丹最为突出。养马、养牛、养羊、养骆驼等畜牧业发

① （宋）孟元老著、伊永文笺注《东京梦华录笺注》卷 5《民俗》，中华书局，2006，第 451 页。

② （宋）孟元老著、伊永文笺注《东京梦华录笺注》序，中华书局，2006，第 1 页。

达，京城开封甚至还饲养大量珍禽异兽，“致四方珍禽异兽，动以亿计，犹以为未也”[①]。手工业门类齐全，纺织印染业、金属制造业、酿酒业、瓷器制造业、文具出版业、建筑业等行业在全国独树一帜。相比较而言，无论是从居民富裕程度、垦田面积还是从赋税收入来看，虽然江南地区的经济地位日益重要，但北宋时期河南的经济实力在全国仍然位居前列。

四 黄河文化繁荣兴盛的主阵地

所谓黄河文化，从广义层面来理解，它是指在黄河流域范围内由人类社会创造的所有物质财富与精神财富的总和；从狭义层面来理解，它是指黄河流域范围内人类社会的意识形态以及与之相适应的有关制度等。简言之，黄河文化就是孕育、诞生、发展、繁荣、传承于黄河流域的文化。黄河文化的中心是中原文化，中原文化的核心是河洛文化。

河洛文化的内涵十分丰富，史前考古学文化、“三皇五帝”文化、王都文化、“河图”“洛书”文化、礼乐典章、史官文化、文学艺术、科学技术、姓氏文化、民俗文化等都是其重要组成部分。其中，“河图”“洛书”是黄河及其支流洛河的产物。《周易·系辞上》云：“河出图，洛出书，圣人则之。”相传伏羲氏时，有一匹龙马从黄河浮出，背负“河图”，伏羲依“河图”画作八卦，就是后来《周易》一书的来源。大禹治水的时候，有一只神龟从洛河浮出，背负“洛书”，大禹对“洛书”进行了阐释，也即是《尚书》中的《洪范》篇。后世之人对“河图”“洛书”做了种种推测、探索、解释，认为它反映了河洛地区在黄河文明乃至中华文明发展史上独特而重大的作用。就文学艺术而言，儒家学说起源于河南，道家学说诞生于河南，佛家学说首传于河南，玄学兴盛于河南，理学创始于河南。东汉时期，洛阳太学一度拥有学生 3 万余人，诸生横卷，成为一大奇观。建安七子、竹林七贤、金谷二十四友、李白、杜甫、白居易等均在河南写下了他们华美的诗篇。河南的彩陶艺术、墓葬艺术和佛教雕刻艺术等留存下来的作品成为中国古代美术史中重要的艺术精品。回顾河南的发展历史可以发现，中国早期的冶炼技术、酿造技术、纺织技术、造纸技术、种植技术、养殖技术等，无不与河南有着密切的关系，有不少可以说就是在河南形成并推广开

---

① （南宋）王称：《东都事略》卷 106《朱勔传》，文海出版社，1979，第 1626 页。

来的。张衡在河南发明了地动仪，蔡伦在河南改进了造纸术。河南出土的战国早期的铁锛和铁铲，在冶金史上是一个划时代的事件，证明我国在战国时期就已掌握了生产这两种高强度铸铁的技术，这比欧美早了2000多年。洛阳是牡丹园圃栽植的发祥地，人工栽培牡丹始于隋，盛于唐，甲天下于宋，至今已有1400余年，是中国乃至世界范围内最早的牡丹栽植中心。隋炀帝时期开挖的以洛阳为中心的隋唐大运河，工程规模之巨、涉及范围之广、历史影响之深，令人叹为观止。

河洛文化是黄河文化的根文化、母文化，不仅在中华文明体系中处于核心地位，还对周边的三晋文化、燕赵文化、齐鲁文化、荆楚文化、三秦文化等产生了深远影响，深刻反映了河南在黄河文化中的显著地位和重要作用。

首先，河洛文化是黄河文明和中华文明的主要根底和源头。“参天之木，必有其根，怀山之水，必有其源。”如果说中华文明是一棵参天的大树，许多地域的远古文化构成了其根底的话，那么河洛地区的史前文化就是它的主根、直根。20世纪70年代以来，随着各个地区许多史前考古重要发现的问世，人们形容全国各地的史前考古遗址遗迹如同“满天星斗”，逐渐形成了文明起源的“多元论”，认为中国史前文化是一个“多元一体的文化格局”。在新石器时代中后期的文化格局中，除了黄河中游的仰韶文化和龙山文化以外，比较重要的还有黄河下游的大汶口文化、燕辽地区的红山文化、江浙地区的良渚文化、长江中游的屈家岭—石家河文化等。但这些不同区域文化的发展道路不相同，红山文化和良渚文化等在兴起以后又衰落了，只有黄河中游的仰韶文化和龙山文化以及黄河下游的大汶口文化仍然在继续发展，其中，中原地区的华夏族最先脱离了野蛮和蒙昧，跨入了文明社会的大门。从已有考古资料可以清楚地看出，中原地区很早就出现了城郭林立、礼制规范化、阶级产生、文化艺术长足发展的景象。正是以河南为主体的河洛文化促进了我们的先民在黄河流域长期繁衍、生息，不断劳作、发展，并在汲取相邻地区文化的诸多因素基础上，创造出文明形成的基本条件，最终催生出彪炳于世的中国早期文明。代表中国早期文明的唐虞时代和夏、商、周王朝都以河洛文化传布的中心腹地为其发展中心。

其次，河洛文化是黄河文化和中华民族文化的核心和主流。在上古时代，“中国”就是河洛地区的代称，华夏部族就在这里生活，因而河洛地区就是最早的“中华”。华夏部族和后来的汉族是中华民族的主体民族，华夏文化、汉民族文化是中国历史上的主流文化，河洛文化也因此成为中华民族文化的核心和主流。

河图洛书、道家经典、儒家经学、释教佛学、老庄玄学、谶纬神学、伊洛理学等都与河南密切相关，或肇始于此，或渊源于此，或发展于此，或形成于此，或兴盛于此，极大地丰富了我国的思想文化宝库。它们对中华民族的民族心理、思想信念和文化品格的形成以及中国人的宗教、文化、社会生活发挥着任何其他学说无可比拟的决定性作用。在艺术领域，河洛文化也是中国传统文化的重要源头和传承主流。中原地区不仅是中国书法艺术的源头，也是中国书法艺术传承的重地。从河图洛书到八卦，从甲骨卜文到金文（青铜器铭文），这些中国文字的雏形无不与河南有关。河洛文化中的绘画艺术也发端甚早，夏、商两代都有图籍存于王府，周代已有专门从事绘画的画工或画师在中原王朝的宫室墙壁上作画。汉代以后，民间画工、宫廷画工与文人画家等多层次的画家群体活跃在中原地区，形成了颇具特色的河洛画派，对历代绘画的发展有着不容忽视的主导作用。作为中国古代社会的首善地区之一，洛阳长期为都的历史地位决定了这里的社会习俗也具有表率作用。河洛地区的衣食住行、婚姻状况、丧葬礼俗、宗教崇拜等无不影响着全国，中国历史上的许多社会风俗就是由洛阳形成和发展起来的。

最后，河洛文化是凝聚海内外华夏儿女民族认同感的强大力量。在中国数千年的历史发展进程中，由于河洛文化所倡导的大一统思想深入人心，历史上数度出现分裂局面，一旦居于中原地区的王朝取得优势地位，很快便以中央王朝的名义和号召力使中国重新走向统一，甚至连少数族群建立的王朝政权都无一例外。河洛文化所强调的根深蒂固的“中国”意识，是中国历史上多民族融合和民族团结的精神力量，中华民族也因此不断发展壮大。从最早的炎、黄集团发展到华夏族群，再突破夷、夏之别融会各个少数民族进入汉族群体，直至兼容所有中国境内的民族群体构成中华民族的大家庭，都是在“中国”意识基础上形成的。河洛文化强劲的凝聚力和向心力表现在受其沐浴的中国人无论走到哪里，都对自己的祖居地怀有浓厚的情愫，都竭力保持自己的文化归属感和民族认同感。最为典型的例子是客家人。由于中国历史上的政局变动，曾出现过多次人口大迁移。在北方南移人口中，河洛居民占绝对多数。他们虽迁至江浙、闽粤、台湾和海外各地，但不管走到哪里，都坚定地保存自己拥有的河洛文化。在今日的闽、台地区，广为人知的“河洛郎”就是这种精神的生动写照。

然而遗憾的是，在北宋之后，随着河洛文化的核心城市洛阳、开封相继失去都城地位，以及宋室南迁后大批文化素养较高的士人随之南移，南方逐渐成为文化发展重镇，河洛地区在文化上失去中心地位，河洛文化从此走向式微。

五　黄河流域应对水旱灾害的主战场

“黄河治则河南兴，黄河乱则河南衰。”① 河南地处黄河中下游，西部为山区和黄土丘陵，东部是广阔的冲积平原。从历史上看，河南乃至中原地区的经济、社会发展与黄河的关系十分密切。一方面，河南具有利用黄河水土资源发展农耕、灌溉和航运的天然优势。在漫长的岁月中，黄河自孟津以东的河道频繁摆动形成大面积的冲积平原，造就了大片肥沃而易于耕种的良田，且水运四通八达，有利于农业生产的发展和人口的繁衍生息。另一方面，河南容易受到洪水灾害的侵袭。“河南境内之川莫大于河，而境内之险亦莫重于河，境内之患亦莫甚于河。盖自东而西，横亘几千五百里。其间可渡处，约以数十计，而西有陕津，中有河阳，东有延津，自三代以后，未有百年无事者也。”② 据历史记载，从周定王五年（前 602）至清咸丰五年（1855）的 2400 余年间，黄河中下游决口达 1500 多次，大的改道 26 次，有 5 次大的变迁，泛滥范围以今河南郑州为顶点，北至天津，南抵淮河口，时而北流入渤海，时而南流夺淮入东海。河南因此而饱受黄河水患之苦。公元前 602 年，黄河从宿胥口（今淇河、卫河合流处）改道，经滑县、濮阳西一带流经河北入渤海。汉代的酸枣之决发生在延津境内，瓠子之决发生在濮阳境内。公元 726 年秋，黄河在河南汲县决口，淹没 50 多州，沿河两岸人民“资产苗稼无孑遗”，不得不“巢舟以居”。

黄河水患最频繁的地区是河南，黄河水患治理的关键地区也在河南，

① 王渭泾：《黄河治乱与河南兴衰》，《黄河科技大学学报》2008 年第 4 期。

② （清）顾祖禹：《读史方舆纪要》卷四十六《河南一》。

黄河河南段的治理在黄河水利史上具有不可替代的地位。中国早期的治水英雄有不少出生或长期生活在河南。史上最早的治水名人共工的家居地就在今河南辉县一带，大禹的家居地则在今河南登封嵩山一带，主持关中地区郑国渠修建的水利专家郑国也是河南人。秦汉时期出现了统一的黄河防洪大堤，标志着我国的治河防洪进入一个新阶段。瓠子之决发生时，汉武帝“至瓠子，临决河，命从臣将军以下皆负薪塞河堤，作《瓠子之歌》”[①]，成为历代黄河亲临堵口现场的第一人。东汉王景对黄河和汴水进行大规模的治理，使河、汴分流，黄河出现了数百年长期安流的局面。北宋时期兴起的埽工制度和最具黄河治理技术特色的水工建筑物都首先出现于河南。《梦溪笔谈》中提到的“高超合龙门”的技术，就是在今濮阳以北的商胡埽的堵口过程中首次使用的。

宋室南迁以前，河南的农田水利事业也一直走在黄河流域乃至全国的前列。河南是我国最早使用水井灌溉的地区之一。根据考古发掘，在汤阴白营、洛阳矬李等地发现有4000多年前龙山文化早期供饮用的水井。在春秋时期的一些文献中已经出现关于河南地区井灌技术的记载。始建于秦代的沁水枋口堰（明代重修后称为五龙口水利工程）是河南乃至全国水利工程史上的杰出代表。唐代时，河南地区既有像召渠、马仁陂这样灌溉面积在万顷以上的大型水利工程，也有像秦渠、玉梁坊这样灌溉面积在千顷以上的中型水利工程，还有更多像观省陂、雨施陂这样的灌溉面积在百顷左右的小型水利工程。[②] 唐代中央政府特别重视水利管理，制定出台的水利管理法规《水部式》，涵盖了农田水利管理、航运船闸和桥梁渡口的管理与维修、渔业管理、城市水道管理等诸多方面，并对黄河、洛水、灞水上大型桥梁的管理维护做出了明确而具体的规定。北宋时期，河南黄河两岸普遍推行引黄灌淤之法，并取得了“沿汴淤泥溉田，为上腴者八万顷”的良好效果。

尤其值得一提的是，河南的大运河及其航运事业在中国航运史上占有十分重要的地位。至少在夏代以前，河南就开凿了著名的人工运河——鸿沟，东周时期又对鸿沟水系进行了大规模疏浚。秦汉时期，都城咸阳和长

① （东汉）班固：《汉书》卷6《武帝纪》，中华书局，1962，第158页。

② 唐金培、程有为等：《河南水利史》，大象出版社，2019，第175页。

安所在的关中地区比较狭小，而关东平原土地广阔，物产丰富，朝廷所需漕粮物资通过黄河、渭河抵达都城，“转粟西乡，陆行不绝，水行满河”①，黄河漕运成为保证长安、洛阳物质供给的关键性运输通道。及至隋唐，以河南荥阳为起点的通济渠连接起淮河和黄河的水路，以沁河为起点的永济渠连接起黄河与卫河的河道，隋唐大运河的开凿使河南成为我国内河航运的核心和枢纽，以洛阳为中心的水运通达黄河、淮河、长江、钱塘江、海河五大水系，不仅促进了南北经济、文化的交流，带动了沿岸城镇的发展，也有利于强化中央政权对地方的统治，巩固了国家的统一。隋唐以后，尽管战乱不断，但黄淮间的漕运仍相当发达。到了北宋时期，漕运业又迎来一个空前发达的时期，形成了以汴河为中心，包括黄河、汴河、蔡河、广济河等河流在内的四通八达的漕运网，漕运量从唐代每年一百万石猛增至六百万石，多时曾达到八百万石，创造了我国漕运史上的最高纪录。②

第二节　金代及以后河南在黄河流域的历史地位

在宋室南移之后的近800年封建王朝历史中，我国的经济重心完全实现南移，政治重心也远离河南，中原地区失去了凝聚力和向心力，从此不再是历史的舞台中央，渐渐被边缘化。明代著名人文地理学家王士性曾意味深长地指出：“自昔以雍、冀、河、洛为中国，楚、吴、越为夷，今声名文物，反以东南为盛，大河南北不无少让何？”③ 然而，就历史实际情况而言，河南等地也并非像其形容的那样凄凉。经济重心的南移并不代表北方的一蹶不振，河南经济社会在相对不利的条件下仍然顽强地向前发展。多数情况下，河南的整体实力不仅在黄河流域依旧首屈一指，而且在全国范围内也不容小觑。

一　相对式微中仍不失为北方经济重地

不可否认的是，经济重心的南移、王朝更迭、自然灾害等因素确实给

---

① （东汉）班固：《汉书》卷51《枚乘传》，中华书局，1962，第2363页。

② 胡廷积主编《河南农业发展史》，中国农业出版社，2005，第83页。

③ （明）王士性：《王士性地理书三种·广游志》卷上《地脉》，上海古籍出版社，1993，第210页。

宋室南移之后的中原大地带来了很大影响。河南为北宋末年金兵南侵的中心地带，之后又是宋金战争的主要战场，遭受了难以估量的战争洗劫。“靖康之后，金虏侵陵中国，露居异俗，凡所经过，尽皆焚爇。”[①] 元末明初的战乱也让河南残破不已。明都督府左断事高巍在其上疏中说：“臣观河南、山东、北平数千里沃壤之土，自兵爇以来，尽化为榛莽之墟。土著之民流离，军伍百不存一。地广民稀，开辟之无方，展转于臣心久矣。”[②] 明末清初，长达半个世纪的战争动乱，使河南成为受破坏最严重的地区之一。清初河南各地普遍土地荒芜，人口减员。顺治元年，河南黄河以北各县因“兵爇之余，无人佃种”，荒地面积几乎相当于明代时河南全省的1/8。[③] 尽管如此，河南在历经破败凋零之后，通常也会出现乱而后治的景象。

金朝中后期，中原社会趋于安宁，河南的经济得到很大恢复。金宣宗兴定三年（1219），河南的垦田面积大为增加，“河南军民田总一百九十七万顷有奇，见耕种者九十六万余顷”，与北宋相比，增加了近3倍。[④] 豫西地区是金代主要的冶铁区之一，豫西山地的冶铁点占全国总数的30%，汝州、鲁州、宝丰、邓州等都是当时著名的冶铁之地。[⑤] 开封两度成为金朝的首都，城市进行了大规模重建，城市建筑尤其是宫殿建筑重新恢复到北宋的盛况，并再次成为人口最多的城市。到了元代，河南的经济地位仍然为时人所看重。正如元惠宗时期的著名画家朱德润所说：“国家自中州入职方，而河南行省尤为关键之地。盖其背山背河，土腴民秀，为中州都会。其力足以内藩京师，其势足以外控诸夏，而其岁产之人，又足为兵赋之供也。”[⑥] 为恢复生产，元朝政府在赋税、土地权益等方面优待垦荒农民，大大提高了农民开荒的积极性。政府还直接组织了史上前所未有的大规模屯田。据元史记载，全国有屯田130处、17万余顷，而河南行省的屯田面积

---

① （宋）庄季裕：《鸡肋篇》卷中，上海古籍出版社，1985，第67页。

② （明）屠叔方：《建文朝野汇编》卷17《参军断事高巍》，书目文献出版社，1989，第347页。

③ 郭予庆等：《河南经济发展史》，河南人民出版社，1988，第165页。

④ 程民生等：《古代河南经济史》（下），河南大学出版社，2012，第237页。

⑤ 郭声波：《历代黄河流域铁冶点的地理布局及其演变》，《陕西师范大学学报》（哲学社会科学版）1984年第3期。

⑥ （元）朱德润：《存复斋文集》卷4《送谭清叔知事赴河南椽序》，四部丛刊续编本，第13页。

则达到 64000 余顷，占全国的比重高达 1/3。河南从金朝灭亡时的“民疏土旷”，到元世祖后期已经是“地窄人稠，与江南无异”，黄河两岸荒芜的土地，“从蓁灌莽，尽化膏沃”①。在农作物品种方面，棉花种植也开始从闽广一带向中原传播。元末诗人迺贤的诗作《新乡媪》中提到的“日间炊黍饷夫耕，夜纺棉花到天晓”，是历史上河南乃至黄河以北有关棉纺织业发展的最早记录。自北宋以后，瓷器制造业中心开始南移，但在禹州、汤阳、安阳、鹤壁、临汝等地尚有瓷器生产，汝瓷和钧瓷仍是北方著名的瓷器，且取得了新的发展。学界认为：“钧瓷的烧造虽始于北宋，但钧窑之形成一个窑系主要在元代。元代烧制钧瓷的窑场主要是在北方广大地区。”②

明清时期，河南是重要的产粮、产棉大省，大批来自陕西、山西、直隶的商人到河南采购小麦、高粱、芝麻、大豆、谷子等农作物。“他省客商来豫籴麦者，陆则车运，水则船装，往来如织，不绝于道。”③ 河南各州县城乡市镇，粮行生意兴隆，还有专门的粮食销售市场。棉花、棉纺织品是河南集市贸易的又一大宗商品。棉纺织业成为省内覆盖面最广也最为发达的手工业部门，在清代著名的棉布产区孟州，“孟布驰名，自陕、甘以至边墙一带，远商云集，每日城镇、市集收布特多”④。自明代以来，江西景德镇成为全国的陶瓷中心，河南的官窑虽然大不如前，但各地的民间窑场仍有一定规模，这些民窑“虽不能与景德镇之御窑相比，然亦一时之杰，足以为御窑之附庸也”。商品经济的发展带来了集市贸易的兴盛，其中最具有代表性的即是朱仙镇。贾鲁河开通后，由于朱仙镇有水陆交汇、南北要冲之利，西北的山产皮货由此南运，东南的瓷器、茶盐、粮布、杂货等由此北输，散销于华北西北。朱仙镇一时舟楫如林，商旅云集，一跃成为北方最大的水路交通转运码头，人口达 30 余万，有商户 4 万余户，⑤ 和湖北汉口镇、广东佛山镇、江西景德镇并称天下四大镇。商人群体也在繁荣的商业贸易中壮大起来。河南商人在商界有一定影响的主要是来自怀庆府的怀庆商帮（简称怀商），他们虽然没有徽商、晋商、陕商那样活跃，但也勤奋

---

① 郭予庆等：《河南经济发展史》，河南人民出版社，1988，第 133 页。

② 中国硅酸盐学会编《中国陶瓷史》，文物出版社，1982，第 332 页。

③ 《宫中档雍正朝奏折》第 19 辑，第 741 页。

④ （清）冯敏昌：（乾隆五十三年）《孟县志》卷 4 上《田赋·附物产》，第 20 页。

⑤ 王兴亚：《明清河南集市庙会会馆》，中州古籍出版社，1998，第 78 页。

经营，奔走于大河南北，远至陕甘、三晋、江浙、两湖以及东北等地，在明清商帮中占有较为重要的地位。总体而言，明清时期的河南虽然难以与强势发展的南方相比拟，但经济社会发展并非毫无起色，甚至在个别时期还比较靠前，如从乾隆三十一年（1766）各地田地、赋银、赋粮情况来看，河南农田数量占全国的9.8%，位居全国第2，赋税总数占全国的9.2%，位居全国第4,① 经济地位的举足轻重可见一斑。

鸦片战争以后，河南不像沿海省份那样直接遭受帝国主义列强的侵略，但也直接或间接地受到了西方资本主义的影响，以家庭为生产单位的自给自足的自然经济逐渐瓦解，并呈现半殖民地半封建的经济属性。然而在近代中国的经济格局中，由于远离通商口岸、官僚迂腐守旧等原因，河南近代工业起步较晚，不仅晚于沿海，甚至晚于晋、陕、川、甘、黔等内陆省份。进入20世纪以后，河南的资本主义工业有了一定发展，虽然力量相当弱小，但也给陈旧的经济结构注入了新的成分，特别是京汉、道清、汴洛等铁路的开通，极大地改变了河南的交通运输格局以及河南在全国交通运输网络中的地位，郑州成为新兴的交通枢纽。“汴省自铁轨交达，风气大开，商务、实业，进步甚速”②，铁路以其巨大的推动力对河南的经济发展和社会生活产生了深远的影响。

二 盛况不再后，文化科技依然亮点不断

金元以后，河南的文化科技事业由盛转衰，总体已难以与江南等地比肩，但也在部分领域有所作为，延续着中原文脉。

兴起于两宋之际的程朱理学在元代成为官方哲学，其中发挥了关键性作用的人物即是河内（今河南沁阳）人许衡。他与刘因、吴澄并称元代三大学者。在许衡看来，“考之前代，北方之有中国者，必行汉法，乃可长久”，程朱理学就是理想的“汉法”。许衡主张，“理”是事物的“所以然”和“所当然”，前者叫“命”，后者叫“义”，都是人们穷理的对象，“人心如印板，惟板本不差，则虽摹之千万纸皆不差；本既差，则摹之于纸，无

① 程民生等：《古代河南经济史》（下），河南大学出版社，2012，第492页。

② 《东方杂志》第4号，第1期，商务。

不差者”[①]。从元以至清末，封建统治者都把理学作为思想的“样板”而极力倡导。元以后，河南虽然没有出现特别有名的理学大家，但在明朝程朱理学、陆王心学盛行时，却站出来两位批判理学的唯物主义思想家——王廷相和吕坤。王廷相为仪封（今河南兰考）人，曾官至明朝左都御史。他明确反对朱熹的“理能生气”论，认为“理载于气，非能生气”，也即是说规律只能存在于事物之中，而不在事物之外之先。他还反对王守仁的“致良知”学说，批评其空虚无用，“其不误人家国之事者几希矣”[②]。另一位河南籍哲学家吕坤则坚持气一元论，认为“天地万物只是一气聚散，更无别个”，“道器非两物，理器非两件，成象成形者器，所以然者道；生物成物者气，所以然者理”，批判了理学家把“道”与“器”、“理”与“气”分割开来和“理在气先”的说法。[③] 清代时，河南的孙奇逢、汤斌、李来章、窦克勤、张伯行、耿介、张沐和冉觐祖被称为“中州八先生”。他们对于理学的研究代表了清前期的最高水平，影响了清初河南全省乃至全国的学风与民风，在重塑封建统治思想方面发挥了重大作用。

在文学方面，元代时，一批河南籍的文学批评家、诗人、散文作家，在各自领域内都取得了不小的成就。彰德（今河南安阳）人郑庭玉在元曲方面造诣匪浅，其所著杂剧20余种，其中的《看钱奴》是元代世情剧代表作之一。他的作品多取材自社会穷苦人民的生活，无论宾白还是曲辞都具有很强的通俗性和社会性。洛阳人姚燧也是元代有名的文学家和古文大家。黄宗羲曾言，“唐之韩柳，宋之欧曾，金之元好问，元之虞集、姚燧，其文皆非有明一代作者所能及”[④]。由此可见，姚氏在我国文学史当中的地位。明时，黄河流域出现了著名的文学流派“前七子”，他们极力反对内容空洞贫乏、矫揉造作、粉饰太平的明初台阁体，主张“文必秦汉，诗必盛唐”。河南这一时期的著名文学家李梦阳、何景明等人，即是前七子文学复古运动的领袖。李梦阳旗帜鲜明地反对“台阁体”，借助提倡复古以唤醒民心，寄其救世之志。何景明也是“前七子”中有影响的人物，他虽然倡导文学复古，但反对机械地模拟，主张在模拟时要“领会神情”，“不拘形迹”。

---

① 李中：《古代河南思想文化特征论》，《许昌师专学报》（社会科学版）1997年第3期。

② 杨怀森等：《河南古代辉煌记忆》，大众文艺出版社，2007，第160页。

③ 杨怀森等：《河南古代辉煌记忆》，大众文艺出版社，2007，第161页。

④ 杨怀森等：《河南古代辉煌记忆》，大众文艺出版社，2007，第200页。

李、何二人是受到黄河文化滋养和熏陶的文坛巨匠，在明代中期为扫荡萎靡纤弱的文风做出了杰出贡献。清代的河南文学家首推侯方域。侯氏性格豪放，笔力雄健，应试不第后在家乡商丘设雪园社，以文会友。他与宋荦、贾开宗、徐作肃、徐世琛、徐邻唐合称“雪园六子”。清初文坛一度形成了以侯方域为首的诗人群落，这里成为河南乃至全国诗文创作与交流的中心。

在自然科学领域，元代以降，河南乃至中国在天文学、地理学、机械制造、生物学等方面已经落后于欧洲许多国家，但一些传统的自然科学仍然得到缓慢发展，其中明代的部分河南人走在了全国前列。朱元璋第五子朱橚长期生活在开封府，他虽然没有耀眼的政绩，却在医学、植物学、文学等领域成就斐然，所著《救荒本草》一书是我国最早以植物群为基础的河南植物志，其中不乏科学的思想和方法。怀庆（今河南庆阳）人朱载堉潜心研究音律学、数学、天文历法等，著述颇丰，被誉为“乐圣”。其中的《音律全书》约十万言，提出了“新法密律”即十二平均律，是世界音乐史上首次运用数学将八度分为十二个音程相等的半音音乐律制，解决了长期以来前人未能解决的旋宫转调问题。此法被广泛运用于键盘乐器及竖琴等乐器，欧洲直到1636年才有法国科学家提出相同的理论。此外，明清时期的科技领域不能不提的是坐落于登封市告成镇的观星台。观星台由元代著名天文学家郭守敬设计，不仅可以用来观星，也用于观测日影，是一座集观星、测影、计时、计历等多种功能于一体的天文建筑，至今结构完整，石圭基本完好，是我国现存最早的天文台建筑，也是世界上最重要的天文遗迹之一。金元时期，河南在医学领域最负盛名的当属被誉为四大名医之一的张从正，他精于医术，主张除病必祛邪，创立了独特的攻邪派理论，为我国中医学的发展做出了巨大贡献。元代针灸学家滑寿为许州襄城（今河南襄城）人，所著《十四经发挥》是一部影响较大的针灸学著作，在日本被视为“习医之根本”。日本的针灸取穴多以滑氏为标准。滑寿的《诊家枢要》详细论述了人体不同脉象，成为后世医学者必读之书。

三　灾害频仍下治黄兴水事业艰难前行

由于唐宋时期的经济社会发展，黄土高原地区的植被遭到破坏，黄河中下游河患日益严重的趋势已经不可逆转。自宋代起，黄河一改800年安流局面，进入多灾多难的时期，不断在中下游决溢，致使黄河中下游的区域范围不断在变化。黄河的决溢又进一步扰乱了黄河下游的其他水系，使之淤积或改道，特别是黄河由淮河入海后，河道形势更加严峻复杂，淤积严重，决口频繁，有时一次多达几处、十几处甚至几十处，淹没数十州县，不仅给沿线城市带来安全威胁，而且恶化了区域生态环境，给人们的生命财产带来巨大损失。以开封为例，历史上的开封城屡建屡毁，屡建屡淹，水淹之祸大都源自黄河水患。从金代明昌五年（1194）至 1949 年的 750 余年间，黄河在开封境内决溢 338 次，致使该城 15 次受淹，数次被夷为平地。经考古工作者在 20 世纪 80 年代以后的数年发掘，证实了开封地下的“城摞城”达 6 层之多。

河南是黄河泛滥的重灾区，[①] 虽然金元以后不再是全国的政治、经济和文化中心，但依然是黄河防护的重点区域所在。金代治黄河以防御为主，曾多次增修堤岸，但并没有改变黄河频繁决溢的局面，而元代著名的河防大臣贾鲁则在治理黄河方面卓有成效。1344 年，黄河在山东曹县决口，豫、鲁、皖、苏交界地区成千里泽国。1352 年，担任总治河防使的贾鲁采用疏塞并举、先疏后塞的办法，主持疏通黄河故道和支流河道，开凿新河道，并首次采用沉船法堵塞缺口和豁口，最终平息了多年的水患。贾鲁堵口工程规模之浩大，为封建时代治河史上罕见。为念其功绩，后人将贾鲁整治过的汴河和蔡河统称为“贾鲁河”。明代时的治黄方略主要是“北岸筑堤，南岸分流”。明代副都御史刘大夏主持修筑的延绵百里的“太行堤”，主要位于河南境内。明后期潘季驯的四次治河活动以及他提出的“束水攻沙”治河理论，不仅在当时取得了“留连数年，河道无大患”的良好效果，[②] 而且对后世治理黄河水患也具有重要借鉴意义。清代治理黄河以康熙年间成效最为显著。康熙初期河患频仍，靳辅和陈潢采用疏浚河道、堵塞决口、坚筑河堤、闸坝分洪的办法，对黄河和运河进行了大规模治理。1855 年，黄河在兰仪（今河南兰考）铜瓦厢决口，形成由大清河至山东利津进入渤海的新河道，结束了黄河长期南流夺淮入海的局面。1938 年，国民党政府

① 据统计，有清一代，沿黄各省共发生决溢 174 次，其中河南 70 次，占总数的 40%。见胡思庸《近代开封人民的苦难史——介绍〈汴梁水灾纪略〉》，《中州今古》1983 年第 1 期。

② 唐金培、程有为等：《河南水利史》，大象出版社，2019，第 275 页。

为阻止日本侵略军西进，掘开花园口黄河大堤，造成黄河南泛，改道夺淮入海，形成了 54000 多平方公里的黄泛区。解放战争时期，黄河下游解放区在黄河回归故道前后进行的复堤治险和黄河下游防洪抢险则成为人民治黄的开端。

在农田水利方面，黄河频繁决溢淤淀河流，湮废湖泊，撂下大片沙荒碱地，在很大程度上影响了农田水利事业的发展。金元时期，河南水害战乱深重，水利时兴时废，仅在某些时候开展过一些治理活动。明前期，中央政府和河南地方政府都比较重视农田水利建设，河南大兴陂塘，兴建了一批骨干工程，农田水利事业得到较快发展。沁河流域的人民对引沁灌渠进行了大力修治，特别是万历年间袁应泰主持开凿的广济渠和“二十四堰”，灌溉成效显著。清代中前期，黄河中下游的农田水利仍有所发展，伊洛河和沁河流域都兴建了一些小型水利工程。这些工程设施虽然规模不大，但数量可观。乾隆年间，时任河南巡抚的阿思哈就称赞“嵩县知县康基渊挑浚伊河两旁古渠并开山间诸流，可资引导者一律疏治深通，灌田面积六万二千余亩”①，并上奏朝廷请予嘉奖。民国时期的黄河中下游水利事业也出现了一些新气象。冯玉祥主政河南时期，将发展水利事业作为施政第一要务，多方筹集水利事业经费，大力培育水利科技人才，积极开展水利工程规划和建设，并广泛动员凿井和开发利用山泉以抗旱灾。1930 年至 1938 年，河南省政府还先后制订了《洛阳周口新乡灌田场计划》《改革河南各水利局计划》《河南省防水防旱计划》等，以统筹谋划，有效提高农田抗灾能力。

第三节　新中国成立后河南在治黄兴黄中的重要贡献

新中国成立后，黄河治理与开发掀开新的一页。在党的坚强领导下，河南人民以极大的热情投入治黄兴黄事业中，从加固堤防、整治河道到建设水库、引黄灌溉，从发展经济、弘扬文化到治理污染、保护生态，经过 70 余年的不懈努力，河南黄河治理开发和保护工作取得了显著成就，河南

① 南炳文、白新良主编《清史纪事本末》第 6 卷（乾隆朝），上海大学出版社，2006，第 1398 页。

在维持黄河健康生命、促进黄河长治久安、支撑流域经济社会可持续发展中做出了巨大贡献。

一　力保黄河岁岁安澜

1949 年，黄河流域大部分地区获得解放，当年元月组建了全流域治理机构——黄河水利委员会，河南黄河河务局沿河各修防处、段也相继建立。黄河从此由过去的分省、区治理转向全流域统一治理。1952 年，毛泽东主席亲临黄河视察，发出“要把黄河的事情办好”的号召。1955 年 7 月，一届全国人大二次会议通过了《关于根治黄河水害和开发黄河水利的综合规划的决议》，全面根治和开发黄河的工作就此展开，黄河建设开始走上“除害行利，综合利用”的新阶段。经过 70 余年的不懈努力，河南黄河已经形成包括堤防、险工、河道整治、滞洪泄洪、干支流水库、引黄涵闸和灌区配套等较为完整的工程体系。

饱受黄河水患蹂躏的河南黄河两岸人民，响应党和政府的号召，积极开展了复堤整险，对千疮百孔的堤防进行了大规模的培修加固，同时也对险工进行了加高、改建和新建。其中，大规模的复堤有如下几次：一是 1950~1955 年的修残补缺，加培堤身的薄弱地段，堤顶加宽至 7~10 米，超出 1949 年洪水位 4 米；二是 1963~1967 年以防御花园口站 22000 米^3/秒洪水为目标的培修，堤顶宽平工段 9 米、险工段 11 米，超高 2.5 米；三是 1974~1986 年仍以防御花园口站 22000 米^3/秒洪水为目标的培修，共计完成培堤土方 1.19 亿立方米，同时，还对北金堤、太行堤、贯孟堤防以及沁河堤进行了培修加固；四是 1998 年“三江”大水后开始第四次大规模复堤建设，至 1999 年培修堤防 160.1 公里，完成土方 1613.29 万立方米；五是进入 21 世纪以来的河南黄河标准化堤防建设，包括放淤固堤、堤防帮宽、堤顶硬化、防浪林和适生林等数十个建设项目，共两期工程，工程完工后，使堤防全线达到了防御花园口 22000 米^3/秒洪水的设防标准，保证了国务院明确的郑州至开封东坝头黄河防洪重点堤段的安全，成为郑州以下黄河流域人民生命财产的安全屏障。

新中国成立初期，黄河中上游尚未修建水库。为防御特大洪水对黄河中下游地区的冲击，20 世纪 50~70 年代先后在河南长垣、武陟、封丘、濮阳等地开辟了滞洪区。1957 年 4 月，河南开始动工兴建三门峡水利枢纽工程，1960 年建成蓄水后，对控制上中游洪水以及解决下游防洪、防凌问题起了重要作用。作为黄河上第一座大型水利枢纽工程，三门峡水利枢纽工程既是大江大河治理与开发的探路工程，也是“除害兴利，综合开发”治黄方针的一次重大实践。此后，为控制伊河、洛河洪水，又兴建了陆浑水库和故县水库，两座水库分别于 1965 年和 1994 年投入使用。2003 年小浪底水库建成投运后，在黄河下游防洪工程体系中，三门峡水库与小浪底、故县、陆浑水库联合调度控制运用时（简称四库联调），黄河下游可以达到千年一遇的防洪标准。在小浪底水库和三门峡水库等水利设施的联合运用下，河南治黄还取得了巨大的防凌效益，基本解决了黄河下游的凌汛威胁。据测算，通过与 20 世纪 50 年代的对比分析，最近 20 年间共避免了 2003 年、2005 年、2010 年 3 次凌汛决口，减免下游防洪保护区凌汛损失 537 亿元，凌汛期下游滩区淹没的概率也大为减小。①

新中国成立后，桀骜不驯的黄河也曾数次给河南带来不小的洪水险情，特别是 1949 年的 12300 米^3/秒、1958 年的 22300 米^3/秒、1982 年的 15300 米^3/秒的特大洪水和 1996 年的异常洪水，给两岸人民带来了巨大威胁，而在历次洪水面前，河南的党政军民都能够高效组织起来，凝心聚力，严防死守，取得了连续 70 余年伏秋大汛堤防不决口的辉煌成就，彻底扭转了历史上黄河河南段频繁决口改道的险恶局面。其中尤其值得一提的是 1958 年的黄河抗洪。1958 年 7 月，在周恩来总理的现场指挥和全国各地的大力支援下，河南百万抗洪大军团结一致，及时处置堤线渗漏、管涌、脱坡裂缝等各类险情，有组织、有计划地安置滩区群众，经过十昼夜坚苦奋斗，终于使汹涌的洪水安全过境入海，保证了国家建设和人民生命财产的安全。

黄河河南段沿岸修建的引黄涵闸和罐区配套设施，是用来发展沿河经济、造福沿河人民的兴利工程，在新中国水利史上占有重要地位。1950 年开工建设的人民胜利渠开辟了新中国黄河下游引黄灌溉的先河。该工程通过引黄济卫，不但使新乡周围 4 万多公顷耕地得到灌溉，而且使卫河的流量达到历史上的高峰，为其向京津地区供水发挥了重要作用。如今，人民胜利渠灌溉区域已经覆盖了豫北新乡、焦作、安阳三地 11 个县、市、区 57 个乡镇。自 1952 年至 2018 年，通过人民胜利渠累计引黄河水 380 多亿立方

① 李文学：《黄河治理开发与保护 70 年效益分析》，《人民黄河》2016 年第 10 期。

米，实现社会效益400亿元。1955年、1957年先后兴建了花园口、黑岗口两处引黄灌区，合计引水能力达200米^3/秒。1960年动工、1969年支渠配套工程全面竣工的红旗渠工程，被誉为“人工天河”和“世界第八大奇迹”，不仅结束了林州十年九旱、水贵如油的苦难历史，而且形成了“自力更生、艰苦创业、团结协作、无私奉献”的红旗渠精神。河南省最大的引黄灌区是赵口灌区。该灌区始建于1970年，次年开灌，设计灌溉面积587.1万亩，覆盖郑州、开封、许昌、周口、商丘5地14个县（区）。改革开放以来，河南省万亩以上的引黄灌区从21处增加到52处，有效灌溉面积从145万亩增加到1360万亩，增加1200多万亩，[①] 为农业生产尤其是提高粮食产能提供了强有力的保障，黄河变成了利民河，黄泛区变成了黄灌区，黄河两岸昔日的盐碱地逐渐转变为中原大地上的米粮川。在农业增收的同时，引黄灌溉还加速了平原的绿化，扩大了水域面积，改善了生态环境，并日益成为两岸城乡群众生产生活用水的重要来源，黄河的资源效应、生态效应正在发挥着巨大作用。

二　做好流域生态环境保护

黄河流域构成我国重要的生态屏障，保护黄河是事关中华民族伟大复兴的千秋大计。黄河河南段是全省重要的生态功能区，黄河流域林地、湿地面积分别占全省的61%、51.5%。切实改善沿黄地区环境质量、筑牢黄河岁岁安澜的“绿色屏障”，是河南义不容辞的责任。

新中国成立初期，河南经济以农业为主，工业和建筑业规模十分有限，第二产业占国内生产总值的比重不到1/5，生态破坏和环境污染问题大多是局部性的。然而，由于乱砍滥伐、毁林开荒、劈山造田、乱排乱放等原因，经济建设与环境保护之间的矛盾逐渐突出。

1973年，国务院召开全国环境保护工作会议，确立了“全面规划、合理布局、综合利用、化害为利、依靠群众、大家动手、保护环境、造福人民”的工作方针。河南各级环境保护机构也相继建立，环境保护工作开始进入正轨。20世纪70年代中期，河南开展了以消烟除尘、改善城市大气环

① 高长岭：《黄河润中原 黄泛区变黄灌区 40年河南省引黄灌溉面积增加1200多万亩》，《河南日报》2018年10月27日，第5版。

境质量为主的环境保护行动。从 1979 年开始，河南省陆续颁布了一系列环境保护法规，初步建立了环境管理的制度体系。1984 年 3 月，河南省第一次环境保护工作会议召开，明确将环境保护工作纳入各级党委、政府经济社会发展日常工作当中，全省环境保护工作开始从单纯的工业污染点源治理转向“以防为主，以管促治，综合治理污染”阶段，并在防治工业污染的同时，进一步加强自然环境保护工作。1981~1985 年，河南共投入污染治理资金 4.1 亿元，其中 1983~1985 年污染治理投资 2.3 亿元，用于废水治理占投资总额的 33.8%，用于工业废气治理占 32.4%，用于固体废弃物治理占 9.7%。到 1987 年，全省共完成治理工业污染项目近 6000 个，对污染严重又无治理手段的企业依法实施关、停、并、转、迁，对新建、改建和扩建的大中型企业实行环境工程与主体工程同时设计、同时施工、同时投产的“三同时”管理制度，“三同时”执行率达 96.4%。①

然而，在 20 世纪八九十年代，尽管局部的环境质量有所控制和改善，但河南的环境监测力量还很薄弱，环保技术和理念的推广仍然缓慢，环境保护和治理工作有待进一步加强。特别是在 1988~1998 年，在汹涌澎湃的改革大潮下，全省乡镇企业异军突起，但污染问题也开始凸显，皮革厂、造纸厂、皮毛厂、淀粉厂、食品加工厂、药厂等一大批小型企业蜂拥而上，因当时的工艺水平低、污染大，生产废水直排造成河流严重污染。由于污水排放量不断增加，河川径流不断减少，河道内污水存积，底泥污染加重，再加上农药、化肥使用量的增加和工业废渣堆放场、尾矿库地不断增多，河南黄河流域的水环境安全也不可避免地受到威胁。20 世纪 80 年代，河南境内的伊河、洛河、沁河等河流污染物浓度也呈迅速升高趋势。黄河干流小浪底至花园口段 1987~1989 年河水 COD 和氨氮浓度比 1981~1983 年增加了 1~3 倍。河南的森林资源也一度受到不小的影响。如素有林海之称的栾川县，1957 年前森林覆盖率达 85%，到 1984 年时已下降至 30%。森林植被的破坏又导致了水土流失的加剧。20 世纪 80 年代时，河南的水土流失面积达 6.3 万平方公里（合 9456 万亩），最严重的区域是豫西北黄土丘陵地区，

---

① 河南省地方史志编纂委员会编《河南省志》第 40 卷《环境保护志》，河南人民出版社，1993，第 2 页。

水土流失面积占全省山地、丘陵面积的85%之多。①

为了更好地治理污染、保护环境，河南在2005年通过关、停、并、转和深度治理，如期完成造纸产业结构调整，河流水环境质量明显改善。随着城镇化的快速推进，激增的生活污水对环境造成的污染问题日益突出。为此，河南省委省政府在全省率先提出到2007年实现全省县县建立污水处理厂和垃圾处理厂的目标。2007年11月底，该目标如期完成，为河南水环境改善和完成总量减排目标奠定了基础。由于工业的快速发展、机动车保有量的增加以及以煤炭为主的能源消耗量的迅速增加，大气污染物排放量急剧增加，大气污染问题显现。从2008年开始，河南针对煤电机组、耐火材料、水泥、砖窑、电解铝等污染严重行业，持续开展环境综合防治，关闭淘汰了一大批不符合国家产业政策、污染严重的企业和生产线，并采取推进耐材炉窑改造、淘汰电解铝自培槽、燃煤电厂安装脱硫脱硝设施等一系列措施减少污染物排放，有效改善了大气环境质量。党的十八大以来，在习近平生态文明思想的指引下，河南积极贯彻落实党中央、国务院生态文明建设决策部署，坚持把生态文明建设摆在全省工作的突出位置，坚定不移走生态优先、绿色发展之路。为建设天蓝、水净、地绿的美丽河南，全省污染防治进入了攻坚期、关键期，从2016年开始，先后打响了大气、水、土污染防治攻坚战，大力推进集中供热供暖工程建设，依法整治“散乱污”企业，实施燃煤“双替代”，严格落实扬尘污染治理和工业企业污染管控，并将环境保护和绿色发展纳入经济社会发展目标和干部考核体系，污染防治从“软约束”变为“硬杠杠”。目前，全省污染防治攻坚战已经取得显著成效。

除了铁腕治污以外，长期以来，河南高度重视黄河流域森林资源保护和林业生态建设，持之以恒开展人工造林、封山育林和飞播造林，不断加强沿黄山区、丘陵区造林和沙化土地治理。早在新中国成立之初，针对黄河流域风沙危害，河南开始规划建设豫东、豫北黄河故道防护林。20世纪80年代，河南编制实施方案，开展沿黄青年防护林带营造。1998年，编制并实施了《河南省黄河中游林业重点治理工程方案》，在荥阳市和灵宝市之间组织开展林业生态建设。2007年，河南省政府印发实施《河南林业生态

---

① 河南省环境保护志编辑室编《河南环境保护概览》，文心出版社，1988，第103页。

省建设规划》，把黄河干支流及堤防纳入生态廊道网络建设范围，并将小浪底库区水源涵养林与水土保持林纳入省级重点生态工程。2013 年，河南省政府印发《河南林业生态省建设提升工程规划》，布局打造“沿黄河生态涵养带”，涉及三门峡、洛阳、济源、焦作、郑州、新乡、开封、濮阳等地区，总面积 9.52 万平方公里。2016 年，河南省政府印发《河南省国民经济和社会发展第十三个五年规划纲要》，确立构建包括沿黄生态涵养带在内的“四区三带”区域生态格局。2018 年，河南省政府出台《森林河南生态建设规划（2018~2027 年）》，提出构建“一核一区三屏四带多廊道”的总体布局，将沿黄生态保育带作为重要建设内容，全面保护森林植被和湿地资源，着力把黄河两岸打造成为生态带、景观带和绿色长廊。①

2019 年 9 月，习近平总书记亲临河南视察黄河，在郑州召开黄河流域生态保护和高质量发展座谈会并发表重要讲话，发出了“让黄河成为造福人民的幸福河”的伟大号召。黄河流域生态保护和高质量发展作为一项重大国家战略被正式提出。在此背景下，河南提出要在重大国家战略中找准定位、担当作为，坚持生态优先、绿色发展，共同抓好大保护，协同推进大治理，努力以高质量生态环境造福黄河两岸人民，在全流域率先树立河南标杆。河南黄河流域生态保护治理从此驶入了快车道，空间规划编制、生态廊道建设、湿地公园群建设、生态修复工程、国土绿化提速行动等已在如火如荼地开展。

三 引领流域经济发展

新中国成立以来特别是改革开放 40 余年来，经过艰苦卓绝的奋斗，全省国民经济发展取得了巨大的成就。当前，在黄河流域雄踞承东启西战略枢纽的河南，以比较稀缺的水资源和黄河塑造的华北平原，承载了 1 亿多人口，拥有着长期居全国前五位的经济总量，正成为推进黄河流域高质量发展的示范引领和有力引擎。

新中国成立之初，河南国民经济处于凋敝状态，工业基础十分薄弱，人民生活极端困苦。1949 年，全省工业总产值仅 2.98 亿元，发电量只有 500 多万千瓦时，全省 80%以上的人口为文盲。河南人民就是在这样的烂摊

① 杨朝兴：《河南省黄河流域生态保护的林业实践与探讨》，《林业资源管理》2020 年第 2 期。

子上开启了波澜壮阔的发展历程。在 1949～1952 年的国民经济恢复和稳定发展阶段，由于生产力得到解放，人民群众的劳动热情空前高涨，河南仅仅用了三年时间，就消除了通货膨胀，医治了战争创伤，使满目疮痍、病骨支离的国民经济迅速得到了恢复和发展。到 1952 年底，全省工农业总产值（按 1980 年不变价格计算）达 66.76 亿元，超过了新中国成立前的最好水平，财政经济状况也得到好转。从 1953 年开始，河南开始实行第一个五年计划，进入了社会主义改造和有计划的大规模经济建设时期。四年时间，全省基本完成了对农业、手工业和资本主义工商业的社会主义改造，建立了社会主义公有制的基础，实现了生产资料所有制的根本变革。当时动员和抽调了大批人力、物力投入国家在河南的重点建设项目上，先后兴建了洛阳拖拉机厂、郑州纺织机械厂、郑州第三棉纺织厂、三门峡水电站等大中型骨干企业，以及平顶山、焦作煤炭工业基地，不但使农业和纺织、轻工、机械、煤炭、电力等工业得到迅速发展，而且人民生活也有了较大改善。在 1958～1976 年，由于过于强调阶级斗争和上层建筑的反作用，滋长了急躁冒进的情绪，违背客观经济规律，急于求成，致使经济发展遇到挫折，但其间也曾出现过暂时的好转局面，工农业建设取得了一定的成就。

1978 年中国共产党十一届三中全会实现了全党工作重点的大转移，开辟了改革开放和中国特色社会主义现代化建设的新局面，河南经济也进入一个崭新的历史发展阶段。在农业方面，从 20 世纪 80 年代开始，河南提出“实现农业生产区域化、基地化、系列化”，到 20 世纪 90 年代提出“农业战略性结构调整”，再到 21 世纪初建设全国重要的优质粮生产和加工基地、优质畜产品生产和加工基地，再到党的十八大以后，以市场需求为导向调整完善农业生产结构和产品结构，大力推进以“四优四化”为重点的农业供给侧结构性改革，加快推进高效种养业和绿色食品业转型发展，河南农业调整经历了从粮食作物到经济作物、从种植业到养殖业、从农业生产到产业发展的过程，农业的供给质量效益得到明显提高，探索走出了一条从“国人粮仓”到“国人厨房”再到“世界餐桌”的农业产业化发展之路，用占全国 1/16 的耕地，生产了全国 1/10 的粮食、1/4 的小麦，粮食产量先后迈上 1000 亿斤、1100 亿斤、1200 亿斤、1300 亿斤台阶，为确保“中国人的饭碗牢牢端在自己手中”做出了突出贡献。在工业方面，经过努力，河南一改工业基础薄弱、技术落后、门类单一的面貌，成为经济规模日益扩大、生产能力显著增强、技术水平逐步提高、产业结构日趋完善、区域发展协调推进、门类齐全的重要制造业基地，实现了由农业大省向新兴工业大省的历史性转变，为夯实黄河流域高质量发展的产业支撑做出了突出贡献。在服务业方面，2020 年，全省第三产业增加值超过 26700 亿元，按可比价格计算是 1949 年的 1514 倍。随着服务业各领域对个体经济、民营经济、外资经济的准入不断放开，市场主体数量稳步增长，全省服务业市场主体从 1952 年的 0.4 万户增至 2018 年的 502.64 万户，占全社会市场主体的 87.4%。在城乡区域协调发展方面，土地、财政、教育、就业、医疗、养老、住房保障等领域配套改革不断推进，有力地促进了农业转移人口的市民化，全省城镇化进程明显加快，城镇化水平不断提高，城乡结构发生了历史性转变。从“十八罗汉闹中原”到中原城市群“一核一副四轴四区”，区域发展更加协调，全省形成了特大城市、大型中心城市、中小城市和小城镇各具特色、协调发展的格局。

总体上看，新中国成立以来，河南加快推进经济结构优化升级，需求结构持续改善，城乡区域统筹发展有序推进，经济发展的协调性显著增强，以郑州为核心的中原城市群成为黄河流域最具发展活力的区域之一，近年来以超过全国平均经济增速的发展势头，成为黄河流域高质量发展的增长极。尤其突出的是，河南现代综合交通体系日趋完善，交通枢纽地位得到进一步彰显，以郑州立体综合交通枢纽为中心，以航空网、干线铁路网、高等级公路网为主骨架的现代综合交通运输体系已初步建成。河南还不断扩大开放领域，逐步形成全方位、宽领域、多层次的对外开放格局，对外交往日益深化，经济外向度不断提高，“无中生有”打造出空中、陆上、网上、海上四条“丝绸之路”，使不临海不沿边的内陆省份由对外开放的跟跑者转变为内陆开放高地建设的先行者，从整体上拉升了黄河流域的开放能级和发展水平。

四 推进黄河文化保护传承弘扬

河南是黄河流域的文化大省，被誉为“中国历史的自然博物馆”，黄河文化的根源性、延续性、融合性、核心性均与河南有着密切关系，理应在保护传承弘扬黄河文化方面有更大的担当。新中国成立以来，河南文化产业和文化事业步履坚定、砥砺前行，不断创造着新的辉煌。

一是涌现了一大批文化艺术精品。1956 年 3 月，河南豫剧院和河南省戏曲学校成立，同年召开了河南省首届戏曲观摩演出大会，把全省戏曲人凝聚在一起，拉开了河南戏曲蓬勃发展的序幕。常香玉等老一辈的艺术家们自觉担负起时代使命，创作了豫剧《花木兰》《朝阳沟》《倒霉大叔的婚事》、越调《收姜维》、曲剧《风雪配》《陈三两》等一大批优秀作品，至今仍在中原大地传唱，成为河南文艺事业的丰碑。河南豫剧三团曾于 1964 年赴北京演出《朝阳沟》，并受到了毛泽东、刘少奇、朱德、邓小平、彭真等老一辈党和国家领导人的接见。改革开放以来，广大文艺工作者深入生活，扎根人民，潜心创作，推出了一大批“有筋骨、有温度，沾泥土、带露珠”的精品力作，推动了戏曲、话剧、舞剧、木偶剧、杂技剧等艺术门类“百花齐放”，新创的豫剧《程婴救孤》《村官李天成》、舞剧《风中少林》等剧目获国家级奖励，并跻身国家舞台艺术精品剧目。近年来，河南省先后推出重点剧（节）目 200 多部，诸多精品力作屡获“文华大奖”、中宣部“五个一工程奖”等国家大奖，在全国独领风骚。

二是文化遗产保护水平不断提高。河南是考古大省、文物大省，地下文物、馆藏文物、历史文化名城、全国重点文物保护单位数量均居全国首位，新中国考古第一铲正是从河南挥起。1950 年 10 月，中国科学院考古研究所在河南辉县开始了第一次考古发掘，从此拉开了新中国田野考古发掘工作的大幕。长期以来，河南一系列重大考古发现和研究成果对探索人类起源、中华文明起源形成和发展等提供了有力证据，更加坚定了我们的文化自信。目前，孙家洞、许昌灵井、老奶奶庙、李家沟等遗址的发掘与研究正在勾勒出河南旧石器时代的清晰面貌，西坡、青台、双槐树、王城岗、二里头等遗址的新发现则进一步明确了中原在华夏文明起源中的独特地位。河南已经成功申报龙门石窟、安阳殷墟、登封“天地之中”历史文化建筑群、丝绸之路、大运河等 5 项 24 处世界文化遗产，2 个项目被列入联合国教科文组织人类非遗代表作名录；成功申报国家级非遗项目 113 个、非遗传承人 127 人、非遗生态保护区 1 个、非遗生产性保护示范基地 5 个、中国传统村落 204 个。为让文化遗产“活”起来，河南在传承利用文化遗产方面进行了积极探索。将城市规划与文物保护利用有机结合，建成了隋唐洛阳城、安阳殷墟、新郑郑韩故城等一批考古遗址公园和大遗址保护展示园区，成了“城市语言”和“城市符号”，吸引着中外游客。据不完全统计，河南省大遗址和考古公园对外开放以来，接待游客累计逾1200万人次。

三是公共文化服务体系日臻完善。新中国成立初期，河南百废待兴，文化事业基础十分薄弱。当时的河南省委省政府把发展文化事业、活跃人民群众文化生活摆上重要日程，克服各种困难，积极推进群众文化事业和社会文化网络建设。省市（地）建群众艺术馆、县（市）建文化馆、乡（镇）建文化站在1965年前已基本完成。[①] 改革开放后，河南进入社会主义现代化建设的新阶段，公共文化事业更是迎来了蓬勃发展的新时期，公共文化服务体系逐步完善。根据1998年时的统计，全省社会文化机构总数为2492个，其中群众艺术馆22个、文化馆195个、文化站2275个，从业人员达6704人。[②] 截至2020年底，河南已经拥有各类公共图书馆165家、文化馆205家、博物馆359家、综合档案馆177家，有线电视实际用户890余万户，广播综合人口覆盖率达到99.64%，电视综合人口覆盖率达99.58%，基本建成覆盖城乡的公共文化服务设施网络，实现了“县有图书馆、文化馆，乡镇有文化站，村（社区）有综合文化中心”的目标。

四是文化产业总体实力显著增强。2006年以前，河南省文化产业基本处于自然生长状态，文化企业规模小，市场竞争力弱，产业不够聚集。2006年，河南省第八次党代会提出“加快从文化资源大省向文化强省跨越”，大力发展新闻出版、广播影视、文艺演出、文化旅游、广告会展、文化创业和动漫等各类文化产业，打造一批大型文化企业和企业集团，河南的文化产业发展从此驶入快车道。到2019年，河南省文化市场经营机构达15000余家，从业人员近10万人，有国家文化产业示范园区1个、国家文化产业示范基地12个、省级文化产业示范园区12个、省级文化产业示范基地133个，已建成和在建的文化产业园区50多个，文化和旅游产业已经初步形成要素齐全、规模庞大的产业格局，文旅融合、创新驱动的发展格局，品牌引领、多方合作的开放格局，一业兴旺、百业发展的联动格局。

---

① 河南省统计局：《河南五十年》，中国统计出版社，1999，第131、132页。

② 毛兵：《河南文化发展60年》，《中州学刊》2009年第5期。

参考文献

（西汉）司马迁：《史记》，中华书局，1982。

（东汉）班固：《汉书》，中华书局，1962。

（宋）王称：《东都事略》，文海出版社，1979。

（宋）庄季裕：《鸡肋篇》，上海古籍出版社，1985。

（元）朱德润：《存复斋文集》，四部丛刊续编本。

（明）屠叔方：《建文朝野汇编》，书目文献出版社，1989。

（明）王士性：《王士性地理书三种·广游志》，上海古籍出版社，1993。

南炳文、白新良：《清史纪事本末》，上海大学出版社，2006。

中国硅酸盐学会编《中国陶瓷史》，文物出版社，1982。

王兴亚：《明清河南集市庙会会馆》，中州古籍出版社，1998。

（宋）孟元老著、伊永文笺注《东京梦华录笺注》，中华书局，2006。

河南省地方史志编纂委员会编《河南省志》第 40 卷《环境保护志》，河南人民出版社，1993。

河南省环境保护志编辑室编《河南环境保护概览》，文心出版社，1988。

杨育彬：《河南考古五十年回眸》，《华夏考古》1999 年第 3 期。

王渭泾：《黄河治乱与河南兴衰》，《黄河科技大学学报》2008 年第 4 期。

唐金培、程有为等：《河南水利史》，大象出版社，2019。

胡廷积：《河南农业发展史》，中国农业出版社，2005。

郭予庆等：《河南经济发展史》，河南人民出版社，1988。

薛瑞泽：《古代河南经济史》（上），河南大学出版社，2012。

程民生等：《古代河南经济史》（下），河南大学出版社，2012。

郭声波：《历代黄河流域铁冶点的地理布局及其演变》，《陕西师范大学学报》（哲学社会科学版）1984 年第 3 期。

李中：《古代河南思想文化特征论》，《许昌师专学报》（社会科学版）1997 年第 3 期。

杨怀森等：《河南古代辉煌记忆》，大众文艺出版社，2007。

李文学：《黄河治理开发与保护 70 年效益分析》，《人民黄河》2016 年第 10 期。

高长岭：《黄河润中原 黄泛区变黄灌区 40 年河南省引黄灌溉面积增加 1200 多万亩》，《河南日报》2018 年 10 月 27 日。

杨朝兴：《河南省黄河流域生态保护的林业实践与探讨》，《林业资源管理》2020 年第 2 期。

河南省统计局：《河南五十年》，中国统计出版社，1999。

毛兵：《河南文化发展 60 年》，《中州学刊》2009 年第 5 期。

第四章　强力支撑：河南推进黄河流域生态保护和高质量发展的现实基础

新中国成立后，尤其是改革开放以来，河南坚持以马克思列宁主义、毛泽东思想、邓小平理论、“三个代表”重要思想、科学发展观、习近平新时代中国特色社会主义思想为指导，全面贯彻党的基本理论、基本路线、基本方略，深入学习贯彻习近平总书记关于河南工作的重要讲话和指示批示精神，统筹推进“五位一体”总体布局，协调推进“四个全面”战略布局，坚定不移贯彻新发展理念，以改革开放创新为根本动力，以满足人民日益增长的美好生活需要为根本目的，站位全局，立足省情，积极探索，大胆实践，不断推动经济社会发展取得了经济总量连续近 20 年位居中西部第一的辉煌成就。同时，针对黄河河南段的特点，坚持生态保护第一，着力保护传承弘扬黄河文化，持续改善民生福祉，为实施黄河流域生态保护和高质量发展战略奠定了坚实基础。

第一节　加强黄河的综合治理

黄河素有“铜头铁尾豆腐腰”之称，流经河南的河道正处于“豆腐腰”这一脆弱位置，对黄河流域的水沙治理、防洪减灾极为关键。同时，河南作为人口大省、国家粮食核心区、新兴工业大省，经济社会发展对水资源需求巨大，但自身水资源极度短缺，以全国 1/70 的水资源量，养活了全国 1/14 的人口，生产了全国 1/10 的粮食，支撑了全国 1/18 的经济总量。面对黄河水这一最大的客水资源，河南积极配合国家总体部署，充分发挥自身能动性，兴修完善水利工程，大力提高沿黄各地防灾减灾能力，积极推进水土流失综合治理，有效管控水资源消耗，多措并举提升节水效能，为黄河安澜、流域发展做出了重要努力。

一　防洪减灾能力显著提高

历史上的黄河，河床易淤积，决堤和改道十分频繁，战国以来重大的迁徙就有 9 次之多。新中国成立之后，在党和政府的坚强领导下，河南全面实行以行政首长负责制为核心的各项防汛责任制，建成了完善的防汛指挥调度系统，基本实现了防汛指挥现代化。依靠各类工程和非工程措施，推进治黄建设工作从量变到质变，使河南沿黄各地的防灾减灾能力得到显著提高，70 余年来黄河河南段先后战胜 10000 米^3/秒以上洪水 12 次，特别是战胜了 1949 年的 12300 米^3/秒、1958 年的 22300 米^3/秒、1982 年的 15300 米^3/秒的特大洪水和 1996 年的异常洪水，取得了 2003 年蔡集抗洪抢险的胜利，彻底扭转了历史上频繁决口改道的险恶局面，赢得了 70 余年岁岁安澜，防洪减灾直接经济效益巨大，为黄河下游黄淮海大平原经济社会的稳定持续发展起到了重要的保障作用。①

二　水利工程充分发挥作用

作为黄河下游的治理重点，70 余年来国家在黄河河南段进行了大规模的工程建设，先后对河南黄（沁）河 800 多公里的堤防进行了 4 次大规模的加高培厚和标准化堤防建设，基本建成了集“防洪保障线、抢险交通线、生态景观线”于一体的标准化堤防体系，全线达到了防御花园口 22000 米^3/秒洪水的设防标准。同时，还修建各类险工坝岸及河道护滩工程 188 处、5032 道坝（垛护岸），开展了游荡性河道整治，大大缩小了河道游荡范围，减少了“横河”“斜河”发生的概率。为防御黄河特大洪水，辟设了北金堤滞洪区，在滩区、滞洪区进行了大规模的安全建设，共修建避水台 6200 万平方米、各种撤退道路近 4000 公里。进入 21 世纪以来，国家进一步加大了黄河河南段下游防洪治理的投资力度，“十五”至“十二五”期间，累计投资 77 亿余元，完成土方 2.5 亿立方米、石方 491 万立方米。“十三五”防洪工程建设已批复 36.6 亿元，工程全面完成后，黄河下游堤防控制和管理洪水的能力将大大提高，防洪保护范围达 12 万平方公里。70 余年间，国家对黄河河南段下游防洪工程建设投资近 200 亿元，结合国家在干支流上另行投

① 河南黄河河务局编著《大河安澜——河南黄河治理开发七十年》，黄河水利出版社，2016。

资修建的三门峡、小浪底、故县、陆浑、河口村等水利枢纽工程，黄河河南段已基本建成了“上拦下排、两岸分滞”的防洪工程体系[①]，在水沙调节、防洪减灾、生态保护等方面发挥了重要作用。比如，小浪底水利枢纽工程，可控制黄河来水量的近90%、来沙量的近100%，为水沙调控工作提供了新思路，减缓了下游河道的抬升速度，为黄河流域泥沙治理争取了宝贵时间。

三 水土流失得到有效遏制

“十三五”时期，河南采取多种措施，不断完善水土保持政策体系，强化水土保持监督执法，对人为水土流失实施全面监管，并自 2018 年开始在全省开展了以县域为单元的水土流失动态监测，为精准实施水土流失治理提供了基础支撑。经过 5 年的努力，河南水土流失状况得到了有效遏制，全省水力侵蚀水土流失面积从 2016 年初的 2.21 万平方公里减少到 2020 年初的 1.99 万平方公里，减少 2200 平方公里，水土流失面积和强度实现“双下降”。同时，小流域水土流失治理也取得显著成效。2016 年以来，水利系统投资 15.6 亿元实施了国家水土保持重点工程、坡耕地水土流失综合整治工程和生态清洁小流域建设工程，把水土流失治理与农村经济发展紧密结合，统筹群众生产、生态和生活，不断提升治理质量和效益。“十三五”期间，全省预计新增水土流失治理面积 5300 平方公里，年均减少水土流失 900 余万吨。进入“十四五”时期，河南进一步计划实施 6000 平方公里的小流域综合治理和 15 万亩的坡耕地水土流失综合治理，并对近百座病险淤地坝进行除险加固。[②]

四 水资源消耗管控措施得力

作为水资源极度短缺的省份，河南高度重视水资源管理，在水资源消耗总量和强度管控方面采取有力措施，有效推动了水资源节约集约利用，防止用水增长过快。一是政府领导与社会全面协作。强化政绩考核，省发

---

① 河南黄河河务局编著《大河安澜——河南黄河治理开发七十年》，黄河水利出版社，2016。

② 《河南省水土流失面积减少 2200 平方公里》，河南省人民政府网，https://www.henan.gov.cn/2020/10-28/1872638.html。

改、工信、住建、农业农村、生态环境、水利、科技和市场监管等部门联合出台支持政策，将节水作为约束性指标纳入政绩考核。鼓励企业、科研院所和高校等加强对关键技术攻关，同时培育壮大第三方服务机构，为节水技术改造等提供专业的技术服务。二是加强计划用水管理。2019 年底，为落实黄河流域生态保护和高质量发展国家战略，根据水利部要求，河南采取具体行动，暂停了黄河流域水资源超载地区的新增取水许可，进一步收紧了对黄河流域水资源使用的约束，截至 2020 年底，已将郑州、开封、许昌、安阳、濮阳、商丘、周口等水资源超载地区月用水量 300 立方米以上者全部纳入计划管理，对年用水量 1 万立方米及以上工业企业用水计划实现了全覆盖。三是强化水资源刚性约束作用。根据社会发展状况，及时修订用水定额标准，2019 年公布实施了新用水定额。依据用水定额、可供水量等，河南把全省用水总量、万元 GDP 用水量、万元工业增加值用水量、农田灌溉有效利用系数等主要节水指标分解下达各省辖市，再分解至县（市、区），层层压实责任，严格考核。如果取用水量达到或者超过年度用水控制指标的，则有管辖权的水行政主管部门就要对该区域内新、改、扩建项目暂停审批取水许可。通过这些管理制度和措施，倒逼用户节约用水。四是打造节水载体，鼓励创先争优。2019 年共确定节水型企业、节水型单位和节水型居民小区等 208 家省级节水载体，获得命名的节水载体较好地发挥了节水示范作用，提高了用水效率。大力开展节水型社会建设，96 个县（市、区）完成县域节水型社会达标建设任务，提前实现县域节水型社会建设目标。社会各界节水意识显著增强，节约集约用水已成为全社会共识。

五　节水效能进一步提升

河南各地积极推进节水工作，开展节水行动，节水效能进一步提升。农业生产上，作为粮食核心区，农业用水占比高，河南深挖节水潜能，“十三五”期间全省建成高标准农田 3120 万亩，同步完成国家下达的高效节水建设任务 711 万亩；实施 98 个大中型灌区续建配套与节水改造，新增恢复灌溉面积 253 万亩；加快建设 38 处大中型灌区节水技术改造工程，年新增节水能力 9588 万立方米，“微喷滴灌”的灌溉方式正在取代“大水漫灌”，农田灌溉水有效利用系数由 0.601 提高至 0.616，用水效率进一步提升，呈现“有效灌溉面积增加、用水量基本保持不变”的发展趋势。工业生产上，在6个重点用水行业开展水效对标达标活动，在7大高耗水行业实施水效“领跑者”引领行动，在钢铁、电力、造纸等10个重点行业开展节水型企业创建活动，加快推进节水技术装备更新，节水效果逐渐显现。“十三五”期间，万元GDP用水量由2015年的58.3立方米下降到2020年底的43.6立方米，下降幅度达25.2%；万元工业增加值用水量由28.1立方米下降到19.4立方米，下降幅度达31%，规模以上工业用水重复利用率在91%以上，用水效率高于全国平均水平。城镇生活上，加紧综合治理，“十三五”期间进一步规范城镇污水处理设施运行，全省县级及以上城市运营的污水处理厂230座，日处理能力1167万吨，全部达到了一级A排放标准。积极推进节水型城市创建工作，郑州市、许昌市、济源市成功创建为国家节水型城市，平顶山、新乡等13个省辖市成功创建为省级节水型城市。强力推进城市黑臭水体整治，大力推广使用非常规水资源，各省辖市再生水每日利用213万吨，再生水利用率平均达到32.58%；积极推进老旧管网改造，有效降低管网漏损；积极推进海绵城市建设，全省城市建成区建设海绵城市项目3000余个，达到海绵城市建设标准约1000平方公里，实现了水资源综合高效利用的目标。

第二节　强化重要生态屏障功能

党的十八大以来，河南坚持以习近平生态文明思想为引领，牢固树立绿水青山就是金山银山的理念，认真贯彻习近平总书记视察河南重要讲话精神，全面加强生态环境保护，优化国土空间开发保护格局，积极推进国土绿化提质增量，深入开展全方位环境污染整治，全省生态环境质量持续改善，为黄河流域生态保护与高质量发展提供了强大的生态屏障。

一　生态环境保护全面加强

统筹山水林田湖草沙系统治理，启动370公里沿黄复合型生态廊道建设，目前已高标准建成了120公里示范段，增加造林面积，森林覆盖率远高于省平均水平，明显改善了黄河沿线生态环境。强化生态监管，持续实施绿盾专项行动，重点对沿黄地区的自然保护区、湿地公园等进行生态治理和生态修复，划定生态保护红线，为水源涵养、湿地生态系统和珍稀濒危水禽筑起生态屏障，有效保护了黄河生态系统的生物多样性。加强流域治理，统筹推进水资源、水生态、水环境、水灾害“四水同治”，实施饮用水水源地保护、黑臭水体整治、全域清洁河流等攻坚行动，黄河干支流水质持续好转，18 个国控断面水质全部达标。防范环境风险，开展重金属重点行业企业排查整治，完善涉危险废物、涉重金属、尾矿库、危化品等重点风险源台账，强化企业环境风险管控。编制黄河流域突发环境事件应急预案，在郑州举办黄河流域突发水污染事件应急演练，支持郑州、洛阳、濮阳、三门峡 4 市先行建设环境应急物资储备库，提升环境应急能力。严格环境执法，开展黄河流域生态环境保护专项执法行动，首次采取无人机航测协助执法方式，绘制了黄河生态环境基础图谱、黄河干流河南段污染源图谱，确保了及时发现和移交查办问题线索。

二　国土空间开发保护格局更为优化

根据河南省“十三五”生态环境保护规划，河南在“十三五”时期开展了一系列工作：划定生态保护红线，依据《生态保护红线划定指南》的要求，对黄河沿线 24 个各类保护地，按照定量与定性相结合的原则初步划定了黄河生物多样性与水源涵养生态保护红线，总面积近 500 平方公里，占全省面积的 0.28%，占全省目前划定红线面积的 3.3%。大力推进生态示范创建，截至目前，黄河流域的洛阳市栾川县相继被命名为省级生态县、国家级生态县、国家生态文明建设示范县和“绿水青山就是金山银山”实践创新基地；兰考、新密被命名为国家生态文明建设示范县；洛阳市孟津县（现为孟津区）、洛宁县、新安县被命名为省级生态县；洛阳市宜阳县，新乡市延津县、封丘县和原阳县，三门峡市渑池县等正在开展省级生态县创建工作。强化自然保护区管理，目前已在全省沿黄 9 市建成国家级自然保护区 5 个、湿地公园 6 个，省级自然保护区 7 个、湿地公园 3 个，聚焦自然保护区突出问题，加强河道湿地保护区内河道采砂、湿地保护、片林种植等监管工作，点线面结合，整体推进黄河生态环境治理。

近期，河南又起草了《河南省黄河生态保护条例（草案）》，推进了总体引领性规划《黄河流域生态保护和高质量发展规划》，以及《河南省黄河流域国土规划》《黄河生态廊道建设规划》《河南省山水林田湖草生态系统修复规划》《黄河滩区国土空间综合治理规划》等一系列专项规划。在市县层面，洛阳、焦作、三门峡、新乡等流域各市也在加紧编制相应规划。通过规划引领，将黄河生态保护和高质量发展的推进过程进行科学分解，并落实到国土空间开发保护格局上，使其得到了进一步的优化提升。

三 森林覆盖率有效提升

进入 21 世纪，河南森林覆盖率从 2000 年的 14%大幅跃升至 2020 年的 25.07%。其中“十三五”期间，全省累计完成造林 1338 万亩，超出规划期任务的 33%。特别是 2018 年以来，河南开始实施国土绿化提速行动，建设森林河南，3 年来共完成新造林 1067 万亩，森林抚育 1357 万亩；森林蓄积量 2.07 亿立方米，超出规划任务；森林生态效益 3148 亿元/年；全省新增国家森林城市 7 个、省级森林城市 27 个，全国绿化模范城市 3 个、全国绿化模范县 16 个，周口国家森林城市建设总体规划也已顺利通过国家评审。截至 2020 年末，全省共有自然保护区 30 个，其中国家级自然保护区 13 个；森林公园 129 个，其中国家级森林公园 33 个。特别是在黄河沿线，河南建设了 27 万亩的沿黄生态保育带，并且力争在 2025 年沿黄每个县（市）都争创省级森林城市。[①]

根据卫星监测资料，河南全省植被覆盖度从 2000 年的 57.3%增长到 2020 年的 67.3%，全省 87%的区域植被覆盖度呈增长趋势，其中豫北东部、豫西伏牛山区、豫南大部、沿淮北部及豫东部分地区增长尤为明显。而作为森林河南建设的“主战场”，三屏四带山区和丘陵沟壑区增速超全省平均一倍多，生态红线区内的植被状况整体达到高植被覆盖度水平，植被生态质量整体持续向好。此外，监测数据也表明河南森林在面积扩大的同时，固碳能力也在增强，根据全省植被净初级生产力指标，全省植被生长状况越来越好，森林植被固碳能力每平方米年均增加 1.47 克。[②]

四 环境污染状况大幅改善

近年来，河南一直高度重视环境污染防治。在空气污染治理方面，持

① 《“十三五”期间，河南累计完成造林 1338 万亩，森林覆盖率达 25.07%》，中国日报中文网，http://cn.chinadaily.com.cn/a/202102/10/WS60237baca3101e7ce973f880.html。

② 陈慧：《“天眼”看 21 年河南“变变变”》，《河南日报》2021 年 3 月 13 日，第 3 版。

续推进“三散”污染治理，对扬尘实行精细化管控，对“散乱污”企业实行动态清零，不间断开展平原地区“散煤清零”行动；深化工业企业污染治理，在全国率先完成火电行业超低排放改造，全面实施钢铁、焦化、水泥、碳素、电解铝、平板玻璃企业、工业窑炉超低排放改造或提标治理；加强移动污染源精细管理，重点治理柴油货车；严格禁止烟花爆竹燃放。经过多方努力，至 2020 年，河南大气环境已得到明显改善，达到近年来最好水平，主要指标改善幅度在全国排名靠前。其中，全省 PM2.5 浓度为 52 微克/米^3，同比下降 11.9%，改善幅度在周边省份中排第 2 位，为“十三五”期间降幅最大的一年；PM10 浓度为 83 微克/米^3，同比下降 13.5%；全省优良天数 245 天，同比增加 52 天，增加幅度居全国第 1 位。二氧化氮、二氧化硫、一氧化碳三项因子常年达到空气质量二级标准，除臭氧外，其余五项因子 2020 年 6~9 月连续 4 个月达标。

在水污染治理方面，加强河湖污染综合整治及水生态保护、修复，制定实施“一河一策”的水质提升方案，全省消除劣Ⅴ类水体；完成整治了 144 处被列入国家整治清单的省辖市建成区黑臭水体和 179 处被列入全省整治清单的县（市）建成区黑臭水体；以农村生活污水治理为重点，持续推进农村环境综合整治，“十三五”以来共整治村庄 9682 个；深入开展饮用水水源地环境保护专项行动，完成县级以上地表水型饮用水水源地“划、立、治”工作，全面整治了已发现的县级以上地表水型饮用水水源保护区环境隐患问题。至 2020 年，国家 94 个水污染防治考核断面中，河南全省已无劣Ⅴ类水质断面（国家要求标准是低于 11.7%），有Ⅰ~Ⅲ类水质断面 73 个，占 77.7%（国家要求标准是高于 56.4%），同比增加了 9.6 个百分点。国家考核的省辖市集中式饮用水水源地达到或优于Ⅲ类的比例为 100%。

在土壤污染治理方面，开展农用地土壤污染状况调查，详细掌握了农用地污染底数，完成了农用地土壤环境质量类别划分工作；严格开展分类管控，强化农用地分类管理，落实安全利用措施，开展重点行业企业用地调查，实施规划与污染地块信息比对管理，严格建设用地准入管理；狠抓源头管控，加强涉镉等重金属企业排查整治和环境监管。至 2020 年，河南土壤环境质量总体稳定，土壤环境风险总体得到控制，农用地土壤环境质量总体良好，建设用地土壤环境质量保持稳定，污染地块安全利用率达到 100%。[①]

第三节 打造高质量经济增长板块

经济是社会发展的根基，改革开放以来河南坚持以经济建设为中心，坚定不移地推进工业化、城镇化和农业现代化，经济综合实力持续显著提升。我国经济发展进入新常态之后，河南全省上下以习近平新时代中国特色社会主义思想为指导，始终坚持贯彻落实新发展理念，积极在重点领域和关键环节深入推进改革，强化开放与创新，加快经济发展转型步伐，持续推进城乡区域协调发展，着力推动经济由高速发展向高质量发展跨越，基本形成高质量经济增长板块，为推进黄河流域高质量发展奠定了坚实的物质基础和强有力的经济支撑。

一 经济实力稳步提升

新中国成立之初，河南经济总量仅为 20.88 亿元，其后经济总量分别于 1971 年、1991 年、2005 年先后迈过百亿元、千亿元、万亿元大关，并且自 2004 年起稳居全国第五位、中西部地区首位，成长为名副其实的经济大省。2019 年河南经济总量首次突破 5 万亿元，达到 54259.2 亿元，从 1979~2019 年保持了 10.6%的年均增长速度。分三次产业来看，第一产业 2019 年增加值达到 4635.4 亿元，按可比价格计算相当于 1978 年的 8 倍有余；第二产业 2019 年增加值超过 2.3 万亿元，按可比价格计算相当于 1978 年的 12 倍有余；第三产业 2019 年增加值达到 2.6 万亿元，按可比价格计算也相当于 1978 年的 12 倍有余；三次产业 1979~2019 年的年均增长速度则分别达到了 5.4%、12.4%和 12.5%。2020 年，面对复杂多变的国内外环境和新冠肺炎疫情带来的严重冲击等诸多不利状况，河南的经济总量依然比上年增长了约 1.3%，经初步核算达到 54997.07 亿元；其中，第一产业增加值 5353.74 亿元，增长 2.2%；第二产业增加值 22875.33 亿元，增长 0.7%；第三产业

---

① 蔡松涛、赵伟、段志峰：《河南省生态环境保护现状分析及对策研究》，载陈红瑜主编《2021 年河南经济形势分析与预测》，社会科学文献出版社，2021。

增加值 26768.01 亿元，增长 1.6%。与此同时，河南的人均国内生产总值也在稳步增加，从新中国成立之初的仅 50 元，到 2005 年突破万元大关，并于 2009 年、2012 年、2016 年分别迈上 2 万元、3 万元、4 万元的新台阶，2018 年突破 5 万元，2019 年达到 56388 元，按可比价格计算是改革开放初的 46.02 倍，从改革开放初期的全国第 28 位提升至第 18 位，40 年来年均增长 9.8%。

经济总量的持续增长来自河南愈加坚实的产业基础。农业方面，综合生产能力大幅提升，农业生产条件从基础薄弱到稳固支撑，农业经济从单一薄弱到多元领先，农产品从短缺不足到极大丰富，目前河南省已经成为国家重要的粮食生产和现代农业基地。农林牧渔业总产值从 1949 年的 17.19 亿元增长到 2019 年的 8541.77 亿元，总产值居全国第 2 位，其中农业总产值 5408.59 亿元，居全国第 1 位。粮食总产量在 1949 年仅有 142.70 亿斤，到 1978 年增长至 419.5 亿斤，如今已连续 4 年超 1300 亿斤，2020 年达到 1315.16 亿斤，再创历史新高，占全国粮食产量的 10.2%，稳居全国第 2 位。工业方面，河南成为快速崛起的新兴工业大省，新中国成立 70 余年来成功研发出全国第一台大型拖拉机、第一台液压支架、第一颗人造金刚石、第一辆纯电动客车、第一台隧道盾构机等一大批中国第一，也培育出了双汇肉制品、三全速冻食品、好想你枣、瑞贝卡发制品等一批经典国货，形成了洛阳动力谷、中原电气谷、民权冷谷、长垣起重机等 19 个千亿级的产业集群，工业经济总量稳居全国第 5 位、中西部省份第 1 位，实现了从“传统农业大省”到“新兴工业大省”的历史性转变，挺起了制造业的脊梁。服务业方面，从小变大、从弱到强，取得了长足发展，服务业工业化和居民消费升级带动营销、物流、养老、医疗、教育等新兴服务业加快发展，传统服务业依托电子商务、互联网金融等新业态新技术新模式加速转型，为河南经济迈向高质量发展打下了良好基础，已经成为拉动全省经济增长的主要动力。

具体到河南黄河流域，该区域在高质量发展方面走在了全省前列，综合实力增长十分强劲。2019 年沿黄 8 个省辖市总人口 3979.05 万人，占全省总人口的 36.33%，城镇化率 57.24%，高于全省 4.03 个百分点；GDP 达 28417.06 亿元，占全省的 52.37%；粮食产量达 1759.69 万吨，占全省的 26.3%；一般公共预算收入达 2378.34 亿元，占全省的 58.85%；居民人均可支配收入 26387.1 元，高于 23903 元的全省平均水平；进出口总值达 4920.54 亿美元，占全省的 86.15%。

二 经济转型升级有序推进

加强生态环境保护，需要从源头上防治污染，对经济而言就是要转变发展模式，从而降低资源消耗，减轻环境污染。按照这一要求，河南近年来一直致力于推进经济发展的转型升级。产业结构不断调整优化。河南是农业大省，新中国成立初期三次产业结构为 67.6：18.2：14.1，整体经济以农业为主，在改革开放初期河南产业结构调整为 39.8：42.6：17.6，由"一二三"转变为"二一三"。此后，随着工业化进程的加快推进，河南产业结构开始转向"二三一"，2018 年河南第三产业的占比首次超过了第二产业，实现了产业结构由"二三一"向"三二一"的历史性转变。到 2020 年河南三次产业占比已经达到 9.7：41.6：48.7（见图 4-1）。

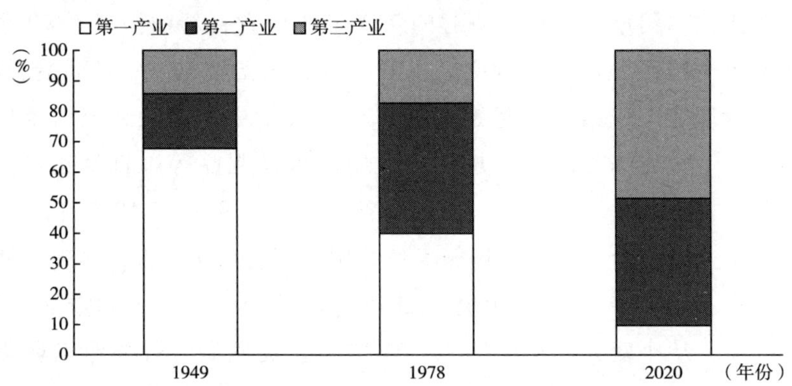

图 4-1 河南省三次产业结构变迁情况

资料来源：《河南七十年》《河南统计年鉴 2020》《2020 年河南省国民经济和社会发展统计公报》。

内需结构更加合理。改革开放之后的一段时间，河南投资明显加快，消费增长相对滞后，河南经济增长较为倚重投资拉动。随着市场经济体制的建立和逐步完善，尤其是党的十八大以来，河南的消费持续增长，2018 年最终消费支出已经是 1978 年的 47.46 倍，2017 年河南最终消费支出对 GDP 增长的贡献率已达到 59.8%，对比资本对经济增长 34.5%的贡献率，显示了消费在推动河南经济增长中开始逐步取代投资发挥出更大的作用。①

产业转型升级取得显著进展。一方面，加快推进供给侧结构性改革，截至2019年底，累计为实体经济企业降低成本超3000亿元，累计淘汰过剩和落后钢铁产能564万吨，化解煤炭过剩产能6334万吨，商品住房去库存周期降至10个月，企业市场化债转股项目累计签约金额1126亿元。同时，在教育、卫生、基础设施、文体娱乐等重点领域弥补短板投资，“十三五”期间全省在这些领域的投资年均增速分别达到了22.9%、15.7%、18.8%、26.6%。另一方面，积极改造提升传统产业和优势产业，通过推进制造业绿色化、智能化、技术化改造和人工智能、大数据、5G等新兴产业加快集聚等一系列措施，实现了传统产业加快转型和优势主导产业的发展壮大。2020年河南全省高技术制造业、战略性新兴产业占规模以上工业增加值比重分别达11.1%、22.4%，比2015年分别提高了2.3个、10.6个百分点；电子信息产业、装备制造业、汽车及零部件产业、食品产业、新材料产业五大主导产业占规模以上工业增加值的比重达到46.8%，比2015年提高了2.8个百分点。

三　经济增长新动能进一步增强

转变经济发展模式需要寻求经济增长的新动能，推动经济增长从以要素驱动、投资规模驱动为主转变为以创新驱动为主，同时积极汲取改革与开放的力量。近年来，河南高度重视提升科技创新能力，不断加大对科技研发活动的投入力度，2019年科研经费投入总量达到816.03亿元，科研经费投入占GDP比重持续提高，从1992年0.06%提至2019年的1.5%，专利授权数量大幅增长，从1992年的800余件增加至2019年的86000余件（见图4-2）。现代制造业、生产性服务业与以互联网、大数据、云计算为代表的新一代信息技术融合创新，带来了更多的新技术、新产品、新服务以及新产业、新业态、新商业模式。关键技术攻关实现突破，盾构机、超硬材料、耐火材料、新能源客车等产业技术水平和市场占有率均居全国首位，

---

① 河南社会科学院课题组：《沧桑巨变七十载 出彩中原铸辉煌——新中国成立以来河南经济发展成就与经验》，载谷建全等主编《河南经济发展报告（2020）》，社会科学文献出版社，2019。

小麦、玉米、花生、芝麻、棉花等品种选育水平全国领先，农业科技整体实力稳居全国第一方阵。形成了多层次创新载体，以郑洛新国家自主创新示范区为核心载体，全省共建设大学科技园、专业化众创空间、科技企业孵化器等省级以上各类科技创新创业孵化载体 407 家，在孵企业及团队近 3 万家。吸引了众多高端创新资源，包括国家生物育种产业创新中心、国家农机装备创新中心、国家超级计算郑州中心等在内的国家级创新平台达到 172 个，新型研发机构发展到 102 家，创新型科技团队超 600 个，国家创新人才、两院院士、中原学者等高端人才突破百名，杰出人才和杰出青年近千名。①

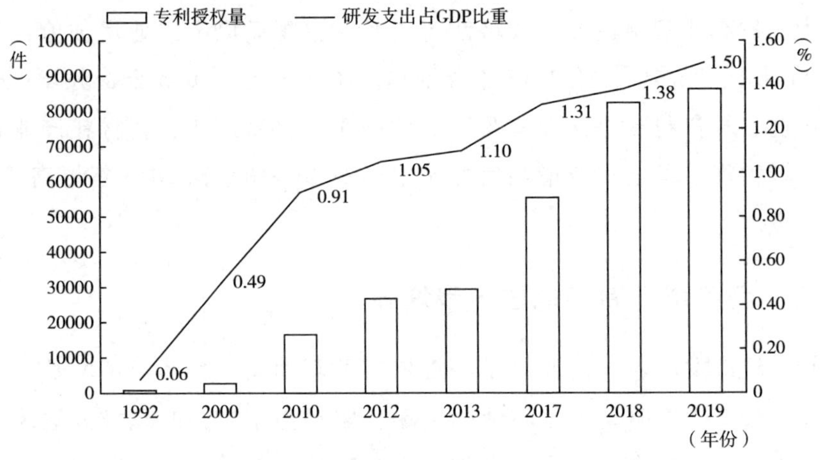

图 4-2　河南省科技变化情况

资料来源：《河南七十年》《河南统计年鉴 2020》。

用改革激发市场主体活力，健全社会主义市场经济体制，对中央重大决策部署及时反应，加快推进国企改革、财税体制改革、行政管理制度改革、环境保护体制改革等一系列改革，推进影响产业发展的劳动力、土地、能源等要素价格的市场化改革，加快清理废除妨碍统一市场和公平竞争的各种规定和做法，着力营造公平竞争环境，使市场能够真正发挥在资源配置中的决定性作用。优化营商环境，积极推行“放管服”改革，建成省、

① 河南省统计局：《“十三五”时期河南省经济社会发展成就综述》，载陈红瑜主编《2021 年河南经济形势分析与预测》，社会科学文献出版社，2021。

市、县、乡、村五级全覆盖的政务服务网，政务服务事项网上可办率超过98%，行政许可事项承诺办结时限比法定时限压缩70%以上，省本级行政许可事项“不见面审批”实现率达87.4%，在全国率先全面推开商事登记“三十五证合一”，在全省域展开营商环境评价，社会信用体系建设走在全国前列。鼓励创新创业，整合政府部门、民营企业和大学、科研院所等主体的创新资源，以郑洛新国家自主创新示范区为引领，通过有效改革管理体制和人事薪酬制度等，释放政策红利，同时积极落实大规模减税降费政策，加大对中小企业创新的支持力度，促使创新主体规模稳步扩大，目前全省科技型中小企业已突破1万家，数量居中部首位，为河南经济持续健康发展注入更多活力。

以开放求发展，积极推进对外开放来培育新的经济增长极，深度融入“一带一路”建设，着力打造空中、陆上、网上、海上“丝绸之路”，“四路协同”格局基本形成。自贸区多项创新成果在全国复制推广，海关机构实现省辖市全覆盖，新增郑州经开、洛阳、开封综合保税区，功能性口岸体系日趋完善，河南省成为内陆地区指定口岸数量最多、功能最全的省份。“内陆无水港”实现通江达海，中欧班列（郑州）年开行突破1000班。郑州航空港经济综合实验区对外开放门户功能不断增强，郑州机场货运航线网络覆盖全球主要经济体，客货运吞吐量连续4年保持中部地区“双第一”，首创跨境电商“1210网购保税进口”模式，累计业务总量、纳税总额均居全国第1位。“十三五”时期，河南进出口总值累计达到2.8万亿元，其中2020年达6654.8亿元，创历史新高。①

四　城乡区域发展更加协调

随着经济发展水平的不断提升，河南的区域发展格局更加协调。改革开放以来，河南的区域发展逐步演进，从“十八罗汉闹中原”到“三头并举”，从“一极三圈八轴带”到“一核一副四轴四区”，目前已基本形成了特大城市、大型中心城市、中小城市和小城镇各具特色、协调发展的总体格局。1978年，全省经济总量超过10亿元的仅有郑州等8个省辖市，2019

---

① 河南省统计局：《“十三五”时期河南省经济社会发展成就综述》，载陈红瑜主编《2021年河南经济形势分析与预测》，社会科学文献出版社，2021。

年全省经济总量超千亿元的省辖市达到了16个，县域经济超过百亿元的县（市、区）已经达148个。其中郑州市经济总量自2018年突破万亿元大关，跻身国家“万亿俱乐部”之后，2019年进一步增长到接近1.16万亿元，排在全国第15位。中国社会科学院与经济日报社共同发布的《2020中国城市综合经济竞争力报告》显示，郑州上升幅度较大，由2015年的第25名上升到第20名，进入综合经济竞争力前20强。[①] 近年来，河南的区域发展思路进一步优化，郑州国家中心城市和郑州都市圈一体化发展全面提速，洛阳副中心城市和都市圈建设加快推进，南阳、安阳、商丘以发展优势产业为引领加快打造区域中心城市，濮阳、三门峡、信阳、周口等省际边界城市通过主动对接周边区域发展战略，要素集聚能力不断增强，平顶山、鹤壁、漯河、驻马店等找准自身定位，发展特色更加鲜明，为构建主副引领、两圈带动、三区协同、多点支撑的高质量发展动力系统和空间格局奠定了基础。

城乡结构方面，新中国成立初期河南城镇人口仅占总人口的6.3%，改革开放特别是进入21世纪后，河南城镇化开始加速，2017年全省常住人口城镇化率首次突破50%，由此河南实现了从乡村型社会向城市型社会的历史性转变。2019年全省常住人口城镇化率达53.21%，增幅居全国第2位，到2020年底河南城镇化率提高到54.71%，与全国城镇化率平均水平的差距进一步缩小（见图4-3）。在积极推进城镇化发展的同时，河南也高度重视城乡统筹发展，积极发展县域经济，推进乡村振兴，从省级层面统筹谋划城乡产业发展和基础设施建设，引导鼓励资金、技术、人才等资源要素在城市与乡村之间双向流动，实施有利于县域绿色发展和生态环保的价格、财政、投资和土地政策，大力发展产业集聚区，积极推进“回归经济”，鼓励科技人才到县域开展创业服务，带动新兴产业发展，开展精准招商，推动县域产业转型和特色产业提升，促进了县域经济的快速发展，全国百强县数量稳居中西部地区首位。2020年，河南城镇和农村居民人均可支配收入分别为34750.34元和16107.93元，城乡居民收入比为2.16，显著低于1978年的3.01。

---

① 《2020中国城市综合经济竞争力排名发布 郑州跻身全国前20》，河南省人民政府网，https：//www.henan.gov.cn/2020/10-24/1836436.html。

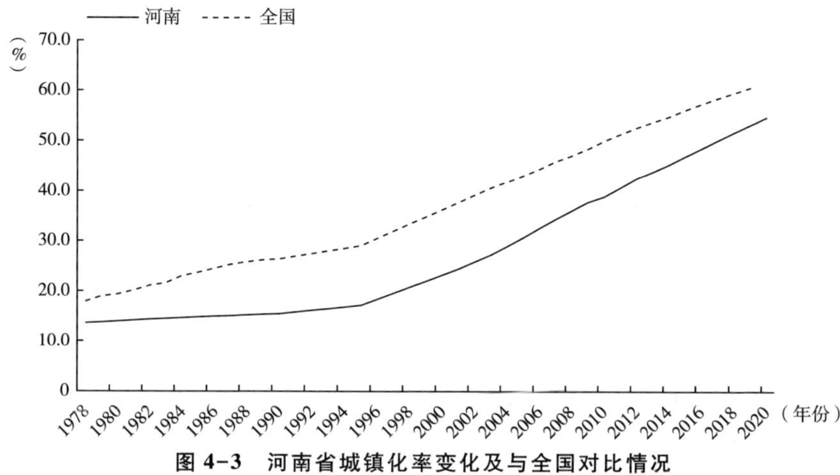

图 4-3　河南省城镇化率变化及与全国对比情况

资料来源：《中国统计年鉴 2020》《河南统计年鉴 2020》《2020 年河南省国民经济和社会发展统计公报》。

第四节　持续增进民生福祉

新中国成立以来 70 余年，在经济综合实力不断增强的支撑之下，河南脱贫攻坚成效显著，居民就业保持稳定，人民生活水平持续提高，教育、卫生、文化、社会保障等公共服务体系逐步完善，社会治理能力进一步增强，人民对美好生活的获得感不断增强，社会更加和谐安定，为新时期推进黄河流域高质量发展营造了良好的社会环境。

一　脱贫攻坚成效显著

自 20 世纪 90 年代起，河南就开始实施“扶贫攻坚计划”，努力消除农村绝对贫困现象。党的十八大以来，河南全省上下把打好精准脱贫攻坚战作为头等大事和第一民生工程。但河南是传统农业大省、人口大省，农村人口和农业从业人员占比较大，贫困人口分布广，贫困度也相对较深。当时全省有贫困县共计 53 个，其中国定县 38 个、省定县 15 个，贫困县中既有滩区县，也有深山区县，还有不少老区县；贫困村共计 9536 个，占全省行政村总数的 20%；贫困人口共计 698 万，数量居全国第三位，其中 70%

以上集中在“三山一滩”地区，贫困程度深，脱贫难度大、压力大。2013年底，河南省的贫困发生率为8.79%。[①]

此后，河南省委省政府坚持以脱贫攻坚统揽经济社会发展全局，统筹推进产业扶贫、就业创业扶贫、生态扶贫和金融扶贫，通过健康扶贫、教育扶贫、易地扶贫搬迁、危房改造清零、扶贫扶志、扶贫助残等一系列行动，为精准扶贫开辟了新局面。2014~2018年，河南共实现582.4万农村贫困人口脱贫、39个贫困县摘帽，全省贫困发生率在2018年底下降到了1.21%。[②]

2019年，河南继续全力推进脱贫攻坚，聚焦深度贫困地区和特殊贫困群体，着力解决“两不愁三保障”突出问题，脱贫攻坚更进一步。贫困地区农民人均可支配收入增幅开始高于全省农民平均增幅。巩固提升了933个贫困村的饮水安全，改造了10.6万户农村危房，全年共实现68.7万农村贫困人口脱贫、1169个贫困村退出。

2020年，河南全力克服疫情影响，以剩余贫困人口5000人以上的县和未脱贫村为重点，实施集中脱贫攻坚。针对大别山革命老区出台了支持其振兴发展的27条政策，实施了重大项目156个，针对带贫企业复产、扶贫项目开工、贫困劳动力就业等问题出台精准支持政策，金融扶贫贷款余额达1900多亿元，实施了9929个产业扶贫项目，全省贫困劳动力外出务工比2019年增加了16.8万人，贫困地区农村居民人均可支配收入增速比全省平均水平高出1个百分点左右。贫困地区面貌发生巨变，截至2020年底全省53个贫困县中有52个开设了高速口，20分钟可上高速，全省行政村通硬化路率、具备条件的行政村通客车率达100%。农村集中供水率93%，自来水普及率91%，分别高出全国“十三五”规划目标8个、11个百分点。农村户户通电、村村通动力电，实现20户以上自然村光纤接入和4G网络全覆盖。全省建成光伏扶贫电站20005座，总规模容量267.6万千瓦，年均收益约25亿元，使1万多个村集体有了持续20年的稳定收入。53个贫困县小学净入学率均达全省平均水平，初中净入学率达到或接近全省平均水平。历史性地消除了行政村卫生室、合格乡村医生“空白点”，碘缺乏病、地方

---

① 刘玉杰：《脱贫攻坚 决胜中原》，《河南日报》2020年3月8日，第2版。

② 河南社会科学院课题组：《沧桑巨变七十载 出彩中原铸辉煌——新中国成立以来河南经济发展成就与经验》，载谷建全等主编《河南经济发展报告（2020）》，社会科学文献出版社，2019。

性氟砷中毒、大骨节病、克山病等重点地方病全部实现控制与消除。强化对老弱病残等特殊贫困群体的兜底保障，2020年底全省有6558所各类机构承担特困人员集中供养，入住贫困人口4.83万人，有45.79万名贫困人口享受亲情代养、居家赡养和邻里助养服务。①

最终，经过全方位的努力，河南圆满完成了脱贫攻坚重任，解决了“三山一滩”区域性整体贫困，实现了53个贫困县全部脱贫摘帽，9536个贫困村全部退出贫困序列，现行标准下农村贫困人口实现脱贫，并深入推进易地扶贫搬迁后续帮扶，加强对脱贫不稳定户、边缘易致贫户的监测和帮扶，着力提高脱贫质量。

二　居民就业保持稳定

就业是民生之本，一直以来河南坚持把就业问题摆在重要位置，采取就业优先战略，出台积极就业政策，实施全民技能振兴工程，推进职业技能提升行动，针对退役军人、高校毕业生、下岗职工、农民工等重点群体做好就业创业帮扶工作，组织各类技能培训，在促进居民就业保持稳定上取得了较好成效。

2020年，突如其来的新冠肺炎疫情冲击使河南的就业形势变得异常严峻，河南把稳就业、保就业作为首要政治任务，多措并举保持就业大局稳定。一是帮扶企业稳定就业岗位，通过实施社会保险费“免、减、缓、返、补”等一系列优惠政策，有效减轻企业负担，切实降低企业生产经营用工成本，为企业创造更好的生存发展环境，从而保住更多就业岗位。二是广开渠道增加就业岗位，各级政府综合运用财政、货币和就业政策，重点扶持拉动就业能力强的项目、就业容量大的劳动密集型产业和小微企业，增加投资、创造就业，积极鼓励创业，深入挖掘内需带动就业，稳定外贸扩大就业。三是帮扶重点群体就业，针对高校毕业生大力实施“321”计划，推进30万名高校毕业生通过各类企业实现就业，20万名高校毕业生通过机关事业单位和征兵入伍等实现就业，10万名高校毕业生实现灵活就业创业。对农民工群体就业分类指导、分类施策，对于有迫切返乡需求

① 梁增辉、郑方、王浩然：《河南省脱贫攻坚实践及巩固拓展脱贫攻坚成果对策研究》，载陈红瑜主编《2021年河南经济形势分析与预测》，社会科学文献出版社，2021。

的外出务工人员，积极做好承接和应对工作；对于选择当地就近就业的人员，加大政府投资稳岗力度，鼓励支持农民工就近就业创业；同时大力开展就业创业培训，提高农民工职业转换、再就业的能力和就业竞争力。对于困难群体加大就业援助力度，采取“一对一”帮扶，开发公益性岗位托底安置，确保零就业家庭至少一人就业；加强职业培训和职业指导，帮助长期失业人员、残疾人等困难群体就业。四是寻求新的就业增长点，依托数字技术产业与传统产业的融合，形成了数字化办公、数字化教育、数字化电商、数字化零售、数字化医疗等众多新兴领域，创造出了大量的新兴工作岗位，积极鼓励这些新兴行业发展，为河南就业市场注入了新的活力。

通过一系列有效应对，2020 年河南就业形势继续保持了总体稳定的发展态势，全年新增城镇就业 122.6 万人、农村劳动力转移就业 45.8 万人，高校毕业生实现就业 60.7 万人，新增返乡创业 16.4 万人，带动就业 74.7 万人。[①] 失业人员再就业 36.85 万人，就业困难人员实现就业 12.22 万人，分别完成年度目标任务的 147.4%、152.8%。城镇登记失业率 3.24%，保持基本稳定。[②] 而整个“十三五”期间河南城镇新增就业人口已累计达 687.4 万人，新增农村劳动力转移就业累计达 272.7 万人。[③]

三　人民生活水平持续提高

“十三五”以来，到 2019 年底，河南全省居民人均可支配收入年均增长 6.9%，城镇居民人均可支配收入达 34200.97 元，农村居民人均可支配收入达 15163.75 元，年均增长率分别为 5.98% 和 6.92%。收入的增加也促使河南城乡居民的消费水平稳步提升，2015 年农村居民人均消费支出是 7887.00 元，2019 年达到 11545.99 元，年均增长率为 10%；城镇居民人均

---

① 尹弘：《政府工作报告——2020 年 1 月 10 日在河南省第十三届人民代表大会第三次会议上》，河南省人民政府网，http://www.henan.gov.cn/2020/01-17/1281952.html。

② 河南社会形势分析与预测课题组：《推动社会事业改革发展 切实保障和改善民生——2020~2021 年河南社会发展形势分析与预测》，载陈红瑜主编《2021 年河南社会形势分析与预测》，社会科学文献出版社，2021。

③ 尹弘：《政府工作报告——2020 年 1 月 10 日在河南省第十三届人民代表大会第三次会议上》，河南省人民政府网，http://www.henan.gov.cn/2020/01-17/1281952.html。

消费支出从 2015 年的 17154.00 元增长到 21971.57 元，年均增长率为 6.38%。①

2020 年，尽管有新冠肺炎疫情的严重冲击，但在疫情可控之后河南劳动参与率逐步回升，企业顺利复工复产，居民工资性收入也随之回升，收入增速继续跑赢 GDP 增速。全年全省居民人均可支配收入 24810.10 元，比上年增长 3.8%；居民人均消费支出 16142.63 元，比上年下降 1.2%。按常住地分，城镇居民人均可支配收入 34750.34 元，增长 1.6%，城镇居民人均消费支出 20644.91 元，下降 6.0%；农村居民人均可支配收入 16107.93 元，增长 6.2%，农村居民人均消费支出 12201.10 元，增长 5.7%。② 对比可见，“十三五”时期河南农村居民的人均可支配收入和人均消费支出年均增长率都高于城镇。

同时，为改善民生福祉，“十三五”时期河南财政在民生支出方面累计达到 3.5 万亿元，占一般公共预算支出比例稳定在 76%以上，散居和集中供养孤儿及城乡低保标准持续提高，80 岁以上老人享受高龄津贴、住院基本医保报销比例提高 5%，孤老病残基本生活得到有效保障。130 万城镇中低收入住房困难群众实现了住有所居，58.1 万户农村家庭彻底告别危旧住房，惠及 30 万人的黄河滩区居民迁建安置工程基本建成。③

四　公共服务体系逐步完善

新中国成立以来，从温饱不足到全面小康，河南教育、卫生、文化等各项社会事业大繁荣大发展，社会保障不断健全，人民所享受到的公共服务逐步完善。教育方面，河南坚持教育优先发展，以育人为本，全面深化教育改革，注重质量、促进公平，普及九年制义务教育，义务教育由基本均衡迈向优质均衡，全省县域义务教育基本均衡发展顺利通过国家验收。职业教育规模保持全国领先地位，建成了职业教育强省，6 所高职学校入围

① 河南社会形势分析与预测课题组：《推动社会事业改革发展 切实保障和改善民生——2020~2021 年河南社会发展形势分析与预测》，载陈红瑜主编《2021 年河南社会形势分析与预测》，社会科学文献出版社，2021。

② 《2020 年河南省国民经济和社会发展统计公报》。

③ 尹弘：《政府工作报告——2020 年 1 月 10 日在河南省第十三届人民代表大会第三次会议上》，河南省人民政府网，http：//www.henan.gov.cn/2020/01-17/1281952.html。

国家“双高计划”，职业教育发展水平持续提升。郑州大学、河南大学“双一流”建设成效显著，特色骨干大学和学科建设计划全面启动，高等教育转型发展、分类发展、内涵建设取得新成效。

卫生方面，河南牢固树立大健康、大卫生观念，优化健康服务，普及健康饮食，培育健康行为，满足人民群众多样化、个性化的健康需求，居民身体素质显著增强，健康水平明显提高，居民预期寿命提高到 77 岁，主要健康指标优于全国平均水平。新冠肺炎疫情暴发后，及时查补公共卫生体系服务短板，第一时间将中央财政新增资金 36.9 亿元分配至市县，完善基层医疗卫生服务体系。国家区域医疗中心建设取得突破性进展，所有县市均有 1 所公立医院达到二级甲等，94%的疑难重症在省内得到救治，集中带量采购的药品和耗材价格平均降幅超过 50%。[①]

文化方面，河南各地把公共文化服务体系建设纳入国民经济发展规划，结合本地实际规划新建一批现代化公共文化服务设施，强化公共文化服务精准供给，促进以人为本提升城市文化品位。在农村地区，村级综合性文化服务中心建成率进一步提高，基本实现“村（社区）有综合文化中心”的目标要求。截至 2019 年，全省建成 160 个公共图书馆、206 个文化馆、335 个博物馆、4.7 万个村级综合文化中心，基本形成城乡全覆盖的五级公共文化服务网络。全省 3000 多个文化单位免费开放，年均接待群众 8860 万人次以上，1994 处省级以上文物保护单位年均接待观众上亿人次，实现了文化建设成果的全民共享。[②]

社会保障方面，体系更趋完善，实现了基本养老保险、基本医疗保险制度和人群全覆盖，且保障水平稳步提高。截至 2019 年末，全省参加基本养老保险 7333.04 万人，其中参加城镇职工基本养老保险 2133.84 万人，参加城乡居民基本养老保险 5199.2 万人，全年共为 178.41 万贫困人员代缴城乡居民养老保险费 1.75 亿元；参加失业保险 837.26 万人；参加工伤保险

---

① 尹弘：《政府工作报告——2020 年 1 月 10 日在河南省第十三届人民代表大会第三次会议上》，河南省人民政府网，http：//www.henan.gov.cn/2020/01-17/1281952.html。

② 河南省社会科学院课题组：《2019~2020 年河南文化发展态势分析与展望》，载谷建全主编《河南文化发展报告（2020）》，社会科学文献出版社，2020。

966.24 万人，全省新开工工程建设项目工伤保险参保率达 100%。①

五　社会治理能力进一步增强

近年来，河南坚持以习近平新时代中国特色社会主义思想为指导，加强社会治理创新，深入推进城乡社区治理体系建设。健全社会矛盾纠纷多元预防调处化解综合机制，持续开展矛盾纠纷排查化解，社会矛盾化解稳中向好。扎实做好信访工作，信访总量继续下降，信访秩序明显好转。全面完善立体化社会治安防控体系建设，深入推进扫黑除恶专项斗争和“雷霆行动”，依法打击各类违法犯罪活动，群众安全感不断增强。深入开展“防风险、除隐患、保平安、迎大庆”专项行动，持续推进重点行业双重预防体系建设，保障了安全生产形势总体稳定，事故起数、死亡人数、因灾损失持续下降。深化社会组织管理制度的改革创新，促进了河南社会组织快速、健康、有序发展，社会组织的数量自 2012 年以来呈逐年上升趋势，为推进社会治理精细化、打造共建共治共享的社会治理格局创造了良好条件。全面推进应急管理体系和能力建设，并于近期出台了《河南省应急管理体系和能力建设三年提升计划（2020~2022 年）》，力争经过三年努力，基本形成组织领导有力、指挥应对科学、救援能力较强、物资保障充分、灾害救助及时、联防联控有序、上下衔接顺畅的应急管理格局。

第五节　大力保护传承弘扬黄河文化

黄河文化是中华民族的根和魂，是中华文明的重要组成部分。在黄河流域生态保护和高质量发展座谈会上，习近平总书记强调，要推进黄河文化遗产的系统保护，深入挖掘黄河文化蕴含的时代价值。河南省位于黄河流域中下游，黄河河道在河南境内蜿蜒 700 余公里，沿黄两岸地区是黄河文化孕育发展的重要载体，成为中华文化发祥地之一，区域内黄河文化资源富集。近年来，随着社会各界对文化建设愈加重视，文化的保护传承和弘

① 河南省人力资源和社会保障厅：《2019 年度河南省人力资源和社会保障事业发展统计公报》，河南省人力资源和社会保障厅官网，http://hrss.henan.gov.cn/2020/09-02/1762627.html。

扬工作在河南取得了长足进展，使河南在黄河文化保护传承弘扬方面具备了相当的优势。

一 文化资源发掘保护有序推进

河南作为黄河文明的摇篮、河洛文化的发祥地、中国传统文化的精神家园、全国重要的文化资源大省，其历史遗存是中华民族发展史的见证。河南深知做好优秀文化的传承和保护是高质量发展的内在要求，在文化资源发掘保护上积极作为、勇担重任，取得了丰硕成果。通过加强与中国历史研究院等国家高端智库和国内外历史文化研究机构的交流合作，系统梳理省内文化发展历史脉络，形成了一大批文物保护利用硕果，大运河、丝绸之路河南段被列入世界文化遗产名录，建成安阳殷墟、隋唐洛阳城、二里头考古遗址公园等一批考古遗址公园和大遗址保护展示园区，国家考古遗址公园立项与挂牌数均居全国首位。截至 2019 年底，全省博物馆达 339 座，数量位居全国第三，被列入“全国十大考古新发现”项目达 45 项，居全国首位。非物质文化遗产保护传承成效也十分显著，共建成 25 个非物质文化遗产社会传承基地、68 个展示馆（传习所）、62 个生产性保护基地和研究基地，实施稀有剧种抢救工程，复排传统剧目 456 部，设立了 8 个省级文化生态保护实验区，对包括非物质文化遗产在内的文化形态实施了整体保护。[①] 到 2020 年末，全省博物馆数量进一步增加到 359 个，全国重点文物保护单位 420 处，省级文物保护单位 1170 处，入选国家级非物质文化遗产名录 113 个。[②]

在文化资源的发掘保护工作中，河南探索出了多样化形式。建设大遗址公园，着力推进世界文化遗产和具有重要突出价值遗址的保护和展示，打造具有中原历史文化标识性的文化产品。多地市积极加强考古遗址公园建设，将生态绿化与遗址文化相结合，推进“生态保遗”。打造文旅结合项目，发掘弘扬黄河文化，推出了区域生态文化旅游示范带的建设，建成了国家级的水利风景区，嘉应观、陈家沟等景点成功入选“中国大黄河旅游

---

① 王建国、李建华、赵中华：《2019~2020 年河南黄河流域生态保护和高质量发展报告》，载张廉等主编《黄河流域生态保护和高质量发展报告（2020）》，社会科学文献出版社，2020。

② 《2020 年河南省经济和社会发展统计公报》。

十大精品线路”。将非物质文化遗产与文化旅游结合，在旅游景区进行活态展示，2019 年端午节小长假期间，河南省推出了 18 条“非遗+旅游”线路，整合当地旅游资源，将景区、非遗项目、博物馆、传习所等有效串联，生动地展示了地方的历史文化和风土民俗，进一步释放了非遗的文化价值。将非遗项目和研学结合，2014 年芒砀山景区引入国家级非物质文化遗产“傩舞”，同时开发活字印刷、古法造纸、拓印等文化体验项目，在青少年游客中反响良好，极大地丰富了旅游的文化内涵，2018 年芒砀山景区被评为河南省首批青少年研学基地、港澳青少年游学基地。将非物质文化遗产与文化创意结合，比如开封市建设的 960 非遗文化创意园，主题是传承非遗民俗文化、重现宋代市井风情、感受文创潮流，融合了非遗文创体验展示区、非遗文创市集、非遗主题酒店以及文创集合书店等文旅体验新业态，大大强化了非物质文化遗产的体验感。在重要节庆活动期间，举办各种展演，提高了百姓对非遗的认识和喜爱，淮阳太昊陵庙会、鹤壁浚县古庙会、马街书会等非遗展演活动在民间颇具影响力，已经成为河南非物质文化遗产的重要活动品牌。

为确保各项工作有法可依，河南省政府还制定了《华夏历史文明传承创新区建设方案》《关于进一步加强文物工作的实施意见》《河南省文物事业发展“十三五”规划》，河南省人大审议通过了《濮阳市戚城遗址保护管理条例》《商丘古城保护管理条例》《安阳市城市园林绿化条例（草案）》《安阳市林州红旗渠保护条例》《信阳市传统村落保护条例》等地方立法项目；制定了《河南省基层文物收藏单位文物库房管理规范》，配合完成《河南省矿产资源总体规划》《河南省空间规划》《古建筑开放导则（征求意见稿）》等相关文件的编制工作。郑州、开封、安阳、焦作、许昌、漯河、三门峡、商丘、周口等省辖市政府出台了关于进一步加强文物工作的地方政策性文件。《洛阳市全市域文物保护与利用总体规划》《许昌市区文物保护利用规划》《固始县中心城区文物保护总体规划》相继编制出台，统筹城市区域文物事业发展。① 2019 年 2 月，郑州市人民政府常务会议审议通过了《郑州市非物质文化遗产保护法》，这意味着此后郑州市非遗保护工作将有

① 张玉霞：《河南省加强文物保护利用改革研究报告》，载谷建全主编《河南文化发展报告（2020）》，社会科学文献出版社，2020。

章可循。2019 年 11 月，河南省人民政府办公厅印发了《河南省加强文物保护利用改革实施方案》（以下简称《方案》），《方案》提出了六年规划构想。一是要深入挖掘黄河文化蕴含的时代价值，把黄河建设成为文脉河。二是要将文物价值传播纳入中小学和干部教育体系中，制定文物全媒体传播计划，推动文物知识普及。三是推进省博物馆新馆建设，完善具有中原特色的博物馆体系。《方案》的颁布与实施为河南文化保护传承弘扬工作提供了全面指导，具有重要意义。这些法律法规政策意见为河南进一步开展文化资源发掘保护工作提供了保障，将对未来河南省的文化保护传承与弘扬产生深远影响。

二　文化事业建设稳步展开

河南各地按照《关于加快构建现代公共文化服务体系的意见》要求，把公共文化服务体系建设纳入国民经济发展规划，并以此为指导建立起公共文化服务体系建设协调机制，不断完善财政、人力等相关保障制度。各市县结合实际，规划新建了一批现代化公共文化服务设施，强化公共文化服务精准供给。在农村地区，村级综合性文化服务中心建成率进一步提高，基本实现“村（社区）有综合文化中心”的目标。同时，河南还积极推进公共文化服务体系示范区（项目）创建，各地市在创建过程中形成了具有本土特色的公共文化供给路径，比如许昌市和焦作市的“百姓文化超市”、鹤壁市的“淇水亲子故事乐园”、汝州市的“互联网+乡土文化”等，为实现公共文化服务体系长效化做出了有益探索。积极开展丰富多彩的文化惠民活动。目前，河南开展的“春满中原”系列文化活动、“群星耀中原”群众文化展演活动、“戏曲进校园”、“全民阅读”、“中原文化大舞台”、“一元剧场”等活动，形成了城乡共享的文化惠民格局。2019 年新春期间，“春满中原 老家河南——河南省首届百场乡村春晚大联欢”历时一个半月，全省共有 1160 个村举办乡村春晚大联欢，参与表演的群众达 13 万人，数以千万计的农村群众观看了“村晚”演出，激发了广大农村群众创造文化新民俗的自觉性，调动了农村群众参与文化活动的主动性，在培育“文明乡风淳朴民风”上迈出了重要一步，“春满中原 老家河南”已成为河南文化惠民活动的重要品牌。

此外，河南还持续强化对外文化交流。响应“一带一路”倡议，河南立足自身优势，将少林与太极作为功夫名片推向世界，加强了中华文明与世界各国文化的交流互鉴。积极举办文化交流会议，比如第五届国际瑜伽日“当功夫遇上瑜伽”中印文化主题展示交流会，功夫、瑜伽作为中印两国有影响力的文化品牌，在河南相遇、碰撞、交流，为加强两地文化互联互通、促进共同发展搭建了桥梁；海峡两岸鬼谷子文化交流活动在2008~2019年已成功举办11届；安阳举办“纪念甲骨文发现120周年国际学术研讨会”，专家、学者来自中国、美国、加拿大、俄罗斯、韩国、日本等众多国家和地区。各式各样的文化交流活动为强化中华文化的海外传播，提升影响力积累了丰富的经验。①

三　文化产业不断创新发展

河南因历史悠久而形成了深厚的文化积淀，具备发展文化产业的独特优势。党的十八大以来，河南省委省政府认真贯彻落实党中央、国务院关于加快发展文化产业的各项决策部署，以“文化产业成为国民经济支柱性产业”为目标，制定了建设华夏历史文明传承创新区、构筑全国重要的文化高地、打造全国重要的文化产业基地三大战略部署，通过提供政策支持、优化产业发展环境，激发出市场活力，全省文化产业呈现了良好的发展态势。2018年河南省规模以上文化及相关产业营收3617.2亿元，连续13年实现增速高于GDP增速。截至2019年，全省文化市场经营机构达到15000余家，从业人员达到10万人左右。2019年，河南省共有3家企业、3个项目入选2019~2020年度国家文化出口重点企业和重点项目名录。②

国家系列利好政策的相继出台和落实，也助推了大批新技术成为河南文化产业发展的新动能，大数据、云计算、5G、AI等信息技术推动文化产品创作、传播方式变革，网络文学、视频直播、动漫游戏等成为文化新业态。根据河南省发布的《关于做好2019年度河南省省级高成长服务业专项引导资金扶持文化产业项目申报工作的通知》，2019年共确定了36个省级专项引导资金扶持的文化产业项目，包括《多多来了》动漫、《象棋侠》三

① 河南省社会科学院课题组：《2019~2020年河南文化发展态势分析与展望》，载谷建全主编《河南文化发展报告（2020）》，社会科学文献出版社，2020。

② 河南省社会科学院课题组：《2019~2020年河南文化发展态势分析与展望》，载谷建全主编《河南文化发展报告（2020）》，社会科学文献出版社，2020。

维动画、《大宋·汴河灯影》灯光秀、绞胎瓷文化产品3D打印等高科技项目。“文化+科技”的组合正在扩充文化消费的可容空间，促进河南文化产业的稳步壮大。

2019年是河南文化旅游融合发展元年，河南省从智慧旅游、民宿、演艺等新业态入手，加快实现文化产业和旅游产业的深度融合，选择了30个重点县、100个乡村作为试点，新运营100个民宿品牌，以民宿引领转型发展。2019年4月，中国河南首届民宿投资大会在郑州召开，44个项目顺利签约，签约金额在50亿元左右，预计可以带动近200个村庄发展。文化和旅游融合发展加速了智慧旅游在景区的普及应用，河南作为文化和旅游部全国全域全息信息化试点省份，全省智慧旅游走在了前列。2019年2月，河南召开智慧旅游工作推进会，并成立文化和旅游部数据中心河南分中心。目前，全省共有70多家5A级、4A级景区实施了规范化智慧旅游建设。2020年，突如其来的新冠肺炎疫情对文旅产业造成了严重冲击，面对逆境的挑战，河南文化产业依然坚持转型升级，继续强化与科技融合，创意赋能助推文旅产业强劲发展，发展出种类繁多的民宿、夜游、主题小镇，影视动漫游戏、新闻出版传播、数字内容、融媒体、文化旅游、文艺体验、文化休闲娱乐、文化创意、会展广告、文化装备制造等领域也在不断迸发新的亮点与活力。

回顾整个“十三五”时期，河南文化产业成绩斐然：培育了15个文化产业示范园区、10个康养旅游示范基地、10个体育旅游示范基地、163个文化产业示范基地、20个文化产业特色乡村；洛阳市荣获“国家级文化和旅游消费示范城市”称号，郑州市、开封市荣获“国家级文化和旅游消费试点城市”称号；命名10家文化和旅游消费示范区、25家省级夜间文旅消费集聚区。[①]

参考文献

河南黄河河务局编著《大河安澜——河南黄河治理开发七十年》，黄河水利出版社，2016。

《河南省水土流失面积减少2200平方公里》，河南省人民政府网，https://

① 孟媛：《2020年河南文化产业发展情况如何？这个榜单有答案》，腾讯网，https://new.qq.com/omn/20210129/20210129A0G8MD00.html。

www. henan. gov. cn/2020/10-28/1872638. html。

《“十三五”期间，河南累计完成造林 1338 万亩，森林覆盖率达 25. 07%》，中国日报中文网，http：//cn. chinadaily. com. cn/a/202102/10/WS60237baca3101e7ce973f880. html。

陈慧：《“天眼”看 21 年河南“变变变”》，《河南日报》2021 年 3 月 13 日。

蔡松涛、赵伟、段志峰：《河南省生态环境保护现状分析及对策研究》，载陈红瑜主编《2021 年河南经济形势分析与预测》，社会科学文献出版社，2021。

王建国、李建华、赵中华：《2019～2020 年河南黄河流域生态保护和高质量发展报告》，载张廉等主编《黄河流域生态保护和高质量发展报告（2020）》，社会科学文献出版社，2020。

河南省社会科学院课题组：《沧桑巨变七十载 出彩中原铸辉煌——新中国成立以来河南经济发展成就与经验》，载谷建全等主编《河南经济发展报告（2020）》，社会科学文献出版社，2019。

河南省统计局：《“十三五”时期河南省经济社会发展成就综述》，载陈红瑜主编《2021 年河南经济形势分析与预测》，社会科学文献出版社，2021。

《2020 中国城市综合经济竞争力排名发布 郑州跻身全国前 20》，河南省人民政府网，https：//www. henan. gov. cn/2020/10-24/1836436. html。

梁增辉、郑方、王浩然：《河南省脱贫攻坚实践及巩固拓展脱贫攻坚成果对策研究》，载陈红瑜主编《2021 年河南经济形势分析与预测》，社会科学文献出版社，2021。

尹弘：《政府工作报告——2020 年 1 月 10 日在河南省第十三届人民代表大会第三次会议上》，河南省人民政府网，http：//www. henan. gov. cn/2020/01-17/1281952. html。

河南社会形势分析与预测课题组：《推动社会事业改革发展 切实保障和改善民生——2020～2021 年河南社会发展形势分析与预测》，载陈红瑜主编《2021 年河南社会形势分析与预测》，社会科学文献出版社，2021。

河南省人力资源和社会保障厅：《2019 年度河南省人力资源和社会保障事业发展统计公报》，河南省人力资源和社会保障厅官网，http：//hrss. henan. gov. cn/2020/09-02/1762627. html。

河南省社会科学院课题组：《2019～2020 年河南文化发展态势分析与展望》，载谷建全主编《河南文化发展报告（2020）》，社会科学文献出版社，2020。

第五章　责任担当：河南推进黄河流域生态保护和高质量发展的总体谋划

习近平总书记指出，黄河流域生态保护和高质量发展，同京津冀协同发展、长江经济带发展、粤港澳大湾区建设、长三角一体化发展一样，是重大国家战略。黄河河南段地理位置特殊，河道形态复杂，河势游荡多变，是黄河的“豆腐腰”段，是黄河水沙调控的关键枢纽，是保障黄河长治久安的重中之重。河南全省干部群众必须牢记习近平总书记的殷切嘱托，义不容辞地扛起推进黄河流域生态保护和高质量发展的时代责任和历史使命，以强烈的感恩之心、敬畏之心、呵护之心，在新时代“黄河大合唱”中谱写出彩的河南篇章。

第一节　切实担起五大战略使命

黄河流域生态保护和高质量发展是一个复杂的系统工程，需要把高质量保护与高质量发展有机结合起来，在高质量保护中实现高质量发展。河南推进黄河流域生态保护和高质量发展，要立足河南的发展实际，突出河南的比较优势，抓牢保护治理和高质量发展的着力点，在黄河流域生态保护示范、高质量发展引领、水资源集约节约利用先行、现代农业高质量发展先行和黄河文化保护传承弘扬等方面切实担负起时代赋予的任务使命。

一　推进黄河流域生态保护示范

治理黄河，重在保护，要在治理。河南地跨我国地势第二和第三阶梯、黄河中游和下游，是我国华北平原的重要生态屏障。其中，小浪底水利枢纽控制黄河全流域面积的 92.3%，调控黄河水量的 91.2%，可控制来水量的近90%、来沙量的近100%，使黄河下游大堤的设防标准提高到千年一遇，是实现黄河安澜的核心所在。河南在黄河水沙调控调节中所处的关键枢纽地位，要求必须在黄河流域生态保护治理中走在前列，发挥示范带动作用。河南推进黄河流域生态保护示范，要围绕“天蓝水清土净、绿山美堤护滩、提质增效惠民”的目标，注重“治”和“建”相结合，加强生态环境保护和综合治理，让绿色生态成为最鲜明的标志。推进黄河流域生态保护示范，其关键点在以下几个方面。一是水污染综合治理示范。以省辖黄河流域宏农涧河、金堤河、蟒河等水质较差支流为治理重点，实施流域入河污染总量减排、河湖生态修复、湖泊湿地建设、流域生物多样性保护等综合治理工程，全面改善干支流水环境质量。二是大气污染综合治理示范。统筹推进产业结构、能源结构、交通结构优化升级，实施一批燃煤污染控制、工业污染治理、挥发性有机物治理、移动源污染治理等综合治理工程，推进环境空气质量明显改善。三是土壤污染综合治理示范。推进流域受污染耕地安全利用和风险管控，实施污染地块清单化管理，推进流域受污染耕地安全利用。强化未污染土壤保护，防范建设用地新增污染。四是农村环境综合整治示范。以影响农村人居环境的突出问题为重点，着力解决村庄环境“脏乱差”问题，实现村庄内垃圾不乱堆乱放，污水乱泼乱倒现象明显减少，村庄环境干净、整洁、有序。五是生态环境治理能力提升示范。更加突出精准治污、科学治污、依法治污，持续推进生态环境治理体系和治理能力现代化，促进黄河更加美丽、健康、安全，让黄河成为造福人民的幸福河。

二　推进高质量发展引领

推动高质量发展，既是保持经济持续健康发展的必然要求，也是适应我国社会主要矛盾变化和全面建设社会主义现代化国家的必然要求，更是遵循经济规律发展的必然要求。但是，现阶段黄河流域存在的一个突出问题就是黄河上中游七省区属于发展不充分地区，同东部地区及长江流域相比存在明显差距。黄河流域各省区传统产业比重较大，产业转型升级步伐缓慢，创新开放发展内生动力不足，总体发展质量有待提高。河南是黄河流域的重要经济活动和人口城镇集聚地，产业基础、创新能力、城乡建设、开放平台都位居全流域前列，具备引领整个流域高质量发展的基础条件。

河南引领黄河流域高质量发展，必须体现五大发展理念，坚持创新是第一动力、协调是内生特点、绿色是普遍形态、开放是必由之路、共享是根本目的；必须以质的提升为导向，不仅要重视量的发展，更要解决质的问题，推动在质的大幅度提升中实现量的有效增长；必须以深化供给侧结构性改革为主线，坚持质量第一、效益优先，切实转变发展方式，推动质量变革、效率变革、动力变革，从而在三个方面发挥示范引领作用。一是引领构建高质量发展的城镇化支撑体系。以郑州国家中心城市为龙头，以郑州都市圈、洛阳都市圈为重点，以县城为重要载体，坚持主副引领、两圈带动、三区协同、多点支撑，加快推进以人为核心的新型城镇化。二是引领构建高质量发展的现代化产业体系。坚持把制造业高质量发展作为主攻方向，强化战略性新兴产业引领、先进制造业和现代服务业协同驱动、数字经济和实体经济深度融合发展。三是引领构建高质量发展的创新开放体系。坚持把科技创新作为发展的战略支撑，提升区域科技创新能力；全面深化改革，加快构建充满活力的市场经济体制机制；着力推进开放发展，深度融入共建“一带一路”，实现更高水平对外开放，在引领全流域高质量发展和服务全国发展大局中发挥更大作用。

三　推进水资源集约节约利用先行

水是事关国计民生的基础性自然资源和战略性经济资源。黄河流域最突出的问题之一就是人多水少，且水资源时空分布不均，导致整个流域供需矛盾突出。整个流域涉及4.2亿人口和上百个地市经济社会发展的用水，但黄河水资源总量仅占全国的2.7%。与长江经济带相比，以相当于长江水资源总量的7.6%，支撑着相当于长江经济带70%的人口。随着沿黄地区工业化的推进、城镇化的加快、经济规模的扩大和人民生活水平的提高，以及生态建设和环境治理紧迫性的增强，整个流域对水资源的刚性需求不断增长，水资源供需矛盾更加突出。2019年，河南人均综合用水量达到247立方米，高于山东、山西等省份，迫切需要把水资源约束作为最大约束，加快用水方式转变，在水资源节约集约利用中先行。河南要站在流域永续发展和加快生态文明建设的战略高度，一是坚持节水优先、绿色发展，把节水作为水资源开发、利用、保护、配置、调度的前提和基础，严格水资源消耗总量和强度双控；二是深度实施全社会节水行动，大力发展节水产业和技术，提高工业、农业、生态、生活水资源利用效率；三是坚持因地制宜，推进重点区域节水开源。

四　推进现代农业高质量发展先行

现代农业在市场经济框架下，广泛运用现代工业成果和科技、资本等现代生产要素，虽然农业从业人员不断减少，但农业劳动者具备较多的现代科技和经营管理知识，农业生产经营活动逐步专业化、集约化、规模化，农业劳动生产率得到大幅度提高。现代农业具有的一个突出特征是生态环境受到重视，土、肥、水、药和动力等生产资源投入的节约和使用的高效化，更加注重农业经济与生态环境的协调发展。其中，水资源作为农业生产的必要条件，水资源的节约集约和高效利用，更是现代农业发展的主要标志和基本路径。2020 年河南主要农产品产量稳定增长，农业结构优化升级加快，农业农村高质量发展的支撑因素不断增强。特别是粮食产量再创新高，达到 1365.16 亿斤，实现连续四年稳定在 1300 亿斤以上，增量占全国的 23.1%，为实现“六稳六保”、保障国家粮食安全奠定了坚实基础。但是，从用水结构上看，农业用水量占全省用水总量的比重超过 50%，农田灌溉水有效利用系数和全国先进水平相比，还有较大差距。河南推进现代农业高质量发展先行，需要以实施新时期国家粮食生产核心区建设工程为载体，以大力发展节水农业为关键，一是分区域规模化推进高效节水灌溉，大力发展低压管道输水灌溉、喷灌、微灌等先进高效节水灌溉和智慧灌溉技术，加强高效节水技术的综合集成与示范；二是根据水资源条件，因地制宜调整优化农业产业结构和种植结构；三是开展林果和畜牧渔业节水，积极开展利用中水进行绿化灌溉，推行先进适用的节水型畜禽养殖方式。

五　推进黄河文化保护传承弘扬

河南是黄河文化的重要源头和黄河文化的核心区域，是“最早的中国”所在地，可以说，“一部河南史，半部中国史”。从某种意义上讲，河南所承担的黄河文化保护传承弘扬的历史使命，是由河南在黄河文明和华夏历史中的突出地位所决定的。河南推进黄河文化保护传承弘扬，要立足资源禀赋，突出优势特长，把保护和利用结合起来，把事业和产业统筹起来，着力在重点环节、关键领域上实现突破。一是坚持保护第一的理念，既坚决禁止破坏性开发，也要防止建设性破坏，对文物项目的维修也要坚持做到保护第一，做到修旧如旧，推进黄河物质遗产和非物质遗产的系统性保护。二是以夏文化研究为龙头，深化黄河文化的研究阐释，以打造重大黄河文化品牌为载体，讲好“黄河故事”。三是以沿黄生态文化带建设为抓手，推进黄河文化与旅游融合发展。四是以机制建设为保障，加快构建有利于黄河文化传承创新的制度体系，从而以中原文化的传承创新，全面展示以黄河为纽带的中华文明发展历程，打造延续历史文脉、厚植家国情怀、传承道德观念、中华民族同根共有的核心精神家园。

第二节　精准把握五个关键环节

习近平总书记指出，黄河一直体弱多病，表象在黄河，根子在流域。河南的根脉在黄河、安危在黄河，高质量发展的潜力也在黄河。河南要在坚持生态优先、绿色发展的基础上实现高质量发展，必须精准把握五个关键环节。

一　坚守黄河安澜这一底线

黄河宁，天下平。从某种意义上讲，中华民族治理黄河的历史也是一部治国史。千百年来，奔腾不息的黄河同长江一起，哺育着中华民族，孕育了中华文明。但自然灾害频发，特别是水害严重，给沿岸百姓带来深重灾难。历史上，黄河三年两决口、百年一改道。黄河安澜成为一代又一代人传承了几千年的梦想和希冀。新中国成立后，黄河经过多年治理，成效显著，但“二级悬河”风险仍在，黄河河南段悬差最大、河势最不稳定，防洪能力还存在短板，小浪底水库调沙后续动力不足，洪水风险依然是最大威胁。把确保黄河安澜作为底线，要始终把人民群众生命财产安全放在第一位，坚持“节水优先，空间均衡，系统治理，两手发力”的治水思路，牢牢抓住黄河水沙关系调节“牛鼻子”，按照“增水、减沙、调控水沙”的基本思路，强化底线思维、风险意识，增强小浪底、西霞院等干流水利枢纽的调水调沙功能，加强与上下游、干支流协同合作，建设一批支流重大水利工程，增强水库、河流泄洪排沙功能，加强河道工程和标准化堤防建设，实施滩区综合提升治理工程，统筹推进病险水库除险加固工程建设，减轻水库及河道淤积，提高应对洪涝灾害的能力，确保群众生命财产安全。

二　扭住保护治理这一核心

习近平总书记用“重在保护，要在治理”，深刻阐明了新时代治黄的基本方略。黄河河南段是全省重要的生态功能区，黄河流域林地、湿地面积分别占全省总面积的61%、51.5%，且沿黄多为资源型城市和老工业城市，全省10个京津冀大气污染传输通道和汾渭平原大气污染防治重点城市都分布于此，改善生态环境质量的压力很大、任务很重。近年来，河南沿黄地区生态环境明显改善，但部分支流污染问题依然突出，仍有1.69万平方公里水土流失面积亟待治理。把保护治理作为核心，既要狠抓“治”，聚焦大气、水、土壤等方面的突出问题，抓住重点区域和重点行业实施治理攻坚行动，切实改善沿黄地区生态环境质量；也要注重“建”，加快沿黄生态廊道建设，完善自然保护地体系建设，推进生态廊道和湿地公园群建设，在黄河沿线打造防护安全带、生态保护带、滨水景观带、旅游休闲带，让母亲河越来越健康美丽。

三　抓好高质量发展这一根本

同东部发达地区及长江流域相比，河南沿黄地区在高质量发展方面仍然存在明显差距，产业结构偏重偏粗偏短，创新发展内生动力不足，水资源利用比较粗放。把高质量发展作为根本，需要深入贯彻落实新发展理念，在推动产业高质量发展、提升创新支撑发展能力、构建高质量发展的城镇体系等方面进一步抓实抓好。要把扛稳粮食安全重任和深化农业供给侧结构性改革统一起来，以“六高六化”为重点，实施高效种养发展行动，高标准建设国家、省、市现代农业产业园。把制造业高质量发展作为主攻方向，围绕做强优势产业、做优传统产业、做大新兴产业，聚焦增强关键环节和核心技术控制力，强化创新驱动、数字牵引、绿色转型和集群发展，打好产业基础高级化、产业链现代化攻坚战，加快建设全国重要先进制造业基地。把培育发展现代服务经济、数字经济和生态经济结合起来，推动创新链、产业链、价值链融通，形成创新引领、绿色共促、产城河协调相融的发展格局。把科技创新作为重要的战略支撑，增强郑洛新国家自主创新示范区核心载体功能和引领作用，加快建设郑开科创走廊、中原科技城等重大创新载体，开展体制机制创新和政策先行先试，积极争取重点领域国家高端创新平台和重大科技基础设施布局，打造全流域科技创新策源地和国家创新网络重要节点。把新型城镇化作为重要路径，做强郑州国家中心城市和郑州都市圈，培育洛阳副中心城市和洛阳都市圈，推动“三区”（南部、北部、东部）错位协同发展，推进县域重点改革，深化拓展县域治理“三起来”示范。

四　传承黄河文化这一根脉

河南沿黄地区孕育了始祖文化、河洛文化、仰韶文化、二里头文化、古都文化、功夫文化等宝贵财富，是炎黄子孙心灵的老家、精神的故园。传承黄河文化，要加强对黄河文化的保护和展示。提高黄河文化遗产管理水平，加强沿黄大遗址保护展示，更好地发掘展示仰韶文化、二里头夏都、安阳殷墟等代表黄河文化核心区文明起源与“早期中国”的文化遗址。要弘扬黄河文化时代价值。发挥黄河文化根和魂的优势，深入挖掘黄河文化蕴含的时代价值，推出一批黄河文化的艺术作品、专著和新媒体节目，讲好“黄河故事”，推动黄河文化融入生活，推动黄河文创产品走入普罗大众日常生活，构筑华夏儿女的心灵故乡。要推动黄河文化“走出去”，加强国际交流，建设黄河文化国际合作交流中心，搭建世界大河文明交流互鉴平台。推动文化旅游融合发展。对沿黄文化旅游发展布局进行优化，打造一批以黄河文化为主题、以中原文化为特色的旅游品牌线路。建设三门峡—洛阳—郑州—开封—安阳世界级大遗址公园走廊，以洛阳、郑州、开封、安阳四大古都为节点，实现联动发展、集群发展。

五　把保障和改善民生作为出发点和落脚点

习近平总书记在党的十九大报告中明确指出：“中国特色社会主义进入新时代，我国社会主要矛盾已经转化为人民日益增长的美好生活需要和不平衡不充分的发展之间的矛盾。”推进黄河流域生态保护和高质量发展，其根本目的也是保障和改善民生，推动共同富裕。把保障和改善作为出发点和落脚点，要坚持人民主体地位，坚持共同富裕方向，坚持问政于民、问需于民、问计于民，做到发展为了人民、发展依靠人民、发展成果由人民共享，激发全体人民的积极性、主动性、创造性，促进社会公平，增进民生福祉，不断实现人民群众对美好生活的向往。保障和改善民生，要把稳就业摆在突出位置，特别是高度关注经济下行压力加大对就业的影响，多策并举，确保就业总体稳定。要着力破解教育、医疗、住房等领域突出问题，大力推进社会事业发展；健全社会保障体系，严格落实社保政策，努力扩大社会保险覆盖面，使人民共享经济社会发展成果。

第三节 科学处理四个关系

河南推进黄河流域生态保护和高质量发展，需要统筹兼顾，坚持处理好生态保护和高质量发展的关系、黄河内外的关系、山水林田湖草沙的关系以及生态空间、生产空间、生活空间的关系。

一 处理好生态保护和高质量发展的关系

正确认识黄河流域生态保护和高质量发展这一重大国家战略，就要辩证地看待保护和发展的关系。保护和发展是可以相互促进的，在保护中求发展，在发展中求保护。保护不是完全忽略发展，而是在发展的基础上进行生态保护。缺乏发展的保护、以牺牲经济社会发展为代价的保护不是人民追求的保护，在高质量保护中推进高质量发展，才是真正有意义、可持续的保护。发展也不是完全忽略生态保护，而是在充分保护生态的前提下发展。在发展中加强保护，才是真正意义上的高质量发展、绿色发展。处理好黄河流域生态保护和高质量发展的关系，重点在于坚持保护和发展相互协调、相互促进，更加注重保护和发展的系统性、整体性、协同性，更加尊重自然规律，坚持适度开发，从顶层设计的宏观层面统筹规划黄河流域生态保护和高质量发展，最终推进沿黄地区探索适合本地区、本区域的生态产品价值实现机制，将其转为高质量发展的新动力。

二 处理好黄河内外的关系

黄河流域不同的城市、不同的地貌、不同发展阶段的区域，在推进黄河流域生态保护和高质量发展中面临不同的问题，也存在不同的解决方式和解决路径。为了确保黄河长治久安和流域的高质量发展，政府就需要立足生态系统的完整性、资源配置的合理性、文化保护传承弘扬的关联性和高质量发展的协同性，牢固树立“一盘棋”思想，围绕统筹推动经济要素合理流动和高效集聚，突出沿黄为主、全域融入，加强流域内外联动、上下游统筹、干支流互济、左右岸配合、堤产城融合发展，在产业转移、产业培育、产业分工、园区共建、基础设施互联互通、公共服务共建共享、创新开放共促共融等方面形成紧密互补的联系，在防洪、减沙、灌溉、治污、生态廊道建设、水源涵养、湿地保护、供水调水等领域积极开展合作。同时，坚持流域与区域结合，突破区域行政分割，明确治理任务，突出各自重点，摆脱九龙治水、分头管理的桎梏，推动流域与区域协调发展。

三　处理好山水林田湖草沙的关系

山水林田湖草沙是一个生命共同体。生态是统一的自然系统，是各种自然要素相互依存而实现循环的自然链条。黄河流域保持良好的生态环境对维护我国生态安全、实现可持续发展有着重大的战略意义。因此，统筹推进山水林田湖草沙综合治理、系统治理、源头治理，牢牢抓住保护黄河的目标、治理黄河的重点，解决黄河流域生态系统保护与治理中的重点难点问题，就要按照自然生态的整体性、系统性及其内在规律，统筹考虑黄河流域自然生态各要素以及山上山下、地上地下、流域上下游，进行系统保护、宏观管控、综合治理，增强生态系统循环能力，维护生态平衡。要健全完善山水林田湖草沙系统治理和保护管理制度，以生态系统治理体系和治理能力现代化提升生态系统健康与永续发展水平，提高生态系统生态产品供给能力，不断满足人民日益增长的优美生态环境需要。

四　处理好生态空间、生产空间、生活空间的关系

黄河流域生态保护和高质量发展战略的实施，要从各地区的实际出发，按照人口资源环境相均衡、经济社会生态效益相统一的原则，构建科学合理的城市化格局、农业发展格局、生态安全格局，促进生产空间集约高效、生活空间宜居适度、生态空间山清水秀。对于伏牛山、太行山、黄河湿地等重要的生态功能区，着力保护生态，治理污染，涵养水源，确保黄河流域生态建设上台阶；对于郑州都市圈、洛阳都市圈等经济发展基础较好和

人口、产业、城镇密集区，提高集约集聚发展能力，夯实县域经济发展基础，不断提高经济和人口的综合承载能力，推动形成高质量发展区域；对于粮食主产区，以“六高六化”为目标，加快发展节水型现代农业，提高农产品质量，为保障国家粮食安全做出贡献。

第四节　坚持突出五个注重

河南推进黄河流域生态保护和高质量发展，要抓住关键、把握重点，突出绿色生态基调，突出“四定”基本方针，突出因地制宜发展，突出遵循客观规律，突出统筹协调推进。

一　注重生态优先，绿色发展

生态兴则文明兴，生态衰则文明衰。黄河流域的生态保护和高质量发展关乎国家生态安全、粮食安全和经济安全，关乎实现中华民族的伟大复兴和永续发展。在实施黄河流域生态保护和高质量发展战略中，要坚持生态为民、生态惠民、生态富民、生态利民，加快发展绿色经济，推动生态优势转化为经济优势。河南地处黄河干流水沙调控调节的关键枢纽地段，决定了河南推进黄河流域生态保护和高质量发展，必须坚持生态优先，突出水土保持，统筹山水林田湖草沙综合治理、系统治理、源头治理、依法治理，从过度干预、过度利用向自然修复、休养生息转变，把经济活动限定在资源环境可承受范围内。特别是要深刻认识到黄河治理根在治水，应围绕黄河流域水质改善、水生态完整，构建水污染治理、水生态修复、水资源保护共治体系，实现从单向治理到综合防控的转变，全面打赢黄河水污染防治攻坚战。要大力发展绿色产业，推进传统制造业绿色改造。优化绿色制造业布局，开展绿色制造体系建设，打造沿黄清洁生产带，按照“一企一策一档”原则，推动河流保护区和岸线范围（黄河安全岸线）内污染企业搬迁改造。

二　注重“四定”方针，强化约束

河南推进黄河流域生态保护和高质量发展，要认真贯彻落实习近平总书记在黄河流域生态保护和高质量发展座谈会上的重要讲话精神，坚持把水资源作为最大约束，坚持“有多少汤泡多少馍”，做到以水定城、以水定地、以水定人、以水定产。要统筹好生态、生产、生活用水，推进黄河水“先看后用、循环利用”。要强化全域、全业、全民协同节水，加快推进重点水利工程建设，统筹建好供水“一张网”，严格用水计划管理、用水总量控制、取水用途管控，构建以水润城、人水共生的治水兴水格局。要坚持开源、节流、优化、挖潜并举，全面推进农业节水增效、工业节水减排、城镇节水降损，加快构建高效节水灌溉体系，推广先进节水工艺技术，推动用水方式由粗放低效向节约集约转变。

三　注重突出特色，因地制宜

黄河先后流经河南的三门峡、洛阳、济源、焦作、郑州、新乡、濮阳等城市，这些城市分别处于黄河的中游和下游，面临的水沙条件不同，承担的生态保护和高质量发展的任务也不同。推进黄河流域生态保护和高质量发展，要根据资源禀赋、功能定位和发展基础，分区分类推进生态环境保护治理和经济结构调整转型，坚持宜水则水、宜山则山，宜粮则粮、宜农则农，宜工则工、宜商则商，提高政策和工程措施的针对性、有效性。在水源涵养地、水土流失治理地、生态脆弱地，要坚持落实绿水青山就是金山银山的理念，坚持保护生态、治理水土、涵养水源，创造更多的生态产品。在重要粮食生产区，要大力发展节水型农业，发展大型灌区，提高农田灌溉水有效利用系数，提高水资源利用效率。在郑州、洛阳、三门峡、济源、焦作、新乡、濮阳等沿黄中心城市，加快推进集约发展，提高人口和产业的承载能力。

四　注重尊重规律，科学谋划

黄河流域生态保护和高质量发展，涉及生态、经济、社会、民生、创新、开放、改革、基础设施等方方面面，涉及流域内和流域外、干流和支流、上游中游和下游，是一个开放的复杂系统，因此，必须精准把握规律，认真尊重规律，进行顶层设计和科学谋划。要坚持一切从实际出发，抓住重点领域和关键环节，针对黄河流域的“特殊体质”，边走边看、边看边调，抽丝剥茧、稳中求进。要坚持依靠改革的办法，运用市场的力量，不断深化对改革规律的认识，做到按照客观规律办事，杜绝短期行为、拔苗助长。要鼓励地方、基层、群众大胆探索、先行先试，及时总结经验，勇于推进理论和实践创新，进而在全流域推广示范。

五　注重循序渐进，重点突破

习近平总书记明确指出，要统筹推进各项工作，加强协同配合，推动黄河流域高质量发展。做好黄河流域生态保护与高质量发展这篇“大文章”，既要注重系统性、全面性、协同性，注重循序渐进，又要着眼于解决治理与保护、民生与发展中存在的突出矛盾和问题，实施重点突破，既要加强整体谋划，又要抓好重要领域、重要任务、重要试点和关键主体、关键环节、关键节点。河南推进黄河流域生态保护和高质量发展，既要在流域内外联动、上下游统筹、干支流互济、左右岸配合、堤产城融合发展上协同发展，又要重点解决水沙关系不协调、洪水威胁大、流域生态环境脆弱、水污染突出、水资源利用方式粗放、发展质量有待提高等问题，必须统筹协调好黄河流域生态保护、经济发展与脱贫攻坚之间的关系，推动黄河流域生态保护和高质量发展取得实效。

参考文献

谷建全：《聚焦黄河国家战略 深化关键领域改革》，《河南日报》2020 年 9 月 2 日。

李贵：《以系统思维推进黄河流域协同治理》，《河南日报》2019 年 12 月 6 日。

左其亭：《推动黄河流域生态保护和高质量发展和谐并举》，《河南日报》2019 年 11 月 22 日。

牛玉国、张金鹏：《对黄河流域生态保护和高质量发展国家战略的几点思考》，《人民黄河》2020 年第 11 期。

任保平、杜宇翔：《黄河中游地区生态保护和高质量发展战略研究》，《人民黄河》2021 年第 2 期。

第六章　示范引领：优先加强生态环境保护治理

习近平总书记指出，治理黄河，重在保护，要在治理。要坚持绿水青山就是金山银山的理念，坚持生态优先、绿色发展。生态环境脆弱、生态系统退化等问题，一直是制约黄河流域可持续发展的重大难题，也是实施黄河流域生态保护和高质量发展战略的优先领域。黄河河南段地跨我国地势第二和第三阶梯、黄河中游和下游，是华北平原重要的生态屏障，未来要深入践行习近平生态文明思想，按照“共同抓好大保护，协同推进大治理”的要求，坚持山水林田湖草综合治理、系统治理、源头治理，扎实推进生态强省建设，在黄河流域率先实现生态系统健康稳定，打造黄河流域生态保护示范区，争当全国生态文明建设排头兵。

第一节　加强流域水土保持

水土资源是人类赖以生存和发展的基础性资源。近年来，河南水土保持工作取得了显著成效，全省水力侵蚀水土流失面积从2016年初的2.21万平方公里减少到2020年初的1.99万平方公里，减少2200平方公里，水土流失面积和强度实现了“双下降”。国家水土保持生态文明市（县）、国家水土保持生态文明工程、国家水土保持生态文明清洁小流域建设工程、国家水土保持科技示范园区等一批“国字号”水土保持试点示范提供了流域水土保持的“河南样板”。进入新时代，加强流域水土保持，以强化水源涵养功能为根本，以实施分区分类治理为载体，以加强水土流失综合监管为手段，把水土流失治理与农村经济发展紧密结合，统筹群众生产、生态和生活，全面增强水土保持能力，不断提升治理质量和效益。

一　河南加强流域水土保持的基本现状

（一）地形条件复杂

河南境内地形条件复杂，南部山区山高坡陡、沟壑纵横，易受水流侵蚀；土石山区岩体完整性差、构造松散、断裂发育，易于解体；郑州以西、黄河南侧与洛河之间的黄土丘陵区土壤质地松散、沟谷遍布，地形破碎严重，为土壤侵蚀提供了客观条件；黄土平原区土壤质地疏松，有机质少，胶结力差，抗蚀能力低，地表难以承受各种外营力的作用，易形成严重的水土流失。此外，河南降水多集中在夏秋两季，6~9月降水占全年降水的60%~70%，且多以暴雨形式出现。在暴雨形成径流的作用下，大量土壤被带走，形成严重的水土流失。

（二）人为破坏严重

水土流失现象的发生往往是自然因素和人为因素共同作用的结果。复杂的地形条件是造成河南水土流失的内因，而人类不合理的水资源和土地资源的开发利用则是诱发和加剧水土流失的外因，人为因素又往往成为水土流失的主要因素。一方面，人口的激增，对粮食、畜牧等的需求量急剧增加，加剧了对自然资源的索取，乱砍滥伐、开荒垦坡等破坏植被活动依然存在；另一方面，采矿、建材等行业的迅速发展，对地表植被造成破坏，随意倾倒的废土、废渣，挤占良田，遇到下雨，顺流而下，又会造成河道淤塞，泥沙下泻，造成严重的水土流失。此外，矿山资源开发、山区和丘陵地区修建道路等基础设施对植被也会造成一定的破坏，并产生一定程度的水土流失。

（三）有效投入不足

近年来，随着对生态环境认识的加深和重视，国家加大了对水土保持生态建设的资金投入力度，但从河南目前的情况来看，投入资金远远不能满足水土治理需要，河南的水土生态治理速度远不能满足人们生产生活实践的需要，严重制约了河南经济、社会和生态环境的协调发展。据测算，每年完成水利部下达河南的水土流失治理任务，需投入水土保持建设资金约12亿元，现每年投入水平（含全社会投入）约4亿元，防治投入远不能满足生态建设需求。同时，随着城镇化的快速发展，大批农村劳动力进城务工，农业人口不断转移，农村劳动力成本增加，农民投工投劳参与水土保持的程度将有所降低，仅仅依靠国家补助和农民投劳的水土保持生态工程建管模式将会发生改变。

二 河南加强流域水土保持存在的问题分析

（一）水土流失治理任务依然艰巨

从黄河河南段来看，目前尚有1.37万平方公里水土流失区域，占河南水土流失面积的68.8%（1.99万平方公里），占全省总面积的8.2%，严重的水土流失导致水土资源破坏、生态环境恶化、自然灾害加剧，威胁着全省生态安全、防洪安全、饮水安全和粮食安全，是河南经济社会高质量发展的突出制约因素。剩余流域水土流失严重地区主要分布在伏牛山、太行山区和桐柏山、大别山区等“三山一滩”贫困地区，这些地区自然条件差，治理难度高。如三门峡全市辖区面积10496平方公里，水土流失面积5475平方公里，占比超过50%。洛阳尚有水土流失面积3944平方公里、未修复矿区331.325公顷，其中栾川、汝阳、嵩县、宜阳等县部分耕地土壤重金属超标，严重影响了耕地土壤的质量，制约耕地生产力进一步提高。

（二）矿山水土流失问题依然突出

豫北太行山区、豫西黄河中游山地丘陵区矿产资源丰富，长期以来“重开发、轻保护”“只挖掘、不修复”“乱布局、乱开发”等现象十分严重，造成了山体破坏、地面塌陷、耕地占压等诸多遗留问题，导致地质灾害频发。同时造成严重的大气、水土污染，尤其是豫西黄河中游地区地处黄土高原，土质疏松、山体植被的破坏，使其保持水土、涵养水源的能力下降，导致水土流失、面源污染进一步加重。截至2018年底，该区矿山开发损毁土地23.94万亩，占全省矿山损毁土地总面积的32%，其中，亟待治理的历史遗留废弃矿山损毁土地11.6万亩。随着经济快速发展，特别是城镇建设、农业果业开发、交通设施建设等活动加快实施，如果不加强矿山生态修复，极有可能出现人为新增水土流失问题。

（三）水土保持综合监管能力有待增强

水土保持工程建设管理等制度有待完善，水土保持监测体系及科技支撑体系尚不健全，信息化水平亟须提高，水土保持宣传教育和科普工作有待提升，综合监管能力亟待提高。一是“三同时”制度执行力度不够。《中华人民共和国水土保持法》第27条规定，依法应当编制水土保持方案的生产建设项目中的水土保持设施，应当与主体工程同时设计、同时施工、同时投产使用；生产建设项目竣工，应当验收水土保持设施。水土保持“三同时”制度未有效落实，大部分的水土保持设施设计仅停留在可行性研究阶段，缺乏初步设计和施工图设计等后续设计工作，水土保持方案确定新增的水土保持措施往往落实不到位。二是基层监督管理亟待加强。《中华人民共和国水土保持法》《河南省水土保持条例》赋予了水行政主管部门重要的水土保持监督管理职责。生态文明建设的持续推进对水行政主管部门的依法行政能力和社会管理水平提出了更高要求，水土保持监管工作将更加繁重，基层监管力量亟待加强，目前，各地市之间水土保持监管工作开展情况不平衡，部分地区存在自身能力建设不足、监督管理力量有限等问题。三是信息化技术的应用和支撑力度不足。目前，全省水土保持监测网络和信息系统工程、水土流失监控体系尚不完备；信息化技术在水土保持领域的应用和支撑力度不足，制约了预防监督管理、水土保持生态建设等工作的有序开展。

三　河南加强流域水土保持的基本取向

（一）强化水源涵养功能

水源涵养是加强水土保持的根本出发点和落脚点，强化水土流失区域的水源涵养功能、恢复受损森林植被、提高森林覆盖率是推进黄河流域水土保持的重点方向。因此，要从保障水源安全，凸显生态和社会效益、示范性等因素考虑，以列入河流型地表水集中式饮用水水源地和水库型地表水集中式饮用水水源地的水土流失重点预防区内的饮用水水源保护区为主，合理安排水源地重点预防项目，注重保护原有水土保持林和水源涵养林，根据实际需求对其采取封山育林、疏林补密、抚育更新等措施，建设具有水土保持和水源涵养功能的森林植被，在水陆交界处建设植被缓冲带和生物湿地。积极实施黄河流域、伊河、洛河、沁河生态大保护大治理建设工程，以国家储备林基地建设为载体，严格封禁治理，保护和恢复林草植被，大力营造水源涵养林和水土保持林。积极推广永城日月湖、信阳郝堂村、灵宝寺河山、林州红旗渠生态清洁小流域建设模式和建设经验，实施在近库及村镇周边建设生态文明清洁小流域，改善水库周边生态系统，提高水质保障、水源保护和生态维护功能，筑牢“中原水塔”。加强黄河中上游河源综合治理和封禁保护，实施林草植被建设等重大生态保护行动，全面禁止园区矿产资源、水能资源开发，持续推进防护林体系建设，因地制宜推进生态搬迁，建设黄河干、支流河源自然保护示范区，减少人类活动对生态系统的影响。

（二）实施分区分类治理

由于黄河流域上下游、左右岸、干支流生态环境、地理条件、经济社会发展等的不同，加强黄河流域水土保持工作，要实施分区分类治理，科学统筹“中游治山、下游治滩、受水区织网”的战略方针，着力构建与全省经济社会发展相适应的黄河流域水土流失综合防治体系。一是构建流域中游山地安全屏障。河南黄河流域上游分布着太行山、伏牛山等重要山脉，在这些重要山脉分布区域积极开展天然林保护、封山育林和飞播造林等工作，大力营造水源涵养林和水土保持林，加快实施小流域综合治理，加强露天矿山生态修复，迅速恢复受损森林生态系统，着力构筑山地生态安全屏障。二是推进下游滩区综合治理。河南黄河下游分布着洛阳夹河滩区、桃花峪至濮阳台前滩区、新乡平原滩区等重点区域，是水沙入海的要道和华北平原上的重要生态廊道，同时也为沿黄经济社会发展提供了珍贵的过境水资源。加强水土保持工作，要结合不同滩区生成特征，按照宜林则林、宜耕则耕、宜湿则湿、宜果则果、宜草则草的原则，统筹规划、系统推进滩区生态建设，恢复黄河沿岸自然植被，重塑滩区生态面貌。科学布局控导护滩项目，加固改建现有控导工程，完善避水楼房、撤退道路和桥梁等滩区安全设施，健全滩区防洪避险机制和洪水风险补偿机制，增强滩区居民防洪抗灾能力。三是着力织就引黄受水区生态绿网。加强豫北黄海平原、豫东黄淮冲积平原的综合治理，结合粮食主产区的高标准粮田建设需要，建设以乔木混交、乔灌搭配的农田林网，保障粮食安全。加快平原防风固沙林建设，加强沙化土地治理和退化林生态修复，积极推广具有改良土壤能力的优良乔木树种，全面提升沙化土地生态系统自我更新功能。

（三）加强综合监督管理

水土流失治理重在监管，重在构建一整套以现代信息技术运用为手段，以强化人为水土流失监管为核心，以完善政策机制为重点，以严格督查问责为抓手的监管体系。要按照有关技术规范，运用遥感、调查和地面观测等手段，建立水土保持监测网络，采集水土流失因子及其对生态环境产生的影响等信息，掌握水土流失现状、变化及其防治情况，综合评价水土保持效果，发布水土保持公报，为政府决策、社会经济发展和社会公众服务等提供技术支撑。优化监测站点规划与布局，构建“天—空—地一体化”智能数据采集节点，加强对水土流失特定区域预防工作监管。对取土挖砂采石、陡坡地开垦种植农作物、铲草皮和挖树兜等各类禁止行为进行监控；对水土流失严重、生态脆弱地区以及水土流失重点防治区生产建设项目或活动等限制性行为进行监控；对生产建设项目水土保持方案编报审批、监督检查与设施验收工作情况进行监管。加快构建布局合理、功能完备、体系完整的水土保持监测网络和信息系统，加强水土保持数据库建设，形成高效快捷的信息采集、分析管理、发布和服务体系。加强水土保持监管能力建设，实施最严格的生态建设活动水土保持监管。构建水土保持综合监管制度体系，重点构建水土保持目标责任制和考核奖惩制度、水土保持重点工程建设管理制度、水土保持执法监管制度、人为水土流失调查制度。

第二节　强化污染系统治理

环境问题是全社会关注的焦点，也是全面建成小康社会能否得到人民认可的一个关键。近年来，河南省委省政府认真贯彻习近平生态文明思想和党中央、国务院关于打好污染防治攻坚战的决策部署，带领全省上下认真贯彻绿色发展理念，坚决向污染宣战，“两山论”的“栾川模式”“新县模式”，农村能源革命的“兰考模式”，土壤污染防治的“洛阳模式”得到全面复制推广，污染系统治理明显加强，环境状况得到持续改善。强化污染系统治理，要按照高质量发展要求，抢抓黄河流域生态保护和高质量发展战略机遇，聚焦人民群众最关心的大气、水、土壤等环境污染问题，深入打好污染防治攻坚战，不断增强人民群众在生态环境改善中的安全感、获得感、幸福感。

一　河南强化污染系统治理取得的成效

（一）大气环境质量稳中向好

河南位于全国大气污染防治重点区域，京津冀及周边地区“2+26”个城市中，河南省占 7 个，汾渭平原 11 个城市中，河南省占 2 个。河南省生态环保厅监测数据显示，2020 年，河南大气环境显著提升，达到近年来最好水平，主要指标改善幅度在全国排名靠前。全省 PM2.5 平均浓度为 52 微克/米^3，同比下降 11.9%，改善幅度在京津冀及周边省份中排名第二，为“十三五”期间降幅最大的一年；PM10 平均浓度为 83 微克/米^3，同比下降 13.5%；全省优良天数 245 天，空气优良天数比例为 66.7%，比 2015 年提高 16.5 个百分点，同比增加 52 天，增加幅度居全国第一位（见图 6-1）。二氧化氮、二氧化硫、一氧化碳三项因子常年达到空气质量二级标准，除臭氧外，其余五项因子 2020 年 6~9 月份连续 4 个月达标。

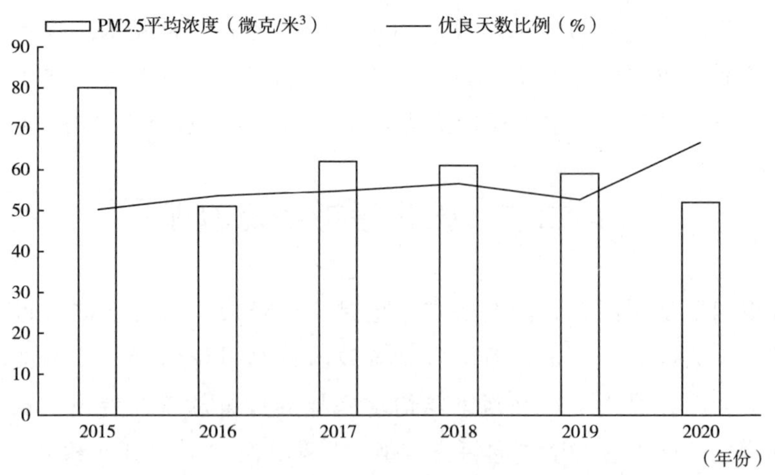

图 6-1　2015~2020 年河南省 PM2.5 平均浓度和空气优良天数比例

资料来源：《2015~2020 年河南省国民经济和社会发展统计公报》。

（二）水环境质量全面改善

河南省地跨黄河、海河、淮河、长江四大流域，还是南水北调中线工程渠首所在地、水源地主要汇水区和主要沿线省份。2020 年，国家 94 个水污染防治考核断面中，全省Ⅰ~Ⅲ类水质断面 73 个，占 77.7%（达到国家要求高于 56.4%的目标），同比增加 9.6 个百分点，无劣Ⅴ类水质断面（达到国家要求低于 11.7%的目标）。国家考核的省辖市集中式饮用水水源地达到或优于Ⅲ类的比例为 100%。南水北调中线工程水源地丹江口水库陶岔取水口水质持续稳定在Ⅱ类及以上标准，有效保障"一渠清水永续北送"。2015~2019 年黄河流域省辖市饮用水水源取水水质达标率均达到了 100%。

（三）森林资源持续增长

经过近几年的污染防治攻坚，全省森林覆盖率大幅度提高，2020 年全省森林覆盖率达到 25.07%，比 2015 年提高 1.45 个百分点，居黄河流域第 3 位，仅次于陕西和四川，高于全国平均水平 2.03 个百分点（见图 6-2）。并且，近年来河南省强化生态示范建设，生态环境的质量和效应不断增加。2020 年新增 1 个"绿水青山就是金山银山"实践创新基地、3 个国家生态文明建设示范

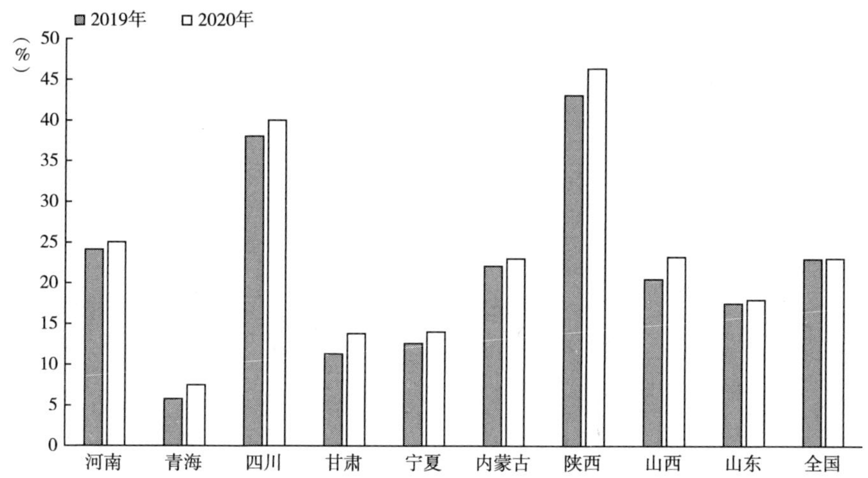

图 6-2　2019~2020 年黄河流域九省区与全国的森林覆盖率比较

资料来源：2019~2020 年沿黄九省区《国民经济和社会发展统计公报》《中华人民共和国 2020 年国民经济和社会发展统计公报》。

县，全省累计创建“两山”实践创新基地 3 个、国家生态文明建设示范区 8 个、省级生态县 22 个。其中，对黄河流域而言，洛阳市栾川县相继被确定为省级生态县、国家级生态县、国家生态文明建设示范县和“绿水青山就是金山银山”实践创新基地；兰考、新密被确定为国家生态文明建设示范县；洛阳市孟津县、洛宁县、新安县被确定为省级生态县；洛阳市宜阳县，新乡市延津县、封丘县和原阳县，三门峡市渑池县等正在开展省级生态县创建工作。

二　河南强化污染系统治理的关键举措

（一）聚焦顶层设计，明确污染系统治理路线图

河南省委省政府出台了《关于全面加强生态环境保护坚决打好污染防治攻坚战的实施意见》《河南省污染防治攻坚战三年行动计划（2018～2020年）》，明确了污染防治攻坚战的路线图、时间表、任务书，成立了由省委书记、省长任“双组长”的污染防治攻坚战领导小组，通过省委常委会、省政府常务会议、污染防治攻坚战推进会、公开约谈、现场调研指导等方式，全力推进污染防治综合治理、系统治理。河南省人大常委会通过了《关于全面加强生态环境保护依法推动打好污染防治攻坚战让中原更加出彩的决议》，修订了《河南省大气污染防治条例》《河南省水污染防治条例》，为各地坚决打好打赢污染防治攻坚战明确了方向和依据。

（二）聚焦高质量发展，实施产业结构提质行动

产业结构优化升级是一个国家或地区实现高质量发展的重要支撑，也是推动产业基础高级化和产业链现代化的前提和基础。为跳出“资源陷阱”，河南省委省政府痛下决心，大规模整合资源，提高产业集中度，推动产业升级，延伸产业链，全面提高资源节约与综合利用水平。为推动工业转型升级，河南省委省政府先后出台了《河南省工业转型升级“十二五”规划》《河南省装备制造业转型升级行动计划（2017～2020 年）》等一系列政策措施。河南服务业仍然存在增速低、比重小、结构不优、竞争力不强等突出问题，服务业发展相对滞后成为产业结构不合理的突出表现、制约经济社会发展的短板。为拉长服务业短板，河南省先后出台了《河南省人民政府关于推动生产性服务业加快发展的实施意见》《河南省人民政府关于

建设高成长性服务业大省的若干意见》《河南省加快发展生活性服务业促进消费结构升级实施方案》《河南省“十三五”现代服务业发展规划》等。在加快经济结构调整方面，河南省紧紧抓住黄河流域生态保护和高质量发展重大战略机遇期，围绕产业、能源、运输、用地四大结构，持续推进产业结构调整优化，大力实施绿色改造、智能改造和技术改造；持续推进能源结构调整优化，深入开展能源生产和消费革命；持续推进运输结构调整优化，加大多式联运信息平台建设力度；持续推进用地结构调整优化，加快编制省市县国土空间规划，推进土地集约节约利用。以壮士断腕的决心、滚石上山的劲头，扎实抓好“四大结构”调整，初步形成了绿色低碳循环发展的现代化经济体系。当前，河南省三次产业结构调整为8.5∶43.5∶48.0，与改革开放初期相比，第一产业占比下降了31.3个百分点，第二产业占比上升了0.9个百分点，第三产业占比上升了30.4个百分点。2019年，全省万元地区生产总值能耗下降7.98%，能源消费总量下降1.58%。

（三）聚焦水土气重点领域，打好打赢三大污染攻坚战

围绕水污染防治，全面推进被列入国家整治清单的144处省辖市建成区黑臭水体治理工作，积极开展全域清河行动，加强河湖污染综合整治及水生态保护、修复，制定实施“一河一策”的水质提升方案，清除垃圾河、臭水河，整治排污口，清理污染源，全省消除劣Ⅴ类水体；以农村生活污水治理为重点，持续推进农村环境综合整治。围绕土壤污染防治，深入开展农用地土壤污染状况详查，掌握了农用地污染底数，实施“一张图”管理。狠抓源头管控，加强涉镉等重金属企业排查整治和环境监管，对栾川县、洛宁县等矿产资源开发活动集中区域实施重点重金属污染物特别排放限值，排查并建立953家土壤污染重点监管单位名录，确保不发生污染问题。围绕大气污染防治，强化“三散”污染治理。对扬尘实行精细化管控，对“散乱污”企业实行动态清零，持续开展平原地区“散煤清零”行动。深化工业企业治理。在全国率先完成火电行业超低排放改造，全面实施钢铁、焦化、水泥、碳素、电解铝、平板玻璃企业、工业窑炉超低排放改造或提标治理。积极做好重污染天气应急管控，以优先控制重污染行业主要涉气排污工序为主，对不同领域、不同行业进行差异化管控，将绩效分级行业由生态环境部要求的39个扩展到52个，加强重污染天气会商研判，精

准发布预警信息，严格实施差异化管控和科技监管。

三　河南强化污染系统治理的重点领域

（一）开展重点河流水生态修复

加强黄河干流及主要支流伊河、洛河、伊洛河、青龙涧河等水质较好的水体保护，严格水环境功能区管理，严格控制流域内排污总量，严格控制入河排污口，限制审批新增取水口。充分考虑生态用水需求，开发和利用水资源应维持河流合理流量和水位，定期开展河流生态安全评估和河流健康评估，确保河流水质稳定保持良好，水生态逐步恢复。加大重点水体治理力度，以落实“河长制”为抓手，对金堤河、汜水河、涧河、天然渠、文岩渠、蟒河、西柳青河、阳平河等河流进一步提升河流水质，控制流域内污染物排放量，建立污染排放与水质响应关系，削减入河污染量。集中力量打好饮用水源整治攻坚战，深入开展窄口水库、陆浑水库、三门峡水库等重要城市集中式地表水饮用水水源地的规范化建设，进一步加强水环境质量的监测监控、环境问题综合整治、预警和应急能力建设。进一步对供水人口在 1 万人或日供水在 100 吨以上的其他所有饮用水水源地进行摸底排查，并进行问题整治，同时做好饮用水水源地保护区设标立界等规范化建设工作，评估集中式地下水型饮用水水源补给区环境状况，开展黄河流域地下水环境状况基础调查，摸清地下水水质现状。

（二）实施区域大气污染联防联控

积极推进区域大气污染联合防治，防治区域复合型大气污染。加强区域协作，加强与京津冀及周边地区重污染天气联合会商和联防联控，推进与京津冀大气污染协同治理。优化能源结构，严格控制煤炭消费总量，加大煤炭清洁利用力度。将重污染天气应急响应纳入各地政府突发事件应急管理体系。实行与京津冀相同的应急响应标准，科学确定不同级别的应急减排措施。建立完善环保、气象部门空气质量联合会商机制，健全重污染天气预警预报机制。实施城市空气质量清单式管理。落实省大气污染防治规划，省辖黄河流域涉及的地市制定实施城市大气环境质量限期达标方案，明确达标时间表、路线图和重点项目，完善大气污染物排放总量控制制度，加强二氧化硫、氮氧化物、烟粉尘、挥发性有机物等主要污染物综合防治。开展工业燃煤设施拆改工作；实施化工、工业涂装、包装印刷、油品储运销、机动车等重点行业挥发性有机物综合整治工程；强化机动车尾气治理，优先发展公共交通，加快推广使用新能源汽车。

（三）推动产业绿色转型发展

积极促进和引导工业转型升级，优化资源消耗型产业布局，严格控制流域煤炭行业的发展规模，促进煤炭消耗量不断减少。提高能源化工行业清洁化生产水平，引导煤炭、能源、化工等重点行业企业实施清洁生产技术改造，推动工业园区循环化改造。对高能耗、重污染、低产出、技术落后的工艺技术生产设备开展强制性淘汰。推进钢铁、印染、造纸、石油石化、化工等高耗水企业工艺技术改造、废水深度治理及再生水回用。鼓励引导发展特色优势生态产业，依托和发挥黄河流域特色生态资源禀赋优势，发展生态农业。大力发展林沙草产业，形成一批特色优势生态产品。推进生态与旅游、教育、文化、康养等产业融合，合理发展生态旅游、生态科考、生态康养等。针对流域内农业灌溉用水量过大的现状，加强节水农业技术的专项研究，加快现代灌区灌溉与农艺技术的规模化、工程化、定量化、标准化、集成化及其应用，通过科技创新驱动现代灌区发展，建设节水灌区示范区，推动流域农业用水量降低。

（四）重视农业面源污染源头治理

坚持综合治理、标本兼治，调整农业投入结构，实施化肥农药负增长行动，推广有机肥替代化肥、测土配方施肥，强化病虫害统防统治和绿色防控，严格落实农业投入品减量使用制度、废旧地膜和农药包装物回收处理制度、秸秆和畜禽粪污资源化利用制度。调整农业种植结构与布局，在稳定粮食产量和产能的基础上，因地制宜调整优化种植结构，集成发展水肥一体化、水肥药一体化技术，积极推广农机农艺相结合的深松整地、覆盖保墒等措施，提升天然降水利用效率。加强固体废物污染防治。按照“减量化、资源化、无害化”原则，推进一般固体废物、废旧产品资源化利用和协同利用，开展大宗工业固体废物资源化利用。完善危险废物经营许可等管理制度，建立信息化监管平台，提升危险废物处理处置能力，实施全过程监管。加强生活污染控制，推进垃圾减量化、收集分类化和处理资源化，推进城乡生活垃圾收运基础设施建设，加快推进生活垃圾分类。进一步完善配套政策和标准法规，落实限制一次性用品使用制度。强化畜禽养殖污染防治，依法限制饲料中重金属含量，依法规范抗生素等药品使用，指导养殖户科学使用兽药、饲料，防止有害成分通过畜禽养殖、废弃物还田对土壤及水体造成污染。实施"厕所革命"，分类推进农村无害化卫生厕所改造，完善粪污处理和管护机制。

第三节 加快建设生态廊道

生态廊道建设是沿黄地区生态保护的重要抓手。近年来，省委省政府高度重视生态廊道功能提升工作，将生态廊道建设作为黄河流域生态保护和高质量发展的切入点和主抓手，率先高标准建成120公里黄河生态廊道示范段，率先开展黄河滩区耕地高效利用试点，率先发展黄河流域沟域经济，使得黄河愈加漂亮，更加多姿多彩。深入贯彻落实党的十九届五中全会和省委十届十二次全会精神，加快建设生态强省，让绿满中原成为出彩河南的亮丽底色，要以"两山理念"为价值遵循，努力打造连续完整、功能多样的生态长廊，加快构建"流域绿廊、森林绿屏、平原绿网"大河大山大平原生态格局，把生态优势转化为发展胜势。

一 河南建设生态廊道对流域生态安全的重要意义

（一）践行习近平生态文明思想的具体体现

党的十八大以来，习近平总书记高度重视生态文明建设，提出了"绿水青山就是金山银山"的重要发展理念，创立了习近平生态文明思想。生态廊道是生态文明建设的重要内容，承担着生态环境建设和林产品有效供给的双重任务。加快建设生态廊道，提高生态承载力，既是改善当前脆弱的生态环境，积极应对全球气候变暖，努力实现2030碳达峰、2060碳中和目标，保障国土空间生态安全的战略举措，又是改善人居环境，提高人民群众的生活水平和质量，为子孙后代提供资源环境的永续利用，实现全面协调可持续发展，建设生态文明的客观要求。

（二）保障国家粮食安全的现实需要

随着促进中部地区崛起、构建新发展格局、黄河流域生态保护和高质量发展战略的深入实施，土地和环境资源的需求日益增加。作为全国粮食生产核心区，确保国家粮食安全、把中国人的饭碗牢牢端在自己手中，真正做到生态环境不破坏、粮食产量不下降、农业地位不削弱，是河南建设国家粮食生产核心区的庄严承诺，也是河南对国家和民族应当承担的重大责任。加快建设生态廊道，构建完善的防护林体系，一方面能有效降低田间风速，减少蒸发，增加湿度，调节温度，为农作物生长发育创造良好的生态环境；另一方面大大增强农业生产抵御诸如高温、干旱、冻害等自然灾害的能力，促进农作物增产稳产平均约10%。

（三）解决生态环境瓶颈制约的必然选择

河南在经济快速发展的同时，也面临着一系列的生态问题。河南是一个缺林少绿的省份，森林资源总体不占优势。根据第八次全国森林资源清查结果，河南森林面积在全国居第22位，人均森林面积为全国平均水平的1/5；山地森林林相单一，林分质量不高，低质低效林多，防护效能较差；城市的热岛效应明显，林网、通道绿化没有形成完整的网络；城镇防护林体系建设质量不高；城市和农村的人居环境与经济发展不相适应。在日益加剧的生态环境现实压力的倒逼下，如何更好地发挥生态廊道的生态功能是一个亟待解决的现实问题。因此，在科学推进新型城镇化发展的过程中，迫切需要生态廊道发挥改善城市生态环境、缓解热岛效应等功能；在实现工业转型升级过程中，迫切需要生态廊道发挥合理高效的生态隔离、生态缓冲和生态修复等功能；在发展生态旅游中，迫切需要生态廊道发挥旅游、休憩、度假和观光等功能；在发展现代农业中，迫切需要生态廊道发挥生态调节和生态防护等功能。

二　河南推进生态廊道建设的主要做法

河南省委省政府高度重视生态廊道建设，2014年《关于建设美丽河南的意见》和《河南省全面建成小康社会加快现代化建设战略纲要》提出

"打造美丽河南"的战略布局，2016 年 1 月省委九届十一次全会确定了构建"四区三带"区域生态格局。2020 年 12 月省委十届十二次全会确定了以黄河干流为主线，以太行山、伏牛山、桐柏—大别山等山地为屏障，以淮河、南水北调中线、隋唐大运河及明清黄河故道为主要串联廊道，统筹推进自然保护区、自然公园等自然保护地建设，构建"一带三屏三廊多点"的生态保护格局。

在具体实践方面，一是加强黄河流域生态保护，启动 370 公里沿黄复合型生态廊道建设，高标准建成 120 公里示范段。预计 2021 年将在黄河干支流实施黄河生态廊道建设，完成 3.66 万亩生态廊道建设任务。在城市郊区及重要河流入口、重要干渠出口、重要生态部位和省级以上道路交叉口等重要节点处，突出公园化、景观化、特色化，达到"四季常绿、三季有花"的效果。二是推动沿黄生态廊道建设提档升级。根据黄河沿线地形地貌、水库岸线、城镇滩区等的不同特色，制定生态廊道建设标准，打造凸显生态特色、人河城和谐统一的生态廊道示范段，把抓好沿黄生态廊道规划建设作为推动国土绿化提速的重中之重，集中开工三门峡、洛阳、郑州、新乡、开封等地市沿黄生态廊道示范工程，率先启动三门峡百里黄河生态廊道、小浪底南北岸生态廊道、郑州至开封段百里沿黄生态廊道、黄河新乡段生态廊道、黄河濮阳段生态廊道五大片区建设，统筹构建堤内绿网、堤外绿廊、城市绿芯的区域生态格局。三是省委省政府始终坚持山水林田湖草沙生命共同体理念，统筹推进森林、湿地、流域、农田、城市五大生态系统建设，充分发挥了五大生态系统生态产品供给服务和涵养水源、保持水土、固碳释氧、调节气候、生物多样性及珍稀动植物保护、景观文化感知等生态功能。四是以建设中原森林城市群、森林乡村为抓手，以建成"五个一"（建成 1 个以国家森林城市为主体的中原森林城市群，100 个省级森林城市，100 个森林特色小镇，1000 个国家级森林乡村，10000 个省、市、县级森林乡村）为载体，加快构建城市绿芯，通过建设森林公园实现"保林"，通过全面封山实现"育林"，通过多措并举实现"造林"，通过落实责任实现"管林"，全力打造天蓝地绿水净、宜居宜业宜游的森林河南。特别是郑州、焦作、漯河和长垣 4 市县入选生态修复城市修补全国试点以来，河南省开始通过城市双修有计划、有步骤地修复被破坏的山体、河流、湿地、植被，恢复城市生态系统的自我调节功能，实现城市有序有机更新。

三　河南提速生态廊道建设的重点行动

（一）以沿黄生态保护为引领，实施生态廊道网络体系建设行动

2019 年 9 月 18 日，习近平总书记在郑州主持召开黄河流域生态保护和高质量发展座谈会上明确指出，黄河流域是我国重要的生态屏障和重要的经济地带，是打赢脱贫攻坚战的重要区域，在我国经济社会发展和生态安全方面具有十分重要的地位。黄河流域河南段承担着全省 14 个市（区）供水任务，养育了全省 73%的人口，同时也是全流域人口活动和经济发展的重要密集区域，更是黄河文化孕育传承的核心地带，在生态强省以及黄河流域生态保护和高质量发展全局中具有极为重要的战略地位。但是，我们也应该看到黄河流域生态脆弱，生态基础设施欠账较多，面临着先天性问题与后天性问题叠加、发展的问题与保护的问题叠加、表象性问题与根子性问题叠加等方面的突出矛盾。推动黄河流域生态保护和高质量发展，建设沿黄生态保护示范区，着力实施生态廊道提质工程，以沿黄复合型生态廊道建设为牵引，同步推进堤外水源涵养林、水土保持林、防风固沙林、固堤林和堤内防浪林、保育林、湿地涵养带建设，大力开展退耕还林还草、退养还滩还湿，建设河、堤、坝、路、林、草有机融合，集防洪护岸、水源涵养、生物栖息等功能于一体的绿色生态大走廊。以金堤河、蟒河、弘农涧河等重要支流生态廊道为重点，统筹推进生态保护、自然景观和城市风貌建设，营造四季常绿、三季有花、立体错落的廊道生态景观，形成林水相依、水清岸绿的支流绿廊。加快推进沿黄慢行乐道建设，强化廊道交汇点示范引领作用，着力打造“自然风光+黄河文化+健康养生+慢生活”休闲生态系统，让沿黄区域成为慢生活、微度假的理想目的地，让黄河真正成为造福人民的幸福河、文脉河、生态河，真正实现生态保护修复走在黄河流域前列，全力将总书记为我们擘画的美好蓝图转化为推动流域高质量发展的扎实实践。

（二）以筑牢生态屏障为支撑，实施森林河南建设行动

森林生态系统作为陆地生态系统的主体，是人类发展不可或缺的自然

资源，具有调节气候、涵养水源、保持水土、改良土壤、减少污染、游憩保健以及保护生物多样性等极其重要的生态服务功能，对维持生态系统稳定性、保障经济社会生态安全起着不可替代的屏障作用。与此同时，森林生态系统还是陆地生态系统最大的碳汇，陆地生态系统90%的碳存储于森林之中，这对于推动河南如期实现碳达峰、碳中和刚性目标发挥着重要作用。河南是一个缺林少绿的省份，森林资源总体不占优势，森林覆盖率从当前的25.42%增加至2030年的31%以上，任务十分艰巨。加快建设森林河南，迫切需要加强太行山地生态屏障、伏牛山地生态屏障、桐柏—大别山地生态屏障的造林绿化和森林质量提升，拓展生态空间，提高生态承载力，守住自然生态安全边界。加强太行山地生态屏障建设，要重点抓好安阳、鹤壁、新乡、焦作、济源5市生态脆弱区，环京津冀生态屏障区，重要水源地植被恢复区，通道沿线荒山绿化区“四大区域”国土绿化和生态修复，打造拱卫京津冀生态协同圈和黄河生态带“一圈一带”生态修复先导区。加强伏牛山地生态屏障建设，应积极开展石漠化治理，实施新一轮退耕还林，加强自然保护区、森林公园、湿地公园建设，打造国家森林康养示范区和伏牛山天然药库。加强桐柏—大别山地生态屏障建设，应加快退化林修复和退化湿地恢复，加强水土保持和水源涵养，大力发展林下经济、生态旅游、康养产业等，积极探索具有地域特色的革命老区振兴发展之路。加强自然保护地体系建设，应依托伏牛山国家级自然保护区，积极创建伏牛山国家公园，探索建设金钱豹、猕猴国家公园，朱鹮、白冠长尾雉国家公园，确保重要自然生态系统、自然遗迹、自然景观和生物多样性得到系统性保护，提升全省生态产品供给能力。

（三）以保障粮食安全为担当，实施国土绿化提速行动

党的十八大以来，习近平总书记三次亲临河南视察并发表重要讲话，多次对河南工作做出重要指示批示，强调要扛稳粮食安全这个重任。黄淮平原是全国粮食生产核心区，并且大部分县既是农产品主产区，又是产粮大县，对确保国家粮食安全、把中国人的饭碗牢牢端在自己手中的作用尤为重要。实施国土绿化提速行动，建设平原农田防护林体系，能够起到防风固沙、涵养水源、调节气候等作用。有效改善农作物生长环境，增强农业生产抵御干旱、风沙、干热风、冰雹和霜冻等自然灾害的能力，促进粮

食高产稳产，是国家大粮仓和人民美好生活的重要守护神。加强平原防风固沙林和农田防护林建设，结合高标准粮田建设，打造沿黄生态保育带、沿淮生态保育带、南水北调中线水源地及干渠沿线生态保育带和隋唐大运河及明清黄河故道生态保育带四条“生态保育带”，促进提高平原地区粮食生产能力。以乡道、村道和河流沟渠林带为骨干，发展优良乡土树种，增加乔灌结合比例，提高农田粮食生产能力，加大农业水利设施建设力度，提升粮食生产功能区、重要农产品生产保护区和特色农产品优势区建设水平。统筹推进山水林田湖草沙综合治理、系统治理、源头治理，加快构建黄河流域“水—能源—粮食”纽带安全体系，建立以提高水资源利用效率为纽带的能源安全、生态安全和粮食安全框架，科学提出黄河流域能源利用、粮食生产与水资源调配协同优化的布局方案和发展模式，对更好地实现以水定城、以水定地、以水定人、以水定产的目标，提高黄河流域水资源节约集约利用水平，保障国家能源安全、粮食安全和生态安全具有重要作用。

第四节　完善自然保护地体系

自然保护地是我国自然生态系统最重要、最精华、最基本的部分，在维护国家生态安全中居于首要地位。加快构建以国家公园为主体的自然保护地体系是贯彻习近平生态文明思想的重要内容，也是推进黄河流域生态保护和高质量发展的关键举措。坚持山水林田湖草沙生命共同体的理念，整合优化河南现有各类自然保护地，完善自然保护地体系，探索自然保护和资源利用新模式，不断满足人民群众对优美生态环境、优良生态产品、优质生态服务的需要，建设人与自然和谐共生的现代化。

一　自然保护地体系的基本内涵与主要类型

（一）基本内涵

自然保护地建设是国际公认的保护生物多样性、提供优质生态产品与服务、维系生态系统健康的最重要和最有效途径。自然保护地作为我国自然生态空间最精华和最重要的组成部分，是建设生态文明的核心载体，是美丽中国的重要象征，在维护国家生态安全中占具首要地位。自 1956 年我国建立第一个自然保护地以来，保护体系逐步完善。2019 年 6 月，中共中央办公厅、国务院办公厅印发了《关于建立以国家公园为主体的自然保护地体系的指导意见》，提出建成中国特色的以国家公园为主体的自然保护地体系，推动各类自然保护地科学设置，建立自然生态系统保护的新体制新机制新模式。

（二）主要类型

目前，我国已经形成了由国家公园、自然保护区、风景名胜区、森林公园、湿地公园、地质公园等组成的数量众多、类型丰富、功能多样的自然保护地体系。我国自然保护地体系主要包含国家公园、自然保护区、风景名胜区、森林公园、湿地公园、地质公园、水利风景区七类（见表 6-1）。

国家公园：以保护具有国家代表性的自然生态系统为主要目的，实现自然资源科学保护和合理利用的特定陆域或海域，是我国自然生态系统中最重要、自然景观最独特、自然遗产最精华、生物多样性最富集的部分，保护范围大，生态过程完整，具有全球价值、国家象征，国民认同度高。目前，我国开展了东北虎豹、祁连山、大熊猫、三江源、海南热带雨林、武夷山、神农架、普达措、钱江源、南山 10 个国家公园体制试点，总面积超过 22 万平方公里，涉及吉林、黑龙江、浙江、福建、湖北、湖南、海南、四川、云南、陕西、甘肃、青海 12 个省份。

自然保护区：保护典型的自然生态系统、珍稀濒危野生动植物的天然集中分布区、有特殊意义的自然遗迹的区域。具有较大面积，确保主要保护对象安全，维持和恢复珍稀濒危野生动植物种群数量及赖以生存的栖息环境。

风景名胜区：具有观赏、文化或者科学价值，自然景观、人文景观比较集中，环境优美，可供人们游览或者进行科学、文化活动的区域。自然景观和人文景观能够反映重要自然变化过程和重大历史文化发展过程，基本处于自然状态或者保持历史原貌，具有国家代表性的，可以申请设立国家级风景名胜区，报国务院批准公布。

森林公园：森林景观特别优美，人文景物比较集中，观赏、科学、文化价值高，地理位置特殊，具有一定的区域代表性，旅游服务设施齐全，有较高的知名度，可供人们游览、休息或进行科学、文化、教育活动的场所，由国家林业和草原局作出准予设立的行政许可决定。

湿地公园：以具有显著或特殊生态、文化、美学和生物多样性价值的湿地景观为主体，具有一定规模和范围，以保护湿地生态系统完整性、维护湿地生态过程和生态服务功能并在此基础上以充分发挥湿地的多种功能效益、开展湿地合理利用为宗旨，可供公众游览、休闲或进行科学、文化和教育活动的特定湿地区域。

地质公园：于20世纪90年代中期提出，旨在保护和增强地质历史上具有重要地质意义的地区的价值。这些地区拥有地质景观和地质建造，是地球演化历史的重要见证，并对我们未来的可持续发展起着决定作用。建立地质公园的主要目的是保护地质遗迹及其环境，促进科普教育和科学研究的开展，合理开发地质遗迹资源和促进所在地区社会经济的可持续发展。

水利风景区：以水域（水体）或水利工程为依托，按照水利风景资源即水域（水体）及相关联的岸地、岛屿、林草、建筑等能对人产生吸引力的自然景观和人文景观的观赏、文化、科学价值和水资源生态环境保护质量及景区利用、管理条件分级，经水利部水利风景区评审委员会评定，由水利部公布的可以开展观光、娱乐、休闲、度假或科学、文化、教育活动的区域。国家水利风景区有水库型、湿地型、自然河湖型、城市河湖型、灌区型、水土保持型等类型。

表6-1　自然保护地体系的类型划分、功能定位与机构设置

自然保护地类型	管理部门	功能定位	管理机构设置
国家公园	国家林业和草原局、国家公园管理局	保护具有国家代表性的自然生态系统，实现自然资源科学保护和合理利用的特定陆地或海洋区域	国家林业和草原局、国家公园管理局统一行使国家公园自然保护地管理职责； 部分国家公园的全民所有自然资源资产所有权由中央政府直接行使，其他的委托省级政府代理行使。条件成熟时，逐步过渡到国家公园内全民所有自然资源资产所有权由中央政府直接行使
自然保护区	国家林业和草原局	保护生态系统、野生动物、自然遗迹；开展科学活动	自然资源部下属国家林业和草原局负责全国自然保护区的综合管理； 县级以上地方人民政府负责自然保护区管理部门的设置和职责，由省、自治区、直辖市人民政府根据当地具体情况确定

续表

自然保护地类型	管理部门	功能定位	管理机构设置
风景名胜区	国家林业和草原局	保护自然、人文景观；开展科学、文化、教育活动；旅游	自然资源部国家林业和草原局负责全国风景名胜区的监督管理工作； 省、自治区、直辖市人民政府风景名胜区建设主管部门，负责本行政区域内风景名胜区的监督管理工作； 省、自治区、直辖市人民政府其他有关部门按照规定的职责分工，负责风景名胜区的其他有关监督管理工作
森林公园	国家林业和草原局	保护森林生态系统、野生动物；开展科学、文化、教育活动；旅游；资源利用	自然资源部国家林业和草原局主管全国森林公园的工作； 县级以上地方人民政府林业主管部门主管本行政区域内的森林公园工作； 省级以上森林公园实行国家级、省级、县级建设单位三级政府管理，主要依托地方政府进行具体管理； 森林公园经营管理机构负责森林公园的规划、建设、经营和管理
湿地公园	国家林业和草原局	保护湿地生态系统、湿地生物；开展科学、文化、教育活动；旅游；资源利用	自然资源部国家林业和草原局负责国家湿地公园的审批； 省级以上林业主管部门负责国家湿地公园建设管理的指导和监督工作
地质公园	国家林业和草原局	保护地质遗迹、自然人文景观；开展科学、文化、教育活动；旅游；资源利用	自然资源部国家林业和草原局对地质公园进行业务指导和监督管理工作； 地质公园所在地的政府或政府主管机构负责对地质公园的日常管理工作
水利风景区	水利部	保护水域及关联岸地、岛屿、林草地等；开展科学、文化、教育活动；旅游；资源利用	国家级水利风景区，由景区所在市、县人民政府提出水利风景资源调查评价报告、规划纲要和区域范围，省、自治区、直辖市水行政主管部门或流域管理机构依照《水利风景区评价标准》审核，经水利部水利风景区评审委员会评定，由水利部公布。省级水利风景区，由景区所在地市、县人民政府依照《水利风景区评价标准》，提出水利风景资源调查评价报告、规划纲要和区域范围，报省、自治区、直辖市水行政主管部门评定公布，并报水利部备案

资料来源：作者整理得到。

二　河南自然保护地体系建设的现状分析

（一）初步划定了生态保护红线

为落实国家关于开展生态保护红线评估调整工作的部署和要求，于2018年启动了全省生态保护红线的划定工作。根据生态系统服务功能重要性和生态环境敏感性，全省生态保护红线分水源涵养功能生态保护红线、水土保持功能生态保护红线和生物多样性维护功能生态保护红线三类。全省生态保护红线面积16835.70平方公里，占全省面积的10.08%，主要分布于北部的太行山区，西部的小秦岭、崤山、熊耳山、伏牛山和外方山区，南部的桐柏山和大别山区，零星分布于南水北调中线干渠沿线、黄河干流沿线、淮河干流沿线、豫北平原和黄淮平原。对黄河流域而言，黄河沿线24个各类保护地，按照定量与定性相结合的原则，初步划定黄河生物多样性、水源涵养生态保护红线，总面积近500平方公里，占全省面积的0.28%，占全省目前划定红线面积的3.3%。

（二）进一步加强自然保护区管理

以自然保护区生态保护为引领，点线面结合，整体推进黄河生态环境治理。紧盯自然保护区突出问题，连续开展“绿盾”专项行动，抓好焦点问题整改、生态恢复和勘界立标等工作。截至2019年10月底，沿黄自然保护区“绿盾2017”焦点问题台账59个，整改完成率96%；“绿盾2018”焦点问题台账17个，整改完成率86%；“绿盾2019”焦点问题台账21个，整改完成率77%。大力推进黄河生态建设修复，加强河道湿地保护区内河道采砂、湿地保护、片林种植等监管工作。目前，河南沿黄9市建成国家级自然保护区5个、湿地公园6个，省级自然保护区7个、湿地公园3个。2018年，沿黄地市完成造林92.77万亩，森林抚育172.69万亩，分别占全省的37.26%和43.17%。水土流失面积逐年减少，2018年比2011年水土流失面积减少约14.6%。

（三）积极推进自然保护地整合优化工作

当前，河南已建立省级以上各类自然保护地290处，现有国家级和省级自然保护区 30 个（国家级自然保护区 13 个）、省级以上森林公园 129 个（国家级森林公园 31 个）、省级以上湿地公园 41 个（国家级湿地公园 31 个），面积达 248 万公顷。国家级森林公园数量居黄河流域第四位，国家级自然保护区数量仅高于青海、宁夏和山东（见图 6-3）。针对全省自然保护地普遍存在交叉重叠、范围不合理等问题，按照国家级和省级自然保护区与风景名胜区、地质公园、森林公园、湿地公园等各类保护地交叉重叠时，原则上保留国家级和省级自然保护区。其他各类自然保护地按照同级别保护强度优先、不同级别低级别服从高级别的选择进行整合，本着“一个保护地只有一套机构，只保留一块牌子”的原则，积极推进自然保护地整合优化工作，为构建更加科学合理的自然保护地体系提供了重要支撑（见表 6-2）。

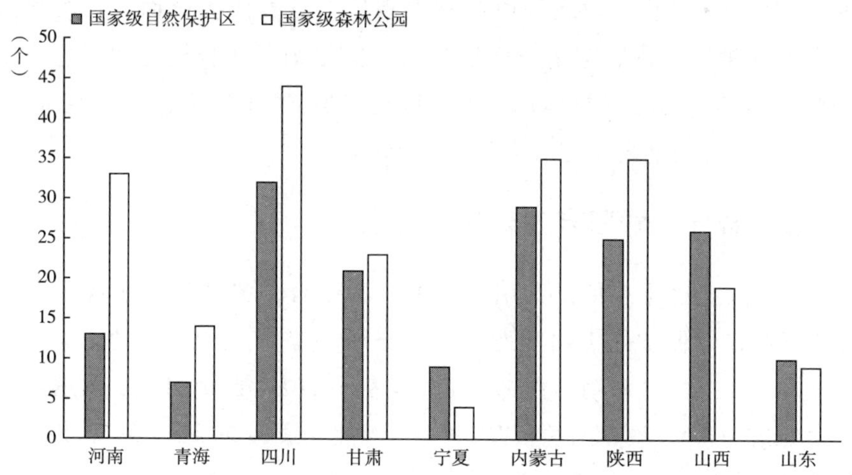

图 6-3 黄河流域九省区国家级自然保护区和国家级森林公园数量

资料来源：2019~2020 年沿黄九省区《国民经济和社会发展统计公报》、作者整理。

表 6-2 河南分布国家级自然保护地类型名单

国家级自然保护地类型	名单
自然保护区	河南黄河湿地国家级自然保护区、河南连康山国家级自然保护区、河南小秦岭国家级自然保护区、河南伏牛山国家级自然保护区、河南太行山猕猴国家级自然保护区、河南董寨鸟类国家级自然保护区、河南鸡公山国家级自然保护区、河南宝天曼国家级自然保护区、河南南阳恐龙蛋化石群国家级自然保护区、河南高乐山国家级自然保护区、河南丹江湿地国家级自然保护区、河南大别山国家级自然保护区、河南新乡黄河湿地鸟类国家级自然保护区

续表

国家级自然保护地类型	名单
风景名胜区	河南云台山风景名胜区、信阳鸡公山风景区、太行大峡谷旅游景区、尧山风景名胜区、王屋山风景名胜区、郑州黄河风景名胜区、桐柏山淮源风景名胜区、神农山风景名胜区、青天河风景名胜区、林虑山风景名胜区、嵩山风景名胜区、洛阳龙门风景名胜区
森林公园	河南寺山国家森林公园、河南洛阳白云山景区、河南云梦山国家森林公园、河南大苏山国家森林公园、河南天目山国家森林公园、河南大鸿寨国家森林公园、河南棠溪源国家森林公园、河南燕子山国家森林公园、河南黄柏山国家森林公园、河南始祖山国家森林公园、河南天池山国家森林公园、河南嵖岈山国家森林公园、河南金兰山国家森林公园、河南玉皇山国家森林公园、河南郁山国家森林公园、河南黄河故道国家森林公园、河南铜山湖国家森林公园、河南神灵寨国家森林公园、河南淮河源国家森林公园、河南甘山国家森林公园、河南南湾国家森林公园、河南龙峪湾国家森林公园、河南白云山国家森林公园、河南云台山国家森林公园、河南花果山国家森林公园、河南亚武山国家森林公园、河南开封国家森林公园、河南薄山国家森林公园、河南石漫滩国家森林公园、河南汝州国家森林公园、河南嵩山国家森林公园
湿地公园	陆浑湖水利风景区、淮阳龙湖水利风景区、香山湖风景区、容湖生态旅游区、郑州黄河国家湿地公园、河南汝州汝河国家湿地公园、河南南乐马颊河国家湿地公园、河南鹿邑惠济河国家湿地公园、河南伊川伊河国家湿地公园、河南光山龙山湖国家湿地公园、河南襄城北汝河国家湿地公园、河南虞城周商永运河国家湿地公园、河南睢县中原水城国家湿地公园、河南泌阳铜山湖国家湿地公园、河南郑州湍河国家湿地公园、河南淅川丹阳湖国家湿地公园、河南长葛双洎河国家湿地公园、河南林州淇溪河国家湿地公园、河南安阳漳河峡谷国家湿地公园、河南民权黄河故道国家湿地公园、河南息县淮河国家湿地公园、河南台前金水国家湿地公园、河南项城汾泉河国家湿地公园、河南唐河国家湿地公园、河南南阳白河国家湿地公园、河南平桥两河口国家湿地公园、河南汤阴汤河国家湿地公园、河南濮阳金堤河国家湿地公园、河南鹤壁淇河国家湿地公园、河南漯河市沙河国家湿地公园、河南平顶山白龟湖国家湿地公园
地质公园	河南焦作云台山国家地质公园（云台山世界地质公园）、河南内乡宝天幔地质公园（伏牛山世界地质公园）、河南王屋山国家地质公园（王屋山黛眉山世界地质公园）、河南西峡伏牛山国家地质公园（伏牛山世界地质公园）、河南嵖岈山国家地质公园、河南关山国家地质公园、河南郑州黄河国家地质公园、河南洛宁神灵寨国家地质公园、河南黛眉山国家地质公园（王屋山黛眉山世界地质公园）、河南信阳金刚台国家地质公园、河南嵩山国家地质公园（世界地质公园）、河南小秦岭国家地质公园、河南红旗渠·林虑山国家地质公园、河南汝阳恐龙国家地质公园、河南尧山国家地质公园

续表

国家级自然保护地类型	名单
水利风景区	黄河小浪底水利枢纽水利风景区、陆浑水库水利风景区、黄河三门峡大坝水利风景区、河南黄河花园口水利风景区、济南百里黄河水利风景区、开封黄河柳园口水利风景区、濮阳黄河水利风景区、范县黄河水利风景区、河南台前县将军渡黄河风景区、河南孟州黄河开仪水利风景区、河南故县洛宁西子湖水利风景区、洛阳孟津黄河水利风景区、长垣黄河水利风景区、舞钢市石漫滩水库水利风景区、信阳市南湾湖水利风景区、驻马店市薄山湖水利风景区、修武县云台山水利风景区、平顶山市昭平湖水利风景区、焦作市群英湖水利风景区、焦作市博爱青天河水利风景区、灵宝市窄口水库水利风景区、林州市红旗渠水利风景区、驻马店市铜山湖水利风景区、信阳市香山湖水利风景区、商城县鲇鱼山水库水利风景区、西峡县石门湖水利风景区、光山县龙山水库水利风景区、许昌市白沙水库水利风景区、方城县望花湖水利风景区、安阳市彰武南海水库水利风景区、卫辉市沧河水利风景区、驻马店市宿鸭湖水利风景区、信阳市光山县泼河水利风景区、洛阳市陆浑湖水利风景区、漯河市沙澧河水利风景区、南阳市龙王沟水利风景区、信阳市北湖水利风景区、商丘市黄河故道湿地水利风景区、南阳市鸭河口水库水利风景区、郑州市黄河生态水利风景区、柘城县容湖水利风景区、商丘市商丘古城水利风景区、驻马店市板桥水库水利风景区、禹州市颍河水利风景区、武陟嘉应观黄河水利风景区、永城沱河日月湖水利风景区、淮阳龙湖水利风景区、民权黄河故道水利风景区、睢县北湖生态水利风景区、许昌曹魏故都水利风景区、虞城响河水利风景区、荥阳古柏渡南水北调穿黄水利风景区、林州太行平湖水利风景区、南乐西湖生态水利风景区、济源沁龙峡水利风景区、许昌鹤鸣湖水利风景区、郑州龙湖水利风景区

资料来源：作者整理得到。

三　完善自然保护地体系的重点任务

（一）构建科学合理的自然保护地体系

借鉴世界自然保护联盟 IUCN 的分类标准，针对中国国情和河南省情，对河南省所有类型的自然保护地按照统一的标准重新进行分类，建立科学统一、符合国际规范、全民所有，由国家公园、自然保护区、风景名胜区、森林公园、湿地公园、地质公园、水利风景区组成的河南省自然保护地分类体系。依托国家级自然保护区，研究建立太行山金钱豹、猕猴国家公园，大别山朱鹮、白冠长尾雉国家公园，伏牛山亚热带—暖温带过渡带生态系统类型国家公园，确立国家公园在维护国家生态安全关键区域中的首要地位，确保国家公园在保护最珍贵、最重要生物多样性集中分布区中的主导地位，确定国家公园保护价值和生态功能在全国自然保护地体系中的主体地位。

（二）创新自然保护地管理体制机制

理顺现有各类自然保护地管理职能，提出自然保护地设立、晋（降）级、调整和退出规则，制定自然保护地政策、制度和标准规范，实行全过程统一管理。打破原有行业和部门划建导致的条块分割和利益切割，按照保护优先的原则，根据自然资源属性、土地权属和事权划分，对全省现有全部自然保护地重新分类，解决和消除不同自然保护地之间交叉重叠的问题，形成“统一管理、一地一牌一机构”的管理新格局。实行自然保护地差别化管控，根据各类自然保护地功能定位，既严格保护又便于基层操作，合理分区，实行差别化管控。国家公园和自然保护区实行分区管控，原则上核心保护区内禁止人为活动，一般控制区内限制人为活动。自然公园原则上按一般控制区管理，限制人为活动。结合历史遗留问题处理，分类分区制定管理规范。

（三）创新自然保护地建设发展机制

加强自然保护地建设，以自然恢复为主，辅以必要的人工措施，分区分类开展受损自然生态系统修复。建设生态廊道，开展重要栖息地恢复和废弃地修复。加强野外保护站点、巡护路网、监测监控、应急救灾、森林草原防火、有害生物防治和疫源疫病防控等保护管理设施建设，利用高科技手段和现代化设备促进自然保育、巡护和监测的信息化、智能化。探索全民共享机制，在保护的前提下，在自然保护地控制区内划定适当区域开展生态教育、自然体验、生态旅游等活动，构建高品质、多样化的生态产品体系。大力扶持和规范原住居民从事环境友好型经营活动，践行公民生态环境行为规范，支持和传承传统文化及人地和谐的生态产业模式。建立志愿者服务体系，健全自然保护地社会捐赠制度，激励企业、社会组织和个人参与自然保护地生态保护、建设与发展。

第五节　提升城市生态功能

推进城市生态文明建设、提升城市生态系统功能，是实现城市高质量发展的必然要求，也是河南协调推进百城建设提质工程和文明城市建设的重要组成部分。当前，河南在提升城市生态功能方面已有一些成功的实践与探索，但在城镇化发展水平、城镇体系结构、能源与环境的现实压力、体制机制创新等方面仍然存在许多问题。进入新时代，应加快提升城市生态功能，着力打造集森林城市、湿地城市、低碳城市、生态乡村于一体的现代化新型城市，不断增强城市的承载力、吸引力、创造力和竞争力。

一 城市生态功能的主要作用

（一）增强城市可持续发展能力

河南按照地貌可以分为山丘和平原两大类，山丘地区多，生态脆弱，生态功能重要，平原地区则往往承载着大量经济活动和人口，生态环境压力巨大。因此，与经济社会发展的需要相比较，全省城市生态资源总体上都十分有限，面临巨大的容量问题和可持续问题。深入推进城市生态文明建设，对于通过强化生态安全、发展绿色经济增强城市承载力和城市可持续发展能力，具有十分重大的意义。一方面，深入推进城市生态文明建设，加强生态系统保护与修复，强化环境污染治理，既能夯实城市的生态安全基础，又能通过生态环境治理为城市发展留存和拓展更大的生态容量和生态空间，从而增强城市可持续发展能力；另一方面，深入推进城市生态文明建设，大力倡树简约节约消费观，完善高效集约的循环生产体系，加快构建贯彻绿色发展新理念的生态经济体系，有利于从根本上减少经济社会发展对资源环境的依赖和影响，从而增强城市的可持续发展能力。

（二）提升城市文明程度

生态文明是现代社会文明系统的重要组成部分，加快推进城市生态文明建设，完善目标责任和生态环境制度体系，大力发展生态文化，有助于在全社会形成与自然和谐共生的价值观、文明观，夯实城市文明建设的生态基础，提升城市文明程度。一方面，加快完善目标责任和生态环境制度体系，能够将生态文明建设转化为保护生态环境的具体目标体系，形成自觉保护生态环境的责任意识，能够以最严格的制度来约束城市资源利用行为，最大限度地呵护生态环境，尽快使城市活动参与者形成保护生态、改善环境的自觉意识，进而提升城市的文明程度。另一方面，大力发展生态文化，推动开展各类生态示范创建活动，大力宣传生态文明先进个人和先进群体，广泛普及生态文化知识，有助于在全社会形成循环节约的生态意识，使简约节约生活成为城市居民的自觉行为，让生态权利成为广大群众能够看得见、摸得着、感受得到并且愿意自觉维护的基本权利，尽快形成人人参与、自觉保护的文明意识。

（三）增强人民群众的获得感、幸福感

习近平总书记指出，良好的生态环境是最大的民生福祉。随着物质文化生活水平的不断提高，人民群众对美好生活的需求已经不限于“吃饱穿暖”，也对良好的生态环境有了更多的诉求，更加关注空气、水、土壤等安全问题，希望有更加美好的幸福家园。城市连通城乡，加快推进城市生态文明建设，提高城市生态环境质量，提供更多优质生态产品，建设宜居宜业美好家园，有助于增强人民群众的获得感、幸福感。一是加快推进城市生态文明建设，加强大气、水、土壤污染治理，打赢环境污染攻坚战，让群众能够喝上干净的水，呼吸到新鲜的空气，触摸到最自然的土壤，是对人民群众追求美好生活最基本需求的满足。二是加快推进城市生态文明建设，统筹推进山水林田湖草沙系统治理，修复城市生态系统，改善人居环境，建造水城相融、生态宜居的美好家园，是对人民群众追求美好生活最真切的满足。三是加快推进城市生态文明建设，将生态文明建设与新时代中国特色社会主义文化建设相融合、与地域特色文化相结合，有助于塑造特质鲜明、优势明显的城市文化和城市风貌，推动形成推进城市发展共同的价值观和文化观，有利于提高城市居民发展绿色经济、享受美好生活的信心和自豪感。

二　河南全面提升城市生态功能存在的问题

（一）经济基础仍然相对薄弱

由于全省经济社会发展不均衡，区域差异明显、资源环境压力较大的根本性矛盾仍然存在，河南生态文明建设与发达地区相比仍然存在一定差距，全面推进城市生态文明建设还面临着经济基础相对薄弱、各类短板相对突出、社会参与相对不足、体制机制尚需完善等一系列亟待解决的突出

问题。一方面，与发达地区相比，大部分县域经济发展水平仍然相对不高，一部分县域工业结构中重工业、资源型产业比重仍然相对较大，经济发展绿色转型仍然面临较大压力；另一方面，大部分县域支撑生态环境建设的财政能力仍然不强，开展城市生态文明建设资金压力普遍较大。

（二）专业领域短板仍然相对突出

从自然条件来看，水土资源、生态环境脆弱性、资源环境压力区域差异明显，仍然有1000多万亩沙化、荒漠化、石漠化土地亟待治理。从基础条件来看，环境基础设施还不能够满足经济社会快速发展的需要，绿色基础设施发展仍然不够完善。从黄河流域来看，2019年河南省人均GDP达到4.95万元，仅高于青海、甘肃、山西；城镇化率为53.21%，仅高于甘肃，在黄河流域中发展短板十分明显（见图6-4）。此外，教育、科研、技术等短板也日益明显，生态文明建设的规划、研发、监测、宣传等面临高层次平台、支撑体系和各类人才不足的问题。

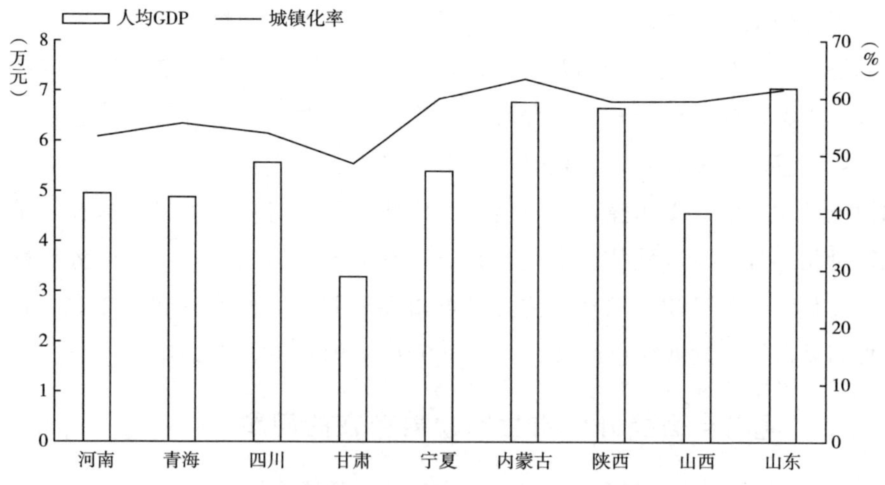

图6-4 2019年黄河流域九省区人均GDP和城镇化率的比较

资料来源：2019~2020年沿黄九省区《国民经济和社会发展统计年鉴》。

（三）社会参与相对不足

生态环境建设具有明显的公共产品属性，具有核心技术和品牌的企业又相对较少，社会参与效益相对较低、积极性不高。公众参与渠道不完善，对生态环境保护的认知相对不足，除了关涉切身利益的突出生态环境问题（例如大气、水污染），公众参与生态文明建设规划、监督等的渠道和意识还存在一定不足。

（四）体制机制有待健全

从投融资机制来看，财政对生态环境建设的投融资机制还有待进一步完善，社会参与的活力还有待进一步激发。从主体关系来看，对生态保护实施补偿的领域还有待进一步拓展，补偿标准还有待进一步提高，对损害生态环境行为的赔偿和惩罚机制还有待进一步完善。此外，广大党员干部和人民群众的生态环境保护意识还有待进一步提高。

三　河南提升城市生态功能的路径选择

（一）完善城市功能

完善城市整体功能，提高城市综合承载力，构建城乡对接与协调发展的城镇网络体系。按照新型城镇化的内在要求，把生态文明理念全面融入城镇化进程，着力推进绿色发展、循环发展、低碳发展，节约集约利用土地、水、能源等资源，强化环境保护和生态修复，减少对自然的干扰和损害，推动形成绿色低碳的生产生活方式和城市建设运营模式。加强城市基础设施建设，完善城市公共设施，提高城市管理水平，着力健全文化、教育、医疗、劳动就业和社会保障等公共服务设施；提高公共服务质量，构建绿色生产方式、生活方式和消费模式；加强城市生态系统建设，形成集约、环保、低碳、绿色的城市发展模式。

（二）建设森林城市

建设森林都市圈、森林城市群，持续推进城市周边大型森林公园、郊野公园、集中连片林地和城市绿道网络建设，打造大尺度绿色生态空间和绿色隔离带。推进森林进城，充分发挥森林在改善城市人居环境和城市现代风貌方面的独特作用，增加城市绿色元素，推动形成城市森林、绿地、水系、河湖完整生态网络。推进森林围城，保护和发展城市周边的森林和湿地资源，构建环城生态屏障。依托城市周边自然山水格局，发展森林公园、郊野公园、植物园、树木园和湿地公园。依托城市周边公路、铁路、河流、水渠等，建设环城林带。依托城市周边的荒山荒地、矿区废弃地、不宜耕种地等闲置土地，建设环城片林。着力推进森林城市示范建设，积极开展国家森林城市、省级森林城镇示范，带动森林县城、森林乡镇、森林村庄建设，充分发挥其示范引领作用。

（三）建设湿地城市

国际湿地城市是由国际湿地公约组织评估认证，在城市湿地生态保护与修复方面规格高、分量重、含金量足的一张“国际名片”。建设国际湿地城市，是深入贯彻落实习近平总书记山水林田湖草沙生命共同体生态理念，建设现代新型城市，改善居民生活环境，提高城市综合竞争力的必然要求。强化湿地保护管理，实施湿地生态恢复和修复工程，开展退耕还湿、退养还滩、扩水增湿、生态补水，维护湿地系统的完整性和稳定性。高标准建设国家级、省级湿地公园，推进中心城区城市湿地建设，形成“国家级湿地自然保护区—国家级湿地公园—省级湿地保护区—省级湿地公园——般湿地—小微湿地”的湿地保护体系，构建功能完善的黄河流域湿地公园群。

（四）建设低碳城市

低碳城市是以低能耗、低污染、低排放为基础的城市发展模式和城市运行模式，其实质是通过技术创新、制度创新、产业转型、新能源开发、资源节约等多种手段，尽可能地减少煤炭、石油等高碳能源消耗，减少生产和使用高碳产品，达到减少温室气体排放、经济社会发展与生态环境保护双赢的一种城市形态，是积极应对气候变化，力争实现 2030 年碳达峰、2060 年碳中和目标的城市发展之路。建立低碳城市产业体系，改造升级高耗能、高排放、高污染等传统主导产业，优先发展新材料、新能源汽车、机械制造、电子电器等高技术产业，重点发展食品加工、轻纺等产业，构建以低碳排放为特征的新兴产业体系。积极发展培育一批具有一定规模的废旧汽车拆解回收、废旧金属加工回收、废旧塑料加工回收等重点静脉产业，构建和完善再生资源回收加工利用网络体系。实施城市“屋顶绿化”，推进绿色建筑示范工程，大力推广光电屋面板、光电外墙板、光电遮阳板、光电窗间墙、光电天窗以及光电玻璃幕墙等的应用，提倡建筑材料的循环使用。

（五）建设生态乡村

围绕实施乡村振兴战略，推进“四旁”植树、村庄绿化、庭院美化等乡村增绿行动，建设路河沿线风景林、村中空地休憩林、村庄周围护村林，拓展乡村公共生态游憩空间，建设一批森林乡村。实施改善农村人居环境攻坚重大专项，以农村人居环境“百村示范、千村整治”工程为抓手，集中开展垃圾污水治理、厕所革命、村容村貌整治，提升生态宜居水平。

参考文献

彭俊杰：《构建大河大山大平原生态格局》，《河南日报》2021 年 3 月 19 日。

董锁成、厉静文、李宇、李富佳、刘倩、李泽红、卢琦、程昊：《黄河流域荒漠化协同防治与上、中、下游绿色发展》，《环境与可持续发展》2021 年第 2 期。

高吉喜、刘晓曼、周大庆、马克平、吴琼、李广宇：《中国自然保护地整合优化关键问题》，《生物多样性》2021 年第 3 期。

郭付友、佟连军、仇方道、李一鸣：《黄河流域生态经济走廊绿色发展时空分异特征与影响因素识别》，《地理学报》2021 年第 3 期。

刘瑞芳：《黄河流域平凉段水土保持与治理的基本成效和主要短板》，《现代商贸工业》2021 年第 11 期。

刘建华、黄亮朝、左其亭：《黄河下游经济-人口-资源-环境和谐发展水平评估》，《资源科学》2021 年第 2 期。

第七章　筑牢屏障：奋力保护黄河长治久安

黄河宁，天下平。黄河安澜不仅关涉豫、鲁、皖、苏、冀五省人民生命和财产安全，也关系我国的粮食安全、经济安全、社会安全，乃至国家整体安全大局。黄河河南段地处中下游的过渡地带，是举世闻名的“地上悬河”。洛阳小浪底水利枢纽位于黄河由山区进入平原的“咽喉”点上，以控制92.3%的流域面积、90%的水量和近100%的输沙量，成为黄河流域水沙调控的重要关枢，在保障黄河安全中发挥着重要作用。站在新的历史起点上，河南要深刻把握治理黄河规律，以功成不必在我的精神境界、功成必定有我的历史担当，注重科学谋划，突出依法治理，强化协同推进，奋力保护黄河长治久安，筑牢高质量发展安全屏障。

第一节　提高水沙调控能力

为了解决黄河治理水少沙多、水沙不平衡的根本问题，新中国成立以来，我国着力开展黄河流域上中游水土保持，大力兴建一批黄河干流和支流骨干水利枢纽工程，系统开展河道综合整治、跨流域调水工程项目，建立完善水沙调控机制，初步形成了在全流域开展水沙调控的工程体系和技术体系，并多次利用有利水沙条件开展调水调沙工作，取得积极成效和丰富经验。然而，由于水沙调控工程体系不完善，关键枢纽作用发挥不充分，再加上河流治理与经济社会发展需求之间矛盾的客观存在，河南在水沙调控中的作用发挥不充分、存在不足的问题逐渐显现，亟须深入破解，为黄河流域生态保护和高质量发展做出更大的历史贡献。

一　强化黄河河南段水沙调控的关枢地位

（一）黄河水沙调控机制与水沙调控体系

实施黄河水沙调控，主要是针对黄河水少、沙多，水沙不平衡的根本症结，利用黄河干支流骨干工程，科学控制、利用和制造洪水，协调水沙关系，减少河道泥沙淤积，合理配置水资源，维持黄河健康生命，同时支持流域经济社会可持续发展。

目前，黄河水沙调控体系主要由工程体系和非工程体系构成，前者主要包括干支流骨干水利工程，分为上游调控子体系和中游调控子体系（见图 7-1）；后者主要包括水沙监测体系、水沙预报系统和水库调度决策支持系统。

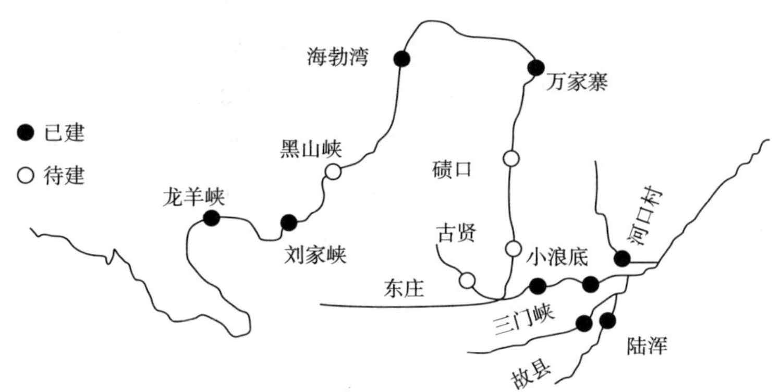

图 7-1　黄河水沙调控工程体系示意

资料来源：陈翠霞等：《黄河水沙调控现状与效果》，《泥沙研究》2019 年第 2 期，第 69~74 页。

上游调控子体系以水量调节为主。在水沙调控运用中，利用龙羊峡、刘家峡枢纽对黄河水量和南水北调西线（待建）入黄水量进行多年调节，同时利用黑山峡工程（待建）进行反调节，海勃湾枢纽配合运用，满足宁蒙河段防洪、防凌、供水需要，确保黄河枯水年不断流。现状运用按照主汛期、凌汛期、主灌期、蓄水期，以龙羊峡、刘家峡为主，海勃湾配合，实施联合调度。主汛期（7~9 月），水库在汛限水位以下运行；达到防洪运用条件时，转入防洪运用。蓄水期，龙羊峡和刘家峡水库 9 月可提高蓄水位；枯水年份，龙羊峡水库允许泄放水量至死水位，确保黄河枯水年不断流；10月底，龙羊峡水库最高水位允许达到正常蓄水位；到11月底，刘家峡水库考虑需要腾出库容。凌汛期（12月至次年3月），以刘家峡和龙羊峡水库为主，海勃湾水库配合，实施防凌运用。主灌溉期（4~6月），以刘家峡水库为先为工农业补水，如不足再由龙羊峡水库补水；至6月底，龙羊峡和刘家峡水库水位降至汛限水位。

中游调控子体系以调控泥沙为主。主要通过碛口（待建）、古贤（待建）、三门峡和小浪底水利枢纽联合运用，构成黄河洪水泥沙调控工程体系的主体，联合管理黄河洪水，对泥沙拦粗排细，调节黄河径流。现状运用以小浪底水库为主，万家寨水库进行水量调节，三门峡水库在汛期实行敞泄运用，并由陆浑水库、故县水库、河口村等支流水库配合，按照调水调沙和防洪运用实施联合调度。调水调沙运用主要在汛期通过精准控制干支流径流时空差实施实时水沙联合调度，塑造人工洪水过程，并在花园口实现干流高含沙水与清水精准对接，塑造协调的水沙关系，利用大水输沙，充分发挥下游河道输沙能力，减少下游河道淤积，并实现改善水库淤积形态和降低潼关高程。调水调沙运用的主要方式包括：利用万家寨来水冲刷三门峡水库淤积的泥沙，在小浪底库区形成异重流排沙；万家寨水库与三门峡水库联合调度，冲刷小浪底库区淤积的泥沙，改变小浪底水库淤积形态；万家寨桃花汛期运用，冲刷降低潼关高程。防洪运用主要通过三门峡水库、小浪底水库与支流陆浑水库、故县水库、河口村水库联合防洪调度运用，消减特大洪水洪峰流量，调控中常洪水，保障下游防洪安全。

在实际运用中，上游和中游子体系联合运用，构成完整的水沙调控体系，支流水库配合运用，调控黄河径流，协调水沙关系，实现控制洪水过程，减轻渭河及干流河道淤积，保障经济社会发展和维持河流健康生命。

（二）黄河流域河南段在水沙调控中的重要作用

河南黄河处于黄河流域中游山峡地带到下游平原地区的过渡地带，流域重大水利枢纽和干支流协同联动，在黄河水沙调控体系中具有重要地位。

小浪底水利枢纽是目前黄河中下游唯一能进行水沙综合调节运用的水利枢纽，也是黄河水沙调控最关键的枢纽工程。小浪底枢纽位于黄河中游干流最后一个峡谷末端，控制全河91.2%的水量、几乎全部泥沙，与三门峡、故县、陆浑等干支流水库联合运用，能将花园口千年一遇洪水由42300米^3/秒消减至22600米^3/秒，百年一遇洪水由29200米^3/秒消减至15700米^3/秒，控制下游5~20年一遇洪水孙口不超过10000米^3/秒、30年一遇以下洪水不需使用东平湖分洪；小浪底水库能够提供20亿立方米防凌库容，与三门峡水库联合运用，能够基本解除下游凌汛威胁；通过调节径流，可为确保下游河道不断流创造条件，同时提高了经济社会发展用水保证率。小浪底水利枢纽是黄河调水调沙中枢，流域上、中游泥沙在小浪底库区汇集，通过拦蓄泥沙，以及与上下游、干支流水库协同调度经下游河道输沙入海，减少下游泥沙淤积，改善流域水沙关系、下游河道形态。小浪底枢纽建成以后，经水库调节，全年出库2000米^3/秒以上流量级天数达到18天，较入库增加近26%，相应的水量由33.9亿立方米增加到45.8亿立方米；通过拦蓄泥沙和调水调沙，使下游河道各段均发生了冲刷，汛后下游河道最小平滩流量由2002年的1800米^3/秒增加到2019年的4350米^3/秒；保障了黄河下游防洪防凌安全，保障了下游沿黄地区按照国家批准的年度用水计划用水。

黄河流域河南段其他干支流水库是流域水沙调控的重要组成部分。一方面，小浪底枢纽作用的充分发挥，离不开这些骨干水库在异重流塑造、后续动力支持等方面的协同配合；另一方面，在小浪底枢纽建成以前，各大水利枢纽已经在多次黄河防洪防凌中发挥过重要作用。三门峡水库作为黄河上的第一个大型水利枢纽工程，1960年运用以来曾有4年5次入库洪峰流量大于10000米^3/秒的洪水，水库消峰3700~7530米^3/秒，消峰率达38%~61%。陆浑水库、故县水库、河口村水库是黄河下游支流骨干水库，在消减三门峡—花园口下大洪水、配合干流调水调沙方面具有重要作用。陆浑水库自1965年运用以来，曾发生三次入库洪峰流量大于3500米^3/秒的洪水，水库消峰2610~3030米^3/秒，消峰率达72%~75%；故县水库自1994年运用以来，曾发生两次入库洪峰流量大于2000米^3/秒的洪水，水库消峰1000~1090米^3/秒，消峰率达45%~47%。

二　黄河流域河南段水沙调控体系存在的问题与不足

（一）小浪底水库调水调沙后续动力不足，水沙调控体系的整体合力无法充分发挥

目前，水沙调控工程体系还存在严重缺口，规划中的黑山峡工程、碛口水库、古贤水库尚未提上建设日程，东庄水库尚在加紧建设中。尽管通过科学调度、优化运用，现有干支流水库群在水沙调控中发挥了重要作用，但是由于缺乏关键枢纽的支撑，有利于水沙调控的洪水过程短、条件差，上中游水库群联动实现难度大，中游水库群目前调节能力小，自然洪水动力弱，造成了小浪底水库调水调沙入库洪水动力不足、水库异重流排沙效果差、大流量天数少，不能充分发挥小浪底水库调水调沙功能。

（二）对水沙条件变化认识不足，缺乏足够的应对手段

新中国成立以来，尤其是改革开放以来，黄河上游、中游生态建设，主要泥沙产生区的植被得到很好的恢复，水土流失得到很好的治理，但是对于中长期入黄泥沙预测，至今仍然缺乏一致的认识。经过长期水沙调控，下游河道总体冲淤量效果显著，但是各河段冲淤效果存在明显差异；下游主河槽泥沙结构发生变化，对后期水沙调控影响的相关研究仍有不足；泥沙处置利用方式仍显单一，处置空间亟待拓展。

（三）河道整治仍存在突出短板，经济社会发展潜在影响不容忽视

干流河道标准化堤防建设基本完成，但控导工程建设仍存在不足，一些河段仍然不能充分满足调水调沙生产需要，游荡型河道治理任重道远，“二级悬河”难以从根本上得到治理。部分支流河道防护标准仍然普遍较低，一些地方因造景等需要，在河道上建设各种拦河坝，必然影响水沙调控过程中的行洪需要。

（四）水沙调控目标冲突问题仍突出存在，亟待进一步研究解决

例如河库泥沙协调处理问题，即如何协调泥沙在水库与河道的落淤，

使水库与河道的功能都能够得以发挥的问题；水资源利用、水生态保护与水沙调控用水需求造成的水库运用方式矛盾问题等。

三　河南持续提高水沙调控能力的重要措施

（一）提升骨干枢纽水沙调控能力

完善三门峡水库运用方式，推动三门峡水库改进设计和改造升级，优化水库调度方案，改善小浪底水库入库水沙的时空分布过程和库区明流段淤积形态，塑造更加有利的小浪底重流形成与消亡过程，提升小浪底水库的排沙效率。发挥小浪底工程调水调沙枢纽作用，加强拦沙后期和正常运用期水库运用研究，科学协调、合理利用防洪、调水调沙以及淤沙三大库容，合理调控黄河水沙，高效输沙入海，减缓水库淤积，促进下游河道水沙条件改善。强化支流水库能力建设，加强陆浑水库、故县水库、河口村水库等支流骨干水库精细化管护，增强骨干水库参与水沙调控能力。

（二）优化水沙调控调度机制

提高洪水、泥沙监测预报能力，加强与上中游水情、沙情信息共享，提升水库群调度决策效率和能力，强化干支流水库联合调度能力。加大干流和伊洛河、沁河等支流河道整治力度，加强支流拦河坝数字化、精细化建设管理，提升支流河道防洪能力，增进干支流河库协同调度能力。

（三）推进泥沙科学利用

按照“拦、排、放、调、挖”处理和利用泥沙的治理思想，加大伊洛河、沁河等重要支流上中游，三门峡、小浪底库区周边及上游地区等重点地区水土保持治理力度，综合实施河库泥沙引洪放淤、淤田造地、淤背固堤和资源化利用，加大超声探测、射流清淤、管道输沙等泥沙探测、抽取、输送技术研究和产业化推广力度，加强黄河泥沙在土壤改良、环保建材、采空区治理等领域应用示范，开辟泥沙安置新空间，探索泥沙利用新路径。

（四）加强相关科学研究

推动郑州大学、河南大学、华北水利水电大学等高校完善学科布局，加强与黄委会、清华大学、中国科学院等合作，强化对水沙关系、变化趋势、对河道河势变化影响机理及调控机制等黄河水沙调控总体布局及运行机制的基础科学和关键技术研究。

第二节　加强河道综合整治

实施河道综合整治，完善现行河道整治工程体系，持续推进“清四乱”，历来是治黄兴黄的基础性工作。新时期对黄河安澜和黄河健康生命的高度关注，对河道综合整治工作产生了更高的目标要求。河南省将顺应新时期黄河流域生态保护和高质量发展的时代要求，更好地把握黄河河道演变规律，系统推进河道综合治理重大举措。

一　实施河道综合整治的必然性

（一）实施河道综合整治是黄河下游防洪安全的根本保障

由于黄河水沙关系不协调根本问题、“地上悬河”现实问题的存在，河南黄河河道实际上成为黄河下游北至京津、南至江淮一带 12 万平方公里保护区防洪安全的重要屏障。在河南黄河开展河道综合整治，实施从堤防安全建设和管护，到游荡型河道、“二级悬河”等不利河势的科学治理，以及重要支流河道疏浚、堤防安全提升等系统性整治工作，成为防范黄河下游洪水风险的重要基础性工作。

（二）实施河道综合整治是维护河道功能的必然要求

除了防洪功能，黄河下游河道还是黄河泥沙处置的重要场所、输沙入海的主要通道，两岸堤防及其之间的广阔河道在交通、农业生产、休闲和教育方面也发挥着重要作用；伊洛河、沁河等重要支流，对实施黄河水沙调控、支撑当地经济社会发展也都有重要作用。通过加强工程措施、完善管理制度、优化发展机制，科学开展河道综合整治，是维护黄河河道基本功能、提升河道多功能服务能力的重要基础性工作。

（三）实施河道综合整治是优先保护黄河生态的必由之路

经过长期建设和严格保护，河南黄河河道及其堤防沿线生态环境面貌大为改善，成为中国北方平原地区重要的绿色廊道，黄河水生态环境也得到了持续改善。实施河道综合整治，统筹生态、生活、生产空间布局，持续开展黄河“清四乱”，对于提升堤防生态防护水平、优化河道生态空间布局和减少水环境污染，都具有重要的基础性作用。

二　新时代治黄兴黄对河道综合整治的新要求

（一）坚持安全底线

把黄河下游水旱灾害防治放在河道综合整治工作的突出位置，提升防洪工程建设和管护标准，实现防洪减灾能力与现代化国家灾害承受能力相匹配。与此同时，加快推进下游滩区综合治理提升工程，破解防洪保安和滩区高质量发展之间的矛盾。

（二）坚持人民中心

深刻认识人民对美好生活的向往已呈现多样化、多层次、多方面的特点，把握好从“有没有”转向“好不好”这个关键，正确认识治水主要矛盾变化，在更好解决水灾害问题的同时，统筹推进黄河“清四乱”与河道安全建设、生态建设，在坚守安全底线和更好地推进河道治理的基础上，实现宽河道多功能利用，更好地满足人民对美好生活的向往。

（三）坚持绿色方向

把维护黄河健康生命放在河道综合整治工作的中心位置，提高江河湖泊管护标准，加强岸线资源、生态保护红线、河岸生态保护蓝线管理，强化水资源集约节约利用，保护水生态，改善水环境，优化河道开发利用格局，推进宽河道可持续利用与流域生态保护和高质量发展相统一，实现水环境状态与现代化国家人民美好生活需求相匹配。

（四）坚持科学整治

充分认识到多泥沙河道治理问题的复杂性，把深化科学研究放在河道综合整治提升的重要位置，把握水沙条件和泥沙输送、河流地貌演变规律，掌握水沙调控和河道治理技术，进一步创新治理方略，控制游荡性河势，减轻“二级悬河”形势。

（五）坚持依法治理

要把依法治理放在突出位置，提升河道综合整治的现代化治理能力和治理体系，完善依法治理的制度体系和体制机制，动员社会各界参与，形成共同保护合力。

三 系统推进河道综合治理的关键举措

（一）完善工程体系

综合运用中水整治、以坝护弯、以弯导流等措施，完善现行河道整治工程体系，深入推进游荡性河道和东坝头以下“二级悬河”治理，缓解“二级悬河”发育态势。统筹滩区安全建设、堤河治理，综合运用淤填堤河、修建防护坝、临河侧护坡等方式，加强下游干流堤防。制定工作方案和管理制度，加快重点支流河道疏浚，建立完善重点支流河道疏浚工作机制。

（二）加强河流岸线管控

编制实施黄河下游岸线资源开发利用与保护规划，抓好河库及水面工程管理和保护范围的测量划定工作，统筹干支流生态控制线沿河岸线产业布局、城镇建设和生态环境保护，科学划定生产、生活、生态空间开发管制界限，逐步开展重要支流河段和湖库岸线资源开发利用与保护规划。统筹岸线保护利用和项目建设，加强岸线涉河建设和河道采砂等监管，开展黄河岸线利用项目、河道采砂等专项整治，强化岸线防洪、供水和水生态环境保护、道路、桥梁、旅游景观等开发功能，全面管控河道蓝线，科学管理保护黄河生态空间。

（三）推进黄河“清四乱”

以影响河道行洪、河道治理、河道生态环境保护等河道功能的乱占、乱采、乱堆、乱建等行为为重点，将黄河流域“清四乱”作为一项长期工作，建立省、市、县、乡、村五级河长联动机制，制定工作方案和应急预案，完善管理制度和管理体制，常态化监控、持续化推进，着力解决人民群众最关心最直接最现实的利益问题，着力保护黄河水安全、水资源、水环境、水文化，让黄河成为岸绿、水清、河畅、景美，满足人民美好生活需要和展现大河文明的人民幸福河。

（四）健全现代化治理体系

以落实河长制为抓手，加快建立健全黄河流域生态保护和高质量发展的法律体系和规章制度，进一步完善河道综合整治和河道治理规划体系，积极动员滩区、两岸人民和其他社会主体积极参与河道综合整治和河道治理保护监督工作，形成黄河大保护的全民合力。

（五）强化科研攻关

积极推进多泥沙河流治理相关科学研究和技术研发，深入把握新的历史时期和全球气候变化背景下流域生态环境变化对水沙条件变化的影响规律，深入把握自然环境和工程条件下河道泥沙输送和多泥沙河流地貌演变规律，积极开发多泥沙河流和新水沙条件下河道综合整治适用技术，提升河南黄河流域河道综合整治的科技支撑能力。

第三节　提升滩区综合治理水平

黄河下游滩区是黄河行洪、滞洪、沉沙的重要场所，是黄河下游防洪体系的重要组成部分，同时又是近200万滩区居民赖以生存的家园。提升滩区综合治理能力，是破解下游滩区河道治理问题和滩区发展难题及其两难处境的关键所在。河南黄河滩区是黄河下游滩区中人口最多、面积最广、问题最复杂的组成部分，提升相关区域综合整治，是河南对黄河下游及其防护区、对滩区居民和相关区域经济社会发展做出的重大贡献和必要工作。

此外，河南黄河流域干支流其他滩区，也是黄河流域生态保护和经济社会发展的重要组成部分，部分重要滩区在黄河流域生态保护和高质量发展中也具有重要作用，同时也面临复杂问题，亟待解决。

一　实施滩区综合治理的重要意义

（一）有利于维护河道基本功能

河南黄河滩区面积约 2116 平方公里，占对应河道面积 2/3 以上、黄河下游滩区面积 55%以上。滩区是黄河“上拦下排、两岸分滞”防洪体系中，下排的行洪、滞洪通道，在下游大洪水、特大洪水防御中具有重要作用；同时也是“拦、调、排、放、挖”泥沙综合处理措施中，泥沙“放”淤和“挖”河疏浚的重要场所，在黄河泥沙处理中具有重要作用；经历多次大洪水后，在滩区形成的滩面串沟、堤河，极易对黄河下游堤防形成巨大威胁，成为河道综合整治的重点；在“二次悬河”、游荡性河道等不利河势治理和堤防治理中，滩区也是主要的工作场所和重要的整治空间。此外，河南黄河中游和黄河重要支流滩区，也是黄河下游防洪和水沙调控体系的重要组成部分，在洪水防御和泥沙治理中发挥着重要作用。

滩区涉及郑州、开封、洛阳、焦作、新乡、濮阳 6 个省辖市、18 个县（市、区），有耕地面积 228 万亩，涉及居住人口 125.4 万人。居住人口中，已达到 20 年一遇防洪标准的有 21.7 万人，需要妥善安置的滩区人口有 103.7 万人；其中，2014 年以来外迁 30.02 万人，仍居住在高风险区的 53.3 万人。虽然经过居民外迁、村台建设、撤退道路建设及一定程度的农业基础设施建设，但是受河道防洪管理限制和洪水风险威胁，滩区发展基础短板突出、安全建设标准偏低、生态环境相对脆弱；随着经济社会的快速发展、土地资源的日益稀缺，滩区居民建设家园、发展生产的强烈愿望难免不与河道管理和河道综合整治产生本质冲突。滩区经济社会发展与河道综合整治需要之间矛盾长期难以缓解，发展的内在冲动与下游综合治理之间的潜在风险持续增加。

由此可以看出，实施滩区综合治理提升，进一步提升滩区工程治理、经济治理、社会治理水平，化解滩区开展河道工程、实施河道综合整治与当地经济社会发展矛盾，实现滩区人地和谐关系，成为维护河道正常行洪、滞洪、沉沙基本功能的基础工作。

（二）有利于维护河流健康生命

在自然条件限制和长期治理过程中，在河南黄河流域形成了一批重要的湿地自然保护区和其他类型自然保护地，是黄河保持健康生命的重要载体。在这些自然保护地中，比较重要的有河南黄河湿地国家自然保护区、河南新乡黄河湿地鸟类国家级自然保护区、河南郑州国家湿地公园、三门峡市天鹅湖国家城市湿地公园、郑州黄河风景名胜区等。这些自然保护地既为各种动植物，特别是黄河流域特有植被、水生植物、鱼类品种和候鸟迁徙提供了必要的自然空间，也为保持水土、净化水质、调节环境提供了有益的支撑。此外，滩区的大量耕地也已经成为绿色高效的优质良田，为国家粮食安全做出了自己的一部分贡献。

然而，由于历史原因，受相对落后的发展条件影响，滩区经济社会发展与自然保护形成了不可避免的冲突。一方面，在建立初期，自然保护地划定与滩区自然条件和用地实际缺乏合理协调，随着滩区洪水风险和防洪标准的动态变化，自然保护和滩区生产之间的矛盾逐渐显现且日益紧张。目前，仅黄河大堤内就有 50.30 万亩永久基本农田与湿地重叠面积，以及 44.84 万亩永久基本农田与自然保护区重叠面积。生态保护和农业生产矛盾突出，管理关系和利益关系极其复杂。另一方面，不合理的土地利用、粗放式的农业生产和条件相对有限的生产生活，也在一定程度上对下游水环境产生着不利影响。此外，随着黄河上中游和重要支流水库的建成、水沙调控体系和防洪体系的完善，以及全球气候变化影响的日益明显，下游水沙条件呈现明显变化，季节性洪水被控制，河道游荡性降低，主河槽下切，滩区过水机会降低，湿地不湿、滩区取水问题也变得突出。

因此，亟待通过加强滩区综合治理，科学优化滩区生态、生活、生产空间布局，深入破解滩区发展与生态保护之间的矛盾，实现人与自然和谐发展，为维护河南黄河健康生命创造更好条件。

（三）有利于维护滩区安全稳定

新中国成立以来，滩区发展随着下游防洪形势和河道整治需要，曲折前行。随着近年来我国经济社会条件出现突破性发展，以及黄河流域水沙条件和下游防洪安全形势发生有利变化，滩区治理思路逐步清晰，部分滩区居民外迁，滩区安全建设提档，河道综合整治有序开展，滩区居民安全和生产生活逐步有了相对稳定的基础。然而，维护滩区安全稳定还面临着一系列突出短板和发展困境，亟待解决。比如，尽管黄河流域已经建立起相对完善的防洪体系和水沙调控体系，但是由于多方面因素交织存在，滩区面临的洪水风险威胁仍然十分明显。黄河水沙异源且水沙量年际、年内分布不均，水少沙多、水沙异源、水沙关系不协调仍然是黄河相当长时间的基本特征。受全球气候变化的影响，全球极端气候事件发生的频度呈明显上升趋势，黄河流域洪水风险不容忽视。小浪底至花园口区间仍有 1.8 万平方公里无控制工程，下大洪水发生威胁依然存在。游荡性河道、“二级悬河”治理仍不完善，是滩区发展必须时刻关注的近在威胁。河南滩区目前还居住着近 100 万人口，一旦发生洪水风险，对地方经济社会发展的冲击也将更为明显。

因此，实施滩区综合治理提升，已经成为维护滩区安全稳定的最紧要工作，亟待深化相关研究，加快试点探索，创新治理方略，为更好地实施河道综合整治提升、保障黄河安澜打下坚实的群众基础。

二　河南推进滩区综合治理的主要目标

针对滩区发展及其与黄河下游河道综合整治之间存在的困境问题，对标黄河流域生态保护和高质量发展目标，河南黄河滩区综合治理和利用将把握“重在保护、要在治理”的发展要义，以保障黄河长治久安、促进滩区高质量发展、改善人民群众生活为总体目标，实现以下三个方面具体目标。

一是河道综合整治和滩区综合治理工程体系进一步完善协调，黄河安澜和滩区安全得到更好保障。游荡性河道、“二级悬河”等河道治理工程进一步完善，滩区安全防护、居民迁安项目顺利实施，黄河安澜和滩区居民生命财产安全得到更好的保护。

二是滩区发展体制机制进一步理顺，滩区居民生产生活条件与区域经济社会发展更好同步。依水沙特性、河道地形、人口分布和区位条件，对滩区分别治理、因滩施策、精准发展的体制机制进一步完善，滩区基础设施、公共服务逐步完善，滩区居民生产生活条件逐渐改善，与区域经济社会发展更好适应。

三是滩区防洪保安、生态保护与经济发展矛盾进一步改善，人水关系、人地关系更加协调。滩区基础设施、公共服务和产业布局与河道综合整治布局更加适应，自然保护与居民生产生活更加协调，环境治理更加完善，在滩区居住、工作、游览人员对滩区各项工程措施、发展政策从被动应对到主动适应，更加关注河道治理、滩区生态，成为黄河安澜、生态保护的积极参与者。

三　提升滩区综合治理水平的主要任务

（一）完善工程体系

完善工程体系主要是指结合河道综合整治提升的工程布局，进一步完善滩区防护工程，破解游荡性河道和“二级悬河”等不利河势带来的滩区安全风险。结合下游河道中水整治、以坝护弯、以弯导流等治理措施，主动布点、优化布局，强化河床边界，尽量减少主河槽摆动频率和幅度，保护耕地。完善滩区防护工程体系，按照“分区治理、因滩施策”发展思路和“分级设防、分区落淤、滩槽水沙自由交换”防护理念，逐步完善滩区防护工程体系，改善“槽高、滩地、堤根洼”的“二级悬河”不利局面。探索生态治滩工程，加快适宜植被选育，探索以林护滩、以草护滩，促进滩槽水沙自由交换，减轻畸形河势发育机会。

（二）创新发展机制

按照“分区治理、因滩施策”的发展理念，依据黄河水沙条件、河道地貌形态、滩区区位规模等，开展“多规合一”国土空间规划，对滩区实施精细化管理，对滩区国土空间实施差别化管控。对洪水风险较小、人口规模大、实施外迁难度高的滩区，以就地安置为主；反之，尽量实施外迁安置。按照高滩、二滩和嫩滩分类，高滩以移民安置为主要功能，二滩以农业生产、观光旅游为主要功能，嫩滩以生态保护为主要功能，科学实施滩区规划和改造，开展基础设施建设，完善公共服务体系，加强生态环境保护。以新乡“堤城一体化示范区”建设为起点，探索高滩区城镇化与河道滩区综合整治提升新路子。

（三）促进产业发展

按照“因地制宜、形成特色、改善民生”的发展思路，结合滩区区位条件、资源优势、就业需求，明确产业准入条件，加强政策引导，完善保障措施，促进适宜滩区发展、能明显增进民生福祉的产业有序发展。以现代农业、现代畜牧业、现代旅游业为主要发展方向，加强推进滩区高标注农田建设，加快完善农业合作组织、农业服务体系、土地流转服务机制，深入挖掘“旅游+”农业、文化、体育、康养潜力，促进滩区产业有序发展。在河道综合整治提升系统布局下，创新许可方式和发展机制，鼓励泥沙相关产业有序发展。

（四）强化生态保护

促进自然保护地与当地经济、居民社区协调发展，加强滩区生态环境保护。按照强化核心区保护、尊重历史、增进和谐的原则，加快划定自然保护地各类边界，强化自然保护地核心区保护；加快自然保护地与耕地等用地调整，核减调整部分永久基本农田和耕地；通过有偿征用、长期流转等方式实现土地权属和利用变更，鼓励社区居民参与自然保护地建设和管护，探索自然保护地建设、管理和保护与当地社区和谐发展的体制机制。完善滩区环保基础设施建设，出台适用于滩区的环境保护政策措施，发展滩区生态文化，强化滩区生态环境保护。

（五）争取支持政策

积极争取居民迁安、产业发展、生态补偿等各种支持政策，促进滩区加快实现高质量发展。按照安全建设形势和洪水风险，尊重居民意愿，努力争取中央适当提高居民迁建和安置补助标准，推动更多处于洪水风险威胁中的滩区居民异地迁建或就近安全安置。争取滩区安全建设、土地流转补贴、高标准农田建设、基础设施建设、基本公共服务、产业发展准入和税收优惠、土地利用等政策，促进滩区适宜产业发展。争取中央、沿黄城市、防洪保护区、引黄受水区等补偿资金，对滩区因发展机会限制和滩区运用损失实施相应补偿。

第四节　完善防灾减灾体系

为了实现防灾减灾的根本要务，河南在中央和有关部门的支持下，初步建立起“上拦下排、两岸分滞”的系统布局，但仍然面临工程布局不完善、非工程措施待强化、多功能利用矛盾较突出、现代化治理能力和体系待提升等问题，亟待加以解决。

一　防灾减灾是治黄兴黄的根本要务

（一）防灾减灾在治黄兴黄中的重要地位

洪水风险始终是中华民族“心腹大患”，治黄兴黄因黄河水患而兴，也在防灾减灾的流域治理过程中，逐步发展成为科学治理黄河、合理利用黄河的宏伟事业。然而，无论治黄兴黄事业如何发展，安全始终是必须牢守的事业底线，尤其是流域防洪安全底线。

1. 保障防洪安全是治黄兴黄的初衷

中华民族从史前传说开始，就一直同洪水灾害，尤其是与黄河流域的洪水灾害，展开艰苦卓绝的斗争。在与水患斗争中，中华民族逐渐掌握了兴修水利、兴利除弊的有力工具。可以说，防范水患、保障防洪安全，基本上就是中华民族治黄兴黄的初衷，在治黄兴黄事业发展过程中发挥着不可替代的重要作用。

2. 减少灾害威胁是治黄兴黄的主要动力

中华民族对黄河始终有着复杂的儿女情愫，黄河水患在给中华民族不断带来难以磨灭的洪水灾难的同时，黄河水资源也是中华民族用以与各类水旱灾害做斗争的有力武器、借以通达八方的有效工具。因此，中华民族自古以来，就不断地在黄河流域兴修水利，防范水患，抗击旱灾。目前，在现代科技加持下，治黄兴黄已经成为黄河流域和北方大地防灾减灾必不可少的重要保障。

3. 牢守安全底线是治黄兴黄的根本要求

安全是发展的基础，基础不牢、地动山摇。水安全是国家安全的重要组成部分，水旱灾害不仅会给人民生命财产造成安全风险，也会影响粮食供应、能源供给、生态环境等领域的安全保障。牢守安全底线，坚决防范水旱灾害可能带来的系统性风险，始终是治黄兴黄根本要求。

（二）黄河河南段初步建立起完善的防灾减灾体系

新中国成立以来，在党中央、国务院的领导下，在相关部门的支持下，河南省逐步完善水利工程建设，已经建立起初步完善的防灾减灾体系。河防体系逐步完善。历经四次大规模全面大修，在河南黄河干流基本建成了集“防洪保障线、抢险交通线、生态景观线”于一体的标准化堤防体系，可以防御花园口 22000 米^3/秒流量洪水；各主要支流的堤防建设，也在按照相关标准逐步完善。河道整治工程有序开展。险工、控导工程逐步完善，中水整治、以坝护弯、以弯导流等措施逐步开展，串沟、堤河有序治理，滩区、滞洪区避水台、撤退道路等抢险避灾工程初具规模。“上拦下排”工程体系初步建立。按照流域治理系统布局，河南省域干支流投资兴建了三门峡、小浪底、故县、陆浑、河口村等水利枢纽工程，一大批中小型水库、淤地坝、引黄涵闸等引水调蓄、水土保持项目正在发挥着重要作用。非工程体系和防灾减灾机制初步形成。流域气象监测、水沙监测、水沙预报等非工程体系初步实现自动化监测、数字化收集、网络化传输，开发了面向河南、山东 2000 多个村庄滩区群众的黄河下游滩区迁安移动平台，党委领导、政府主导、社会力量和市场机制广泛参与的防灾减灾救灾机制基本形成。

（三）黄河河南段治理经受住了历次水旱灾害的考验

新中国成立以来，随着河南黄河防洪体系的逐步完善，战胜了黄河下游历次超 10000 米^3/秒规模洪水，以及 1996 年 8 月洪水、2003 年秋汛等洪水事件，经受住了 2020 年流域洪水实战演练考验，并在多次抗旱减灾中发挥了重要作用。1958 年 7 月 17 日和 1982 年 8 月 2 日，河南黄河分别发生花园口流量达 22300 米^3/秒和 15300 米^3/秒大洪水，在中央领导下，河南省委省政府带领广大军民奋战一线，坚决将洪水堵在黄河堤防之中，取得了抗洪抢险的重大胜利。1996 年 8 月，河南黄河战胜了流量为 7600 米^3/秒，但最高洪水水位超过 1958 年 7 月的中常洪水。2003 年 9 月秋汛中，蔡集工程出现重大险情，广大党政军民和各级河务部门一道，在中央、省和相关地方领导下，经过50天的奋战，确保了蔡集工程和堤防安全，实现了“工程不跑坝、滩区不死人、堤防保安全”的目标。2020年汛前，结合水库腾库迎汛和向河口三角洲生态补水要求，黄河下游开展防御大洪水实战演练，黄河流域下游经受住了1996年8月以来最大流量洪水考验，实现了5020米^3/秒不漫滩的新的历史突破。黄河流域河南段水利枢纽合理调度，不仅保障了下游不断流，还5次向河北、天津应急调水，3次实施引黄济淀，并在2003年旱情紧急调度、2009年流域应急抗旱中发挥了重要作用。

二 黄河河南段防灾减灾体系存在的问题

（一）工程体系不完善

小浪底至花园口区间1.8万平方公里仍然缺乏工程控制，封丘倒灌区、温县无堤防段、武陟涝河入黄口、北金堤堤防缺口、沁河沁北自然滞洪区等仍然存在明显薄弱环节。“二次悬河”发育严重、游荡性河势尚未得到彻底控制，河道整治工程不配套、不完善。引黄涵闸饮水能力不足，并且应对河势变化、河道下切影响不足。三门峡、故县、陆浑水库运用水位以下人口多，高水位运用难度大。部分支流堤防设防标准较低，部分已建水库淤积严重。

（二）治理矛盾较突出

受经济社会发展需要影响，部分支流沿线闸坝过密，影响行洪防洪。河道多头管理矛盾突出，河道治理、生态保护、跨河工程、引黄调蓄、耕地保护等多部门管理交叉问题严重，管理体制机制不顺畅，涉黄工程建设存在明显的论证实施困境。滩区、蓄滞洪区防洪保安与当地经济社会发展矛盾突出，防洪保安工程建设与河道工程协调性不足。

（三）利益关系难协调

滩区、蓄滞洪区发展政策支持明显不够，缺乏有效的发展促进机制。滩区与防洪保护区、引黄用水受水区利益补偿机制还未建立，缺乏有效的生态补偿机制。防洪调蓄工程建设社区参与程度不足，不利于建立有效的合作发展机制。

（四）能力建设须提升

随着经济社会和科学技术的发展，以及防洪保安需求的不断提高，当前安全监测、水文测验、预报通信、指挥调度、工程管理等防洪非工程措施已不能完全满足防汛要求，其范围、功能与性能等亟待提升完善。流域管理的执法能力、监督监测能力和科技支撑能力还很薄弱。

三 黄河河南段完善防灾减灾体系的着力点

（一）补齐防灾减灾短板

加快完善干支流防洪工程，推进三门峡、小浪底等重点水库库区灾害防治、清淤试点，持续推进下游河道综合整治提升，提高堤防抗险减灾能力，力争基本控制游荡型河道河势，争取“地上悬河”河床不抬升，缓解“二级悬河”发育态势，基本消除下游堤防冲决威胁，加强伊洛河、沁河等重点支流防洪安全，做好险工改建加固、控导工程完善优化和加高加固及重点支流河道疏浚。力争封丘倒灌区安全建设工程尽快实施、尽早投运，力争桃花峪水库通过论证、开始实施，稳步推进滩区防洪保安工程，综合采用外迁、就近安置方式解决高风险滩区群众安全问题，使滩区剩余近百万居民生命财产安全得到更好保障。推进干支流蓄滞洪区、水库、排涝泵站、引水涵闸等布局优化和功能提升。优化完善凌汛应对长效机制，确保防凌安全。

（二）理顺灾害防治建管机制

充分发挥河长制作用，建立常态化会商会签制度，积极协调各类涉水、涉河项目推进工作，强力推动相关工程科学论证、顺利实施。加强省市县与河务部门沟通协商，完善重大项目协同论证和日常信息沟通机制，使地方涉水涉河行为与河道治理工作更加协调，促进涉水、涉河项目更好更快落地实施。建立完善利益补偿机制，优化涉水涉河项目征地用地流程，加快完善生态保护补偿机制，促进区域之间、群体之间利益协调。构建重大项目社区、居民参与机制，促进重大项目建设与社区、居民关系更加协调，推动形成各方共同参与的发展合力。

（三）强化应灾减灾能力建设

综合运用物联网、大数据、云计算等现代信息技术手段，依托“数字黄河”和“模型黄河”平台，加快构建覆盖流域气象、水利、河务等部门主要水系、水利设施数据，能够及时监测流域雨情、水情、工情的数据共享机制和信息分析、处理平台，加强主要干支流水情、雨情、旱情、凌情、沙情、水质等监测预警，健全流域水文、气候气象等数据共享机制。进一步加强各部门预警信息发布工作，充分利用无线广播、有线电视、互联网、手机短信等手段，及时发布预警信息，建立联合预警信息发布机制。完善重大灾害应急救援体系，健全指挥机构和工作机制，建立多元协同的灾害防御队伍，完善自然灾害专项预案和部门预案。

参考文献

魏向阳、杨会颖等：《小浪底水库汛期低水位排沙调度实践分析》，《人民黄河》2020 年第 7 期。

陈翠霞、安催花等：《黄河水沙调控现状与效果》，《泥沙研究》2019 年第 2 期。

王煜等：《黄河水沙调控体系建设规划关键技术研究》，黄河水利出版社，2015。

张金良、鲁俊等：《小浪底水库调水调沙后续动力不足原因和对策》，《人民黄河》2021 年第 1 期。

胡一三：《70 年来黄河下游历次大修堤回顾》，《人民黄河》2020 年第 6 期。

李文家、李焯：《黄河下游标准化堤防的论证与形成》，《人民黄河》2019 年第 10 期。

黄河水利委员会黄河志总室主编《黄河流域综述》，河南人民出版社，1998。

第八章　强化约束：全力推进水资源集约节约利用

水是万物之母、生存之本、文明之源，在当今社会水是事关国计民生的基础性自然资源和战略性经济资源，尤其对黄河流域而言，水资源是流域生态保护和高质量发展的核心要素。有效破解黄河流域水资源短缺、水环境污染以及水资源利用效率低下等问题，强化水生态系统建设，水环境治理、水资源集约节约利用，对实施黄河流生态保护和高质量发展战略具有重要意义。由于人多水少、水资源时空分布不均，加之利用效率有待提升，黄河河南段水资源供需矛盾十分突出。因此，河南要更加自觉地将水资源作为最大刚性约束，不断提升水资源优化配置水平，在农业、工业、城镇等领域加大节水力度，进一步提高水资源利用效率，不断丰富水文化内涵，以高水平水源保护利用助推经济社会高质量发展。

第一节　推动水资源优化配置

河南以全国 1/70 的水资源总量，支撑了全国 1/14 人口的生存和发展。长期以来，河南水资源时空分布极为不均，水资源夏秋多春冬少、南多北少情况十分突出。河南应基于各地区水资源禀赋和用水需求，综合考虑开源与节流，加快提升水源调配能力，不断推动水资源配置更加优化。

一　河南沿黄地区水资源供需分析

（一）沿黄地区水资源总量

从人均水资源占有量来看，河南是名副其实的缺水地区。长期以来，河南人均水资源占有水平不足全国平均水平的 20%（见图 8-1）。

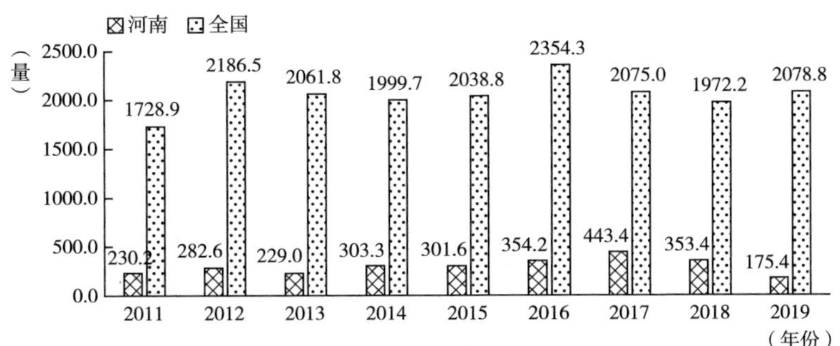

图 8-1　河南与全国人均水资源占有量比较

资料来源：《河南省水资源公报》《中国水资源公报》。

受地质运动、气候变化和人类用水需求等因素影响，水资源总量始终处于波动变化之中。从图 8-2 可以看出，河南水资源总量变化波动较大，在 2017 之前，水资源总量呈现一定的上升趋势，并在 2017 年到达最高峰，为 423.1 亿立方米，占全国水资源总量的 1.47%。随后，河南水资源总量呈现快速下降的趋势，并在 2019 年达到近十年来的历史低位，仅有 168.9 亿立方米，仅占全国水资源总量的 0.58%。

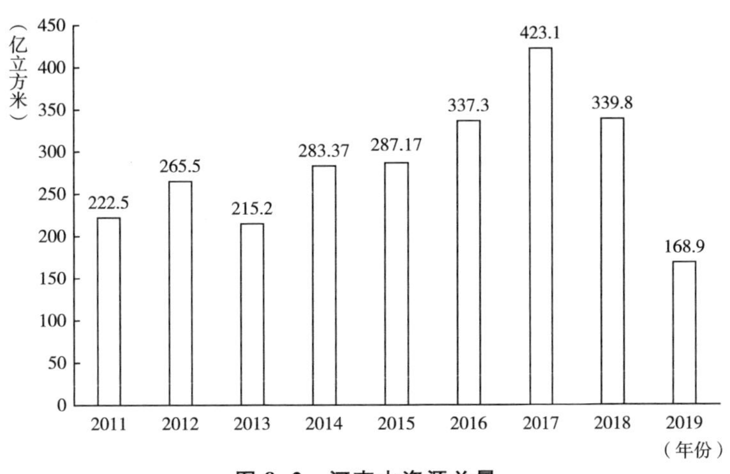

图 8-2　河南水资源总量

资料来源：《河南省水资源公报》。

水资源总量主要由降水量、地表水和地下水三部分构成，河南水资源主要以地表水的形式存在。在 2019 年之前，河南地表水占水资源总量的比例往往可以超过60%，如2017年河南省地表水资源量为311.2亿立方米，而地下水资源量则为206.5亿立方米（其中地表与地下水资源量的重复计算量为94.6亿立方米）。2019年河南水资源总量急剧减少，其中地表水资源降至105亿立方米，而地下水资源量降至119.5亿立方米。水资源急剧减少的情况在全省17个省辖市和济源示范区均有明显体现。以地表水为例，2019年，驻马店、南阳和鹤壁三市的水资源总量下降超过70%，而降幅在60%~70%的省辖市达到7个，只有开封市和济源示范区的地表水资源下降幅度没有超过30%。①

河南地处中原腹地，地跨海河、黄河、淮河以及长江四大流域。其中，黄河流域占据了除淮河流域以外的最大面积，流经城市最多，滋润哺育了广大的河南人民。黄河在河南省内流经8个省辖市，接近河南省辖市（区）数量的一半（17个），自西向东，黄河依次流经三门峡市、济源示范区、洛阳市、焦作市、郑州市、新乡市、开封市和濮阳市，这8市2019年的水资源的情况如表8-1所示。从表8-1可以看出，相较省内其他区域，黄河河南段流域水资源十分紧张，从2019年的数据来看，仅占河南水资源总量的21.5%，然而流域城市却占据了河南省辖市（区）数量的47.1%。同时，黄河流经8市的水资源分布也并不均衡，其中水资源占有量最高的为洛阳市，占整个黄河流域水资源的43.9%，而水资源占有量最低的濮阳市，其水资源仅占黄河流域水资源的7.8%。

表8-1　2019年黄河流经城市、黄河流域及全省水资源量

单位：亿立方米

地区	降水量	地表水资源量	地下水资源量	重复量	水资源总量
三门峡市	62.08	9.84	6.94	6.26	10.52
济源示范区	10.93	1.73	1.75	1.06	2.42
洛阳市	96.58	13.03	9.36	6.47	15.93
焦作市	15.02	2.18	3.74	0.78	5.15
郑州市	36.18	3.21	5.29	1.86	6.64
新乡市	31.40	2.46	7.97	3.59	6.84

① 历年《河南省水资源统计公报》。

续表

地区	降水量	地表水资源量	地下水资源量	重复量	水资源总量
开封市	28.78	2.94	7.07	2.13	7.89
濮阳市	17.19	0.64	4.74	2.55	2.83
黄河流域	197.67	25.33	27.83	16.87	36.28
全省总体	875.87	105.79	119.45	56.34	168.90

资料来源：《2019 河南省水资源公报》。

（二）水资源开发利用情况

水资源开发利用程度，是水资源总量与人类开发利用的综合结果，而在水资源消耗日益增加的当今社会，人类活动的用水量、耗水量在很大程度上主导着水资源开发利用的程度。与水资源总量始终处于波动，甚至出现明显下降趋势不同，近年来，河南省用水量呈现稳步上升的态势，近十年来，虽然河南用水量在 2014 年最低，为 209.3 亿立方米，但到 2019 年已经逐步升至 237.8 亿立方米，增长超过 10%，接近十年的历史高位（见图 8-3）。从人均用水量指标来看，虽然河南人均用水量指标大幅低于全国平均水平，但从近十年来的数据来看，2014 年以来，河南人均用水量也呈现稳步上升的趋势。不过，值得肯定的是，河南在水资源开发利用的经济

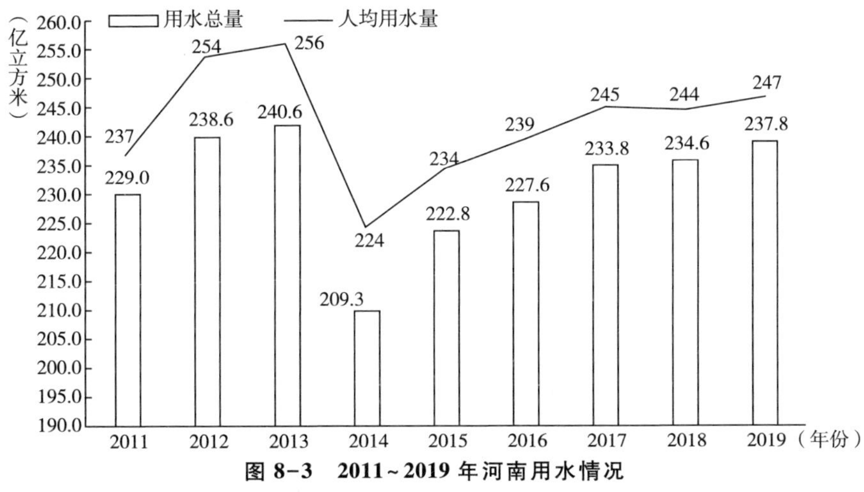

图 8-3　2011～2019 年河南用水情况

资料来源：历年《河南省水资源公报》。

性上取得了明显成效，2011 年，河南万元 GDP 用水量为 64 立方米，通过不断努力，2019 年已降至 32.1 立方米，降幅接近 50%。

从用水结构来看，农业用水（包括农林牧渔等）一直是河南省用水的主要方向，多年来一直占河南用水总量的 50%以上。2019 年，河南农业用水达到 121.8 亿立方米，占河南总用水量的 51.2%，其中农田灌溉水量为 108.5 亿立方米。工业用水方面，2019 年河南工业用水总量为 45.2 亿立方米，万元工业增加值耗水量为 24.5 立方米。值得一提的是，得益于节水技术的推广和投入，河南工业节水力度不断加大，工业用水量是河南三大用水领域中唯一呈现下降趋势的领域。生活、生态用水方面，2019 年河南生活、生态用水量为 70.8 亿立方米，近些年这一领域用水量呈现明显上升趋势，这主要缘于生态补水需求量的大幅增加（见图 8-4）。此外，2019 年河南全域用水消耗量为 133.9 亿立方米，其中农业用水消耗量最大，占全省用水消耗量的 65.8%，工业用水消耗量最少，占全省用水消耗量的 8.6%。

图 8-4　2011~2019 年河南用水结构

资料来源：历年《河南省水资源公报》。

由于各市产业结构、节水水平以及人口承载量等因素的差异，河南 8 个黄河流经城市的用水情况既有一定的相似性，也有着一定的区别。相同之处在于，一方面农业用水均是这 8 个城市用水的主要领域，尤其是新乡市、濮阳市，农业用水明显占城市用水的绝大部分；另一方面，工业用水明显与该市经济体量呈现高度的一致性。不同之处也较为明显。其中，郑州市的用水结构于其他城市有明显差异，虽然郑州市农业用水也是主要方向，但是生活用水量更大。在生态用水方面，开封和郑州两市的生态用水也明显高出其他城市（见图 8-5）。此外，在这 8 个城市中，有 6 个城市用水量超过其水资源拥有量，属于确实相对严重的城市，仅有三门峡市和洛阳市水资源能够匹配城市用水需求，濮阳市用水量甚至超过其水资源拥有量的 3 倍，郑州和新乡市用水量也均超过其水资源拥有量的 2 倍。这也从侧面说明河南水资源分布十分不均衡。

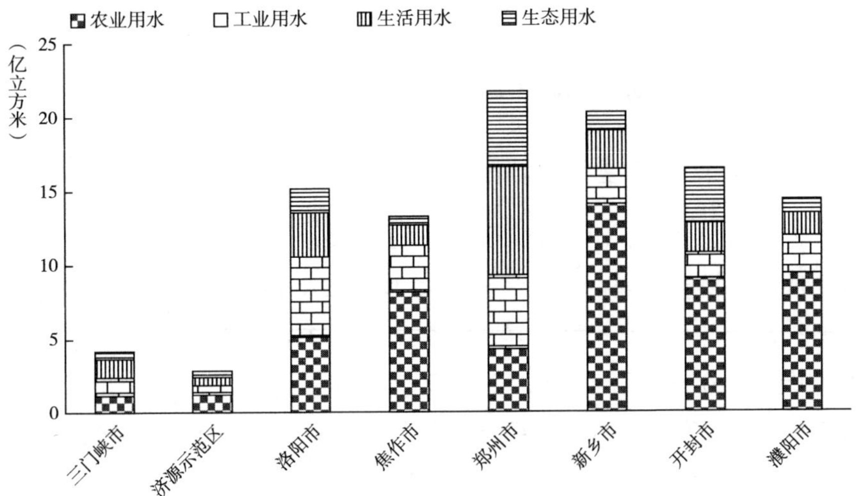

图 8-5　2019 年河南黄河流经城市用水结构

资料来源：《2019 河南省水资源公报》。

（三）河南水资源需求情况分析

随着经济社会持续发展，河南全省，包括黄河流经城市，其经济总量、人口总量、城镇化水平必然持续提升，可以预见，在未来相当长的一个时期内，对水资源的需求和保障能力的要求势必不断提高。2019 年，为更好地适应国家经济社会发展和生态文明建设需要，国家发展改革委员会、水利部等部门按照加快转变发展方式、进一步优化产业结构、持续推进降低水资源耗损等原则，制定并印发了《国家节水行动方案》，为省市、流域经济社会水资源开发利用做了详细的部署。同年 12 月，河南省发改委和水利厅为落实好国家节水工作要求和用水指标约束，制定并实施了《河南省节水行动实施方案》，明确了河南省 2022 年和 2035 年的节水目标、用水总量控制目标等。可以说，这些细化指标和节水任务，是河南未来一段时间内开发利用水资源的根本遵循，也为我们预测河南未来水资源需求总量提供了参考和依据。

根据《河南省节水行动实施方案》，到 2022 年，河南省万元 GDP 用水量、万元工业增加值用水量，与 2015 年相比，要分别下降 30%和 28%。同时，农田灌溉用水总量不得高于 286 亿立方米，灌溉水有效利用系数提升至 0.619 以上。在用水总量方面，到 2035 年，河南省全省用水总量控制在 302 亿立方米以内。

二 河南优化水资源配置要破解的问题

（一）水资源总量偏少

水资源是人类社会存在和发展的根本要素之一，尤其当今社会，不论城市发展还是产业发展，对水资源的依赖程度空前提高。河南省虽地处中原腹地，自然资源相对丰富，然而水资源严重不足。以 2019 年为例，河南水资源总量仅为 168.9 亿立方米，不足全国的 1%，加之河南人口众多，河南人均水资源占有量更低，长期不足全国平均水平的 1/5。相关统计数据显示，正常年份河南缺水量在 40 亿～50 亿立方米。更为严峻的是，近年来，河南水资源出现快速下降的趋势，其中 2019 年水资源总量比 2018 年减少超过了 50%，与多年均值相比，更是减少了 58.1%。[①] 不难预见，随着经济社会的进一步发展，河南省水资源供需矛盾将更加尖锐。

（二）水资源时空分布不均衡

除了水资源总量严重不足外，时空的分布不均是河南水资源另外一个显著的特征。具体而言，河南省的水资源呈现夏秋多冬春少、南多北少的时空分布状态。一方面，地表径流在不同季节变化大。在夏秋汛期内，河南省地表径流量能够占到全年降雨量的 60%～75%，丰水期和干旱时期地表

---

① 《2019 年河南水资源公报》。

径流量相差可以多达 5~7 倍。[①] 另一方面，河南省水资源分布南北差异较大，南多北少。在驻马店、信阳和南阳等豫南地区，分布着约有 50%的省域水资源总量，而在焦作、新乡、商丘以及濮阳等豫东豫北地区，水资源分布较少，这些地区又往往是工农业较为发达的地区。水资源在时间上和空间上分布的不均衡，导致河南各地水资源供需不协调，对不同地区发展的限制和约束，已经成为制约地方经济社会发展的重要难题。

（三）水资源调蓄能力有待提升

调水能力不足由来已久。河南省横跨长江、黄河、淮河以及海河四大流域，但因调水能力不足，河南历史上水旱灾害时常发生，给人民带来了诸多灾难。对比当今和过去，河南水资源调蓄能力不足的具体表现也有差异。就当前而言，河南水资源调蓄能力不足主要表现在以下几个方面。一是难以留住降水。虽然相对于周边省份，尤其是南方省份，河南降雨量并不丰沛，然而降水量的绝对值并不低，即便在 2019 年这样的枯水年份，河南降雨量依然有 529.1 毫米，折合降水总量可以达到 875.9 亿立方米，然而这些降水量的绝大部分未能形成可用水源。二是蓄水能力需要强化。截至 2019 年，河南拥有 23 座大型水库和 104 座中型水库，然而其蓄水总量仅有 37.88 亿立方米，蓄水量与大中型水库数量存在一定的不匹配。三是南北水源调配力不从心。虽然当前通过南水北调工程使南阳丹江口地区水资源北上，向郑州、新乡以及濮阳等诸多豫北城市供水，然而目前仅有这一条调水渠道，其供水能力有限。

（四）水资源保护力度需要加大

尽管河南在生态环境保护治理方面取得了巨大成效，但从整体上看，河南生态环境改善尚未到达从量变到质变的拐点，污染防治攻坚工作还有很大的提升空间。黄河流域、沿黄地区地形复杂、生态脆弱，过去由于人类不合理的开发利用，导致流域植被破坏严重，森林覆盖率不高，且地水沙调控的后续动力不足，黄河河南段地上悬河问题始终未能得到有效解决。

---

① 史自力、郑秀峰、赵楠：《黄河水资源与河南经济生态发展研究》，《经济经纬》2006 年第 3 期。

同时，尽管经过多年治理，黄河流域水质级别仍然未能达标，在41个省控断面中，多个支流呈现轻度污染，甚至还有个别支流是中度和重度污染。从总体看，河南经济社会发展方式仍然不够环保，产业、能源、运输、用地等结构性污染问题依然突出。此外，在水生态方面，从河南省生态环境厅发布的2020年12月份全省地表水环境质量情况来看，还有诸多县市部分水质不达标，甚至部分县市连续多月水质环比、同比均无明显改善。

三　河南优化水资源配置的路径选择

（一）制定水资源开发利用综合规划

规划是政策行动的灵魂和先导，亦是水资源保护开发、优化配置的基础和保障。河南在推进水资源优化配置的过程中，面对不断变化的水资源总量、水资源供需形势，应始终把水资源作为最大的刚性约束，坚持以水定城、以水定地、以水定人、以水定产，坚持全面协调、统筹兼顾，协调“生产、生活、生态”三者之间的关系，坚持开发、利用与保护并重，尽早谋划顶层设计，实施综合规划。在制定规划的过程中，应根据各个县市的不同的自然条件、经济社会发展水平及开发保护现状，有针对性地制定水资源开发利用对策，在总量限定、指标设定上，确保流域与区域相结合、整体与局部相协调、远期与近期相呼应。

（二）开源与节流相结合

作为解决水资源短缺问题最直接的措施，河南应在开源节流方面下大力气，做足功课，在不断扩大水资源来源的同时，也要全面提高水资源使用效率，发挥最大效能。一是大力开发利用非常规水源。加快雨洪水资源化利用，构建有效转化利用雨洪水资源的工程体系，健全以水土保持治沟骨干工程为主体的沟道坝系，转化调节天然降水为可利用的水资源；继续推进污水再生水利用，积极发展利用矿井水。二是以南水北调中线工程为示范，稳步提升跨区域供水能力，加快建设相关工程设施，完善配套设施建设，逐步扩大跨区域受水区和受益人群。三是协同推进工农业、城乡生活用水节水。以工业节水、发展高效节水农业为重点，大力推进工业用水循环循序利用；通过调整农业结构、发展旱作农业，推广高效节水灌溉技术，全面提高农业用水效率；大力推广节水器具，加快城镇供水管网改造，降低管网漏失率，切实提高黄河水资源利用效率和效益。四是大力发展节水产业和技术。加强节水技术创新，鼓励节水技术研发和装备产业化发展，推广应用节水科技成果，支持节水产品设备制造企业做大做强。五是实施全社会节水行动。合理规划人口、城市和产业发展，坚决遏制不合理用水需求；大力实施全社会节水行动，整体推动用水方式由粗放向节约集约转变，以水资源节约集约利用支撑经济社会可持续发展。

（三）提升水资源调配能力

突出“节、用”并举，以新时代大保护大治理大提升治水兴水行动为抓手，有序推进引调水、河湖库渠连通等工程建设，全面实现省域内水系联网联库、互通互济。以黄河、海河、淮河和长江主要干支流为轴线，以二级支流和区域性河流为骨干，立足于现有防洪减灾、城乡供水、水系生态骨干体系，以水库为调蓄中枢，实施河湖连通、湖库连通，实现四大流域水系（黄河流域、海河流域、淮河流域和长江流域）、地表水等多水源联合调度，推动市域内引水蓄水工程与自然水系连通。进一步完善水源工程布局，增设新技术灌区；在有条件的地区新建一批中小型水库，清淤扩容一批既有水库；推动城乡供水一体化和饮用水水源地表化，完善提升城市应急备用水源保障，构建大中小微相结合的引水蓄水体系，实现“丰蓄枯用、常蓄备用”。

（四）完善水资源管理制度

最严格水资源管理制度是通过制度的形式对水资源进行优化配置，其核心是通过指标管理、用水过程管理以及强化水资源循环利用，统筹协调生活、生产和生态用水，通过提升水资源开发利用水平，以水资源承载能力为基本约束，进而协调、支撑经济社会的高质量发展。河南省全域，尤其是在黄河水资源开发利用中，应始终坚持把最严格水资源管理制度的建立健全置于水生态文明建设的核心位置，通过进一步强化水资源约束性指标管理，实行水资源消耗总量和强度双控行动，进而加强规划水资源论证、建设项目水资源论证、取水许可管理和水资源用途管制，从而强化河南水资源的基础性、先导性、约束性作用。一方面，要持续强化水资源管理

"三条红线"控制制度，建立健全水资源开发利用红线、用水效率控制红线和水功能区限制纳污红线，严格控制入河排污总量；另一方面，加快确立水资源开发、利用、配置与保护策略，强化用水供需精准匹配和用水的全过程管理。另外，还要进一步强化建设项目水资源论证及项目取水许可的批管，持续强化以供定需、量水而行的导向，明确用水定额。

第二节　开展全社会节水行动

在当今社会，水资源愈发成为经济社会基础性、战略性资源要素。然而，近些年河南水资源总量呈现一定的下降趋势。综合考虑供给和需求两侧问题，在当下和未来一段时间内，深度开展全社会节水行动将是缓解水资源供需矛盾的关键措施。河南应从实现地方经济社会永续发展和加快生态文明建设的战略高度认识节水的重要性，在农业、工业、城镇等领域持续加大节水力度，统筹推进缺水地区节水，不断提高全社会的水资源开发利用效率，推动形成良好的节水习惯和社会风尚，以水资源的可持续利用支撑经济社会持续健康发展。

一　开展全社会节水行动的总体思路

（一）指导思想及原则

党的十九大报告明确指出，我国社会主要矛盾已经转化为人民日益增长的美好生活需要和不平衡不充分的发展之间的矛盾。这是对我国当前社会主要矛盾的高度总结和准确凝练。具体到水利领域，我们需清醒地认识到，目前包括河南省在内的各个地方普遍面临的治水的主要矛盾，是人民群众对水资源水生态水环境的需求与水资源承载力以及水利行业监管能力不足的矛盾。

河南省有效破解水资源供需矛盾问题，保障社会水安全，必须坚持以习近平新时代中国特色社会主义思想为指导，必须全面贯彻党的十九大以及十九届二中、三中全会的会议精神，从历史的角度、全局的高度准确把握当前我国水利体系改革发展所处的发展方位，积极践行"节水优先、空间均衡、系统治理、两手发力"的治水方针，结合河南省水利体系实际，认真贯彻和落实党中央、国务院相关决策和工作部署，牢固树立和贯彻落实新发展理念，统筹推进经济建设、政治建设、文化建设、社会建设和生态文明建设“五位一体”的工作总体布局，加快转变升级治水的工作思路、工作方式，把节水作为解决河南省水资源短缺问题的关键举措，并将节水行动深入贯穿经济社会发展的整个过程和各个领域，不断强化将水资源承载能力作为最大的刚性约束，实行水资源消耗总量和强度双控，落实目标责任，聚焦重点领域和缺水地区，实施重大节水工程，加强监督管理，增强全社会节水意识，大力推动节水制度、政策、技术、机制创新，加快推进用水方式由粗放向节约集约转变，提高用水效率，为建设生态文明和美丽河南奠定坚实基础。

此外，当下和未来一段时间内，河南省开展节水行动，也应遵循以下基本原则。一是整体推进、重点突破。从农业用水、工业用水、生活用水及生态用水等领域出发，多措并举，推动社会不断优化用水结构，在省辖市、县域和农村各个层级全面推进水资源高效利用，并在地下水超采地区、缺水地区等关键地区实施重点攻关、率先突破。二是技术引领、产业培育。河南省在推进全社会节水过程中，应始终以科技发展为基本支撑，结合不同领域、不同行业特征，积极开发、引入和深入推广先进适用的节水技术与工艺，推动技术研发机构加快成果转化与应用，同时，也要大力培育节水产业，出台对应政策措施推进节水技术装备产品研发及产业化规模化发展。三是政策引导、两手发力。不断推动节水政策法规体系的完善，强化市场机制这只看不见的手在资源配置中的基础性、决定性作用，更好发挥政府在政策制定、市场引导上的关键作用，激发全社会节水内生动力。四是加强领导、凝聚合力。自觉强化党和政府部门在节水工作上的领导，建立健全水资源督察体系，不但强化责任追究，加大对社会各界的节水宣传教育力度，而且有力地引领社会各层面、各领域建设节水型社会。

（二）目标和要求

为贯彻落实党的十九大会议精神，大力推动全社会各个领域积极开展节水行动，全面提升社会各层面、各行业水资源的使用效率，尽早推动全社会形成节水型生产和生活方式，确保国家水安全，为双循环发展格局和高质量发展提供有力支撑，2020 年 1 月 1 日，国家发展和改革委员会协同水利部联合印发了《国家节水行动方案》，对我国全社会节水行动的目标和要求进行了明确。

《国家节水行动方案》明确提出，到 2022 年，我国将初步建立节水型生产和生活方式，形成一定规模的节水产业链，整个社会的用水效率、效益均有显著提升。从具体指标来看，全国的用水量不高于 6700 亿立方米，而万元 GDP 用水量和万元工业增加值对水的需求量较 2015 年需分别下降 30%和 28%。此外，作为用水主要领域的农业，《国家节水行动方案》也有明确要求，特别对灌溉水明确了发展目标，即有效利用系数提升至 0. 56 以上。从远景目标来看，到 2035 年，全国用水总量控制在 7000 亿立方米以内，水资源节约和循环利用达到世界先进水平。

为充分贯彻落实国家发展改革委和水利部有关全社会节水行动的工作部署，在河南省委省政府的领导下，河南省发展和改革委员会联合河南省水利厅共同印发了《河南省节水行动实施方案》。该方案明确指出，到 2022 年，全省用水总量不高于 286 亿立方米，而单位 GDP 用水量、单位工业增加值用水量两个指标与全国要求保持一致，其中农田灌溉水有效利用系数提高到 0. 619 以上。从远景目标来看，到 2035 年，全省用水总量控制在 302 亿立方米以内，形成健全的节水标准体系、技术支撑体系和完善的市场调节机制。

二　河南沿黄地区节水的优劣势

（一）节水的优势

节水是我国当前水资源开发保护和利用的重点工作，各个地区纷纷结合自身禀赋优势出台不同的措施，以提升水资源节约集约利用水平，河南沿黄地区亦在通过各项措施大力推进节水。事实上，河南沿黄地区在节水方面存在诸多优势。

一是区位优势带动强劲。河南地处中原腹地，横跨黄河、海河、淮河和长江四大流域，也是陇海线和京广线两条国家运输大动脉的交汇处。借助地理位置和交通条件的巨大优势，河南已经成为全国综合性交通枢纽，是我国人口流动、货物流通的中心。此外，河南还是“一带一路”的重要节点省份，拥有全国目前唯一一个由国务院批准设立的航空经济先行区——郑州航空港经济综合实验区。这些区位优势和交通条件无疑将加强河南省与先进地区在水资源政策制定、水灾害防治以及技术人文交流方面的合作，为河南省水资源节约集约利用提供外部技术支撑和人文支撑。

二是重大国家战略需求。经济社会进入高质量发展阶段，对河南水资源高效利用提出了更高要求，提高水资源节约集约利用水平比以往任何时候都更具意义。在国家战略层面，中部地区崛起工作座谈会召开推动中部地区崛起再上新台阶，长江经济带、黄河流域生态保护和高质量发展两大国家战略在此交汇，多个战略叠加将持续释放战略叠加效应、政策集成效应、发展协同效应。在国家战略的支撑和相关政策的扶持下，河南充分发挥优势，加大对节水技术研发力度，推动节水产业不断发展，以发展促节水，以节水助力高质量发展，实现节水与经济正向互馈。

三是地方政府高度重视。为更好地践行习近平生态文明思想，切实落实好国家节水要求，河南从政策层面出台了多项措施，不断推动河南节水取得更高成效。早在 2013 年，河南省便出台了《关于实行最严格水资源管理制度的实施意见》，在划定水资源开发红线的同时，也确立了河南总体上的用水效率控制红线等目标值。为破解水资源短缺的制约瓶颈，2017 年 1 月，河南省政府制定并印发了《河南省“十三五”水资源消耗总量和强度双控工作实施方案》，将节约用水作为该方案最为关键的一项重点任务。《河南省节水行动实施方案》明确全省规模以上工业用水重复率不得低于 91%，到 2022 年，农田灌溉水有效利用系数提高到 0.619 以上，节水型生产和生活方式初步建立。2021 年 1 月，河南省水利厅印发了《河南省计划用水管理办法》，再次明确未来河南用水节水的具体要求。

（二）节水的劣势

辩证地看，在节水方面河南沿黄地区虽然具备一些独特优势，但是也会面临一些现实困难。事实上，不论是用水结构，还是产业用水效率，河南推进节水均面临明显挑战。此外，由于人们对美好生态环境的要求不断提升，生态用水的增加也构成了河南节水的劣势。

一是农业用水占比较大，节水难度大。从用水结构上看，河南农业用水超过全省用水量的一半，是当前用水的主要领域。虽然目前不论在政策还是在技术支撑上，都在大力推进农业节水，然而现实中的农业节水面临诸多困境。首先，缺乏对农民节水的有效激励机制。目前，运用价格杠杆是激励农民主动节水最可行和最直接的方式，然而由于农业整体利润率低，农民收入偏低，增加农业用水价格必然极大地阻碍农民增收，而对农民进行用水补贴又缺乏明确稳定的资金保障渠道。其次，灌区水管单位运行与节水间的矛盾突出。一方面，水管单位改革使得其运行“经济自立”，由于水管单位收入来源于水费收取，而节水将直接导致水管单位收入的下降，因此其节水动力不足；另一方面，灌区建设资金多来自政府，但不负担运行维护费用，而大部分灌区的水管单位收入不足以支付运行成本，灌区往往重建设轻维护。最后，水权分配尚不明确，农民作为农业实际用水者，并没有实质性拥有农业用水的水权。

二是工业转型升级滞后，节水改造步伐缓慢。尽管近些年河南产业尤其是工业产业在加速转型升级，但仍有相当比例产业的技术水平和资源节约水平相对落后。一方面，河南在这些行业的比重还比较高；另一方面，由于地方经济实力偏弱和市场竞争压力持续加大，这些行业转型升级仍有较大空间。目前，郑州、漯河两市仍然是全国重要的食品工业基地，郑州、新乡和洛阳等市是全国具有影响力的棉纺化纤工业基地，平顶山、焦作、鹤壁和永城等城市的煤炭工业占该市工业总规模的比例仍然超过三成，而濮阳、洛阳和南阳的石化工业也占有相当的比例，加之冶金、建材等工业在河南省也具有相当规模。这些行业均是高耗水行业。

三是生态受损明显，生态修复用水需求量大。在过去相当长的一段时间里，河南经济发展方式较为粗放，经济的快速扩张给生态保护带来了巨大压力，一些市县的生态环境一度受损严重。近些年，人们对美好环境的需求快速增加，不论是政府还是民众都反复强调生态环境保护治理的重要性，在此背景下，河南不断加大对生态的保护和修复力度，但同时生态补水、生态修复用水量也出现大幅度上升。从用水数据来看，2014 年河南生态补水量为 44.1 亿立方米，在“十三五”期间，生态补水、用水量快速增加，2017 年就已达到 60 亿立方米，2019 年更是直接超过了 70 亿立方米（见图 8-6）。当前，河南生态环境保护修复压力依然很大，生态保护修复投入力度仍然在持续加大。可以预见的是，生态补水和生态修复用水的需求量也将随之呈现持续增加的趋势。

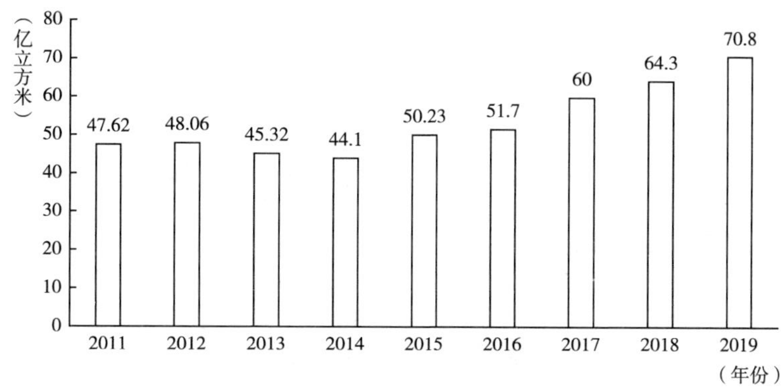

图 8-6　2011~2019 年河南省生态补水量

资料来源：《河南省水资源公报》。

三　河南沿黄地区强化节水的努力方向

（一）强化水资源消耗总量和强度双控制

未来一段时间内，河南沿黄地区提升节水水平和节水力度，首先要在全域范围内对水资源消耗总量和强度进行限制和约束，通过强化总量和强度双控制，实现全社会节水动能和节水意识双提高。一是要强化用水指标的刚性约束。基于水资源拥有量和用水需求，科学规划、合理分配省、市、县三级行政区域用水总量控制指标，建立健全水资源动态监测预警制度，根据水资源供需实际，实施差别化管控措施。二是严格用水全过程管理。严格遵循以水定城、以水定产的原则，合理确定全省经济布局、产业结构和产业规模，严格实行取水许可制度，严控开发强度，加强对重点用水单位、特殊用水行业的监管。三是强化节水监督考核。加快建立节水目标责任制，逐步完善监督考核工作机制，严格落实节水责任追究。

（二）推进农业节水增效

农业行业用水总量明显高于河南省其他领域用水，是河南水资源消耗的主要领域，也是未来河南推进节水的重点领域。一是加速推广节水灌溉。结合高标准农田建设，加快完善灌溉设施配套和改造，积极推进微灌、滴灌、集雨补灌、水肥一体化等技术试验及成果转化，开展农业用水精细化管理。二是进一步优化调整作物种植结构，根据不同地区的水资源条件，加快发展旱作农业，因地制宜实施轮作休耕，加大对耐旱农作物新品种的选育和推广力度。三是推广畜牧渔业节水方式，发展节水渔业、牧业，大力推进稻渔综合种养，加速推广实施规模养殖场节水改造和建设。四是加强农村生活用水设施改造，推广使用节水器具，加快推进农村生活节水。

（三）实施工业节水减排

经过多年的努力，河南工业节水减排已经取得明显成效，但与发达地区和发达国家相比，工业节水水平还有进一步提升的空间。一是大力推进工业节水改造。大力推广高效冷却、循环用水以及高耗水生产工艺替代等节水工艺和技术，在重点行业重点企业开展节水、再生水回用改造示范，不断完善企业用水监测系统，强化生产用水精细化管理。二是推动高耗水行业节水增效。采用差别水价以及节水奖励等措施，促进高耗水企业实施节水管理和改造升级，对无法改造的高耗水工艺、技术和装备实施逐步退出机制，推进高耗水企业向富水区集中。三是积极推行水循环梯级利用。加快企业和园区的节水及水循环利用设施和配套设施建设，强化一水多用和循环利用，推动企业间的用水系统集成优化。

（四）开展城镇节水降损行动

城市作为人口聚集区，未来会进一步成为我国人口的主要载体，城镇也因此成为推进水资源节约集约利用重点关注的领域，河南开展城镇节水降损应从以下几方面重点发力。一是全面推进节水型城市建设。对城市节水进行系统谋划，在城市规划、建设、管理各环节实施节水行动，市政用水、工业生产和车辆冲洗优先使用再生水，积极构建城镇良性水循环系统，建立健全城市节水各项基础管理制度。二是大幅降低城市供水管网漏损。不断强化公共供水系统运行监督管理，实现动态监管、智慧监管，基于现代化信息手段，建立精细化管理平台和漏损管控体系，持续完善供水管网检漏制度。三是深入开展公共领域节水。在公共机构大力推广绿色建筑，对公共建筑节水器进行改造升级，推广应用节水新技术、新工艺和新产品。四是严控高耗水服务业用水。严控高耗水行业用水定额，高耗水行业强制优先利用再生水、雨水等非常规水源。

（五）推动重点地区节水开源

在推进节水行动的过程中，地下水超采区与缺水地区等重点区域亦需要给予足够关注。一方面，在超采地区削减地下水开采量。以郑州、安阳、新乡、鹤壁和濮阳等地下水超采区为重点，严格机电井管理，加快实施新型窖池高效集雨，加快推进地下水超采区综合治理。另一方面，在缺水地区加强非常规水利用。统筹开发利用好再生水、雨水、微咸水，结合城市海绵系统，在城市道路、公共绿地等区域配套建设雨水集蓄利用设施，逐步增加对非常规水的利用。

（六）强化科技创新引领

工欲善其事，必先利其器。节水技术与装备一直是世界各国推进水资源节约集约利用的关键，河南还需重视对节水科技的投入和推广。一是加快关键技术装备研发。紧盯世界先进节水技术，加强 5G、大数据、人工智能等新一代信息技术在节水领域的应用与场景开发，实施深度融合，推动节水工艺和技术持续创新，不断开发新产品。二是促进节水技术转化推广。不断加快节水科技成果转化，积极拓展节水技术最新成果及先进节水工艺推广和应用渠道，充分发挥市场机制在节水技术成果转化方面的作用。三是推动技术成果产业化。引导鼓励节水产业链各个环节企业不断加大对节水产品及设备的研发、设计和生产力度，不断降低生产成本，推动产品质量提升，大力支持第三方节水服务企业发展，构建多元化节水市场产品供给体系。

（七）深化体制机制改革

体制机制是节水行动得以顺利开展的基础和保障，只有通过不断理顺体制机制，破除不必要的约束和壁垒，使市场充分发挥活力，河南省推进节水行动方能起到事半功倍的效果。一方面，实施政策制度革新。建立健全能够充分反映水资源成本，并能促进社会节约用水的城乡供水价格和动态调整机制，对重要领域的工农业用水实施价格补贴，不断完善居民阶梯水价制度，探索建立合理的水资源税制度体系，加强用水计量的智能化、精准化统计，不断推动节水标准体系建设，加快对农业、工业、生活和生态各个用水领域节水标准的修订。另一方面，不断创新市场机制。以推进水资源使用权确权为突破点，加速推进水权水市场改革，不断创新节水服务模式，积极推动合同节水管理，不断强化水效领跑和节水认证的实施。

第三节　提高水源保护利用水平

近年来，由于水资源开发利用过于粗放，引发水体污染、水资源短缺以及生态体系越发脆弱等问题，对河南省生态环境安全和社会可持续发展造成了威胁。面对环境的持续演变以及人民对美好生态环境需求的提升，河南应充分正视水源保护和利用中存在的问题短板，以黄河流域生态保护和高质量发展上升为国家战略为契机，在强化水源保护利用上加大力度，持续发力，使水资源得到可持续开发利用，不断丰富水文化，以高水平水源保护助推经济社会高质量发展。

一　河南沿黄地区水源保护利用的现状

长期以来，河南都十分重视水利工作，在水资源利用和保护上不断投入，久久为功，水利建设成效显著，河南省内水生态持续改善。为确保省内水安全，提升应对洪涝灾害的能力，河南省修建 5 级以上堤防 2 万公里，修建蓄滞洪区 14 处，设计蓄滞洪水量超过 35 亿立方米。在储蓄水工程设施方面，河南目前建成了 26 座大型水库，124 座中型水库，小型水库超过 2500 座，河南省域内水库总库容超过 400 亿立方米。为提升对水资源的调配能力，河南加紧调水工程建设，目前河南省境内南水北调工程中线工程已经全部完工，建成调水渠 730 余公里，通过南水北调工程，河南累计引水量已经超过 120 亿立方米。为实现农业高效用水，河南积极推进灌区建设，建成了大型灌区 38 处（30 万亩以上规模），建成万亩灌区超过 300 处，有效灌溉面积接近 8000 万亩。作为居民用水的薄弱环节，农村饮水安全问题亦是河南省委省政府十分关切的问题，为确保农村饮水安全，河南已建成农村饮水安全工程 2 万多处，超过 7500 万农村人口因此受益。通过郑州牛口峪、济源市玉阳湖、兰考二坝寨以及获嘉史庄等引黄调蓄工程建设，河南引黄供配水能力不断得到强化。

2018 年，河南审时度势，根据河南水资源实际，提出并实施了“四水同治”工程，在加快水利现代化建设步伐的同时，加紧形成水清岸绿的水生态格局。通过接续实施“四水同治”工程，河南境内水资源利用效率和效益得到明显提升，地下水超采问题得到进一步控制，超采区和超采范围均明显缩小，省域内主要河道防洪减灾能力进一步提升，例如，淮河干流王家坝以上防洪标准已经达到十年一遇以上。为提升水体质量，河南从消除黑臭水体、提升主要流域水质量等方面着力发力。截至目前，省辖市建成区基本完成了对黑臭水体的综合整治任务。在县域黑臭水体治理上，河南圈定了43个县作为重点治理对象，目前这43个县已基本消除黑臭水体现象，其余县基本完成建成区黑臭水体截污纳管、排污口整治任务。各省辖市、县（市）城市生活污水集中处理率分别达到95%、90%以上。黄河流域、海河流域、淮河流域以及长江流域等河南境内四大流域水质优良率已达57.4%。此外，河南还在水土流失治理上花大功夫、下大力气，目前累计治理水土流失面积超过4万平方公里，仅2020年一年，新增水土流失治理面积就达到1100平方公里。①

二　河南沿黄地区水源保护利用中存在的问题

（一）节水成效偏低

近些年，河南以最严格的水资源管理制度作为水生态文明建设的关键措施，水资源利用效率明显提升。但这种成就的取得是在自身纵向比较下得到的，从与节水先进地区的横向比较来看，河南省节水依然任重道远。例如，从人均综合用水量指标来看，河南虽然远低于全国平均水平，但与北京、天津、山西等省市相比，优势较为明显，高出山西近20%，高出北京21%，高出天津26%（见图8-7）。此外，目前河南单位GDP用水量虽然已经降至2019年的32米^3/万元，但这一水平仅为世界平均水平的1/3。再如，在城市再生水利用方面，河南目前利用率为25%左右，这与全国先进地区也有一定差距。

① 尹弘：《政府工作报告——2020年1月10日在河南省第十三届人民代表大会第三次会议上》，河南省人民政府网，http：//www.henan.gov.cn/2020/01-17/1281952.html。

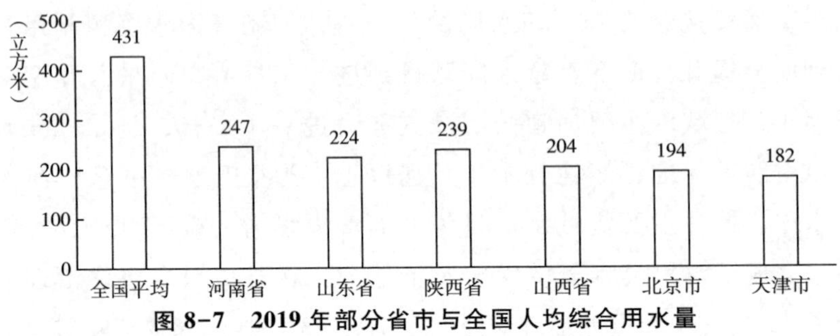

图 8-7　2019 年部分省市与全国人均综合用水量

资料来源：《2019 中国水资源公报》。

（二）技术体系尚须完善

尽管河南省已经建立了较大面积的灌区，采用了先进的节水灌溉技术，然而，节水灌溉技术的普及率并不高，在豫北和豫东地区有许多地方的农业灌溉方式仍然很粗放，节水灌溉仍需加大推广力度。同时，由于缺乏针对性的技术支持和节水产品，近些年河南省在高耗水重污染项目的节水改造方面进展缓慢，相较于先进省市，仍有较大的提升空间。此外，河南在功效节水技术开发的投入力度上也稍显不足，水资源高效利用的工程技术体系并不完备，也难以针对河南产业实际开发有效的节水产品。

（三）污染源控制力度有待提升

尽管在水污染防控方面成效明显，但同时也要看到，由于水资源意识淡薄，还有相当一部分人群对人与自然关系重视不够，与全国平均水平相比，河南仍有较大的提升空间。比如，与 2004 年相比，河南 2019 年废水排放量增长超过一倍，接近 50 亿吨。同时在全省近 150 个检测断面中，符合Ⅰ~Ⅲ类标准的比例仍有明显的提升空间，劣Ⅴ类水质治理虽有明显成效，仍须进一步加大治理力度。再如，由于农药化肥使用量过大，目前河南点源污染仍在增加，非点源污染问题日渐突出，这些都给河南水资源系统治理保护增加了难度。

（四）管理机制还不够健全

为了加大对水资源的监管力度，河南省实施了一系列管理办法，还专门印发了《河南省深化生态环境保护综合行政执法改革实施方案》《河南省取水许可和水资源费征收管理办法》等诸多文件，然而目前在水权交易制度建设和水生态补偿机制构建等方面工作的推进速度缓慢，还有较大的提升空间。同时，水资源保护监管对市场机制纳入不足，未能充分发挥市场"看不见的手"在优化水资源配置方面的基础性关键性作用。此外，水资源监管工作涉及多个部门，然而当前部门之间协调机制和管理技术还较为薄弱，整体管理体制效率有待进一步提升。

三　河南强化水源保护利用的关键措施

（一）推进水生态文明建设

良好的水生态环境是最重要的民生福祉，河南应牢记习近平总书记重托，在水生态文明建设上奋勇争先，真正实现"让黄河成为造福人民的幸福河"。一是持续实施污染源综合治理。严格按照限制排污总量控制要求，以点、面和内源污染源为重点，不断加强污染源综合治理，以河道疏浚清污治理和水利工程调度引水为抓手，实施废污水治理。二是不断巩固"四水同治"成果。以河道清淤疏浚、堤防加固除险、岸线生态保护、管理设施完善等为重点，进一步提高防洪能力，修复河道生态原貌。通过引水补源工程建设，促进河渠互通、水源互补，实现水资源空间均衡、兴水活水目标。三是强化生态保护与修复。通过涵养水源、建设生态防护河道、连通河湖水系、恢复天然湿地、营造人工湿地等生态保护措施，保障河湖（库）及水源地的健康自然生态。四是加速生态资源整合。坚持自然生态资源和人文生态协同发展，进行生态资源系统保护治理，充分挖掘发挥各项生态资源的叠加效应，实现生态资源的高效整合。

（二）强化水源地保护治理

我国十分重视饮用水水源地环境保护和治理工作，并将其作为污染防治攻坚战的七大标志性战役之一，河南要打好水源地保护攻坚战还应重视以下几方面工作。一是加强黄河生态保护。坚持山水林田湖草综合治理，重点实施小浪底库周生态绿化、黄河湿地自然保护区治理保护，针对黄河湿地自然保护区核心区、缓冲区、实验区的不同要求，因地制宜制定保护措施，积极推进退耕还湿、退养还湿，建立完善湿地管理体系。二是抓好中小河流保护治理。重点实施堤防加固、河道整治、河势控导、河道疏浚和清淤、排涝除涝等工程，确保河道防洪安全，不断提高河道防洪能力。严格河道岸线管理，尽快完成河道定边定界，加强蓝线控制，全面开展沿线排污口整治，保证河道水质安全达标，切实落实河长制，落实落细各级河长责任，不断改善河流生态环境。三是抓好各类水库保护治理。实施水库病险治理，加强日常管理维护，开展设备检修，及时更新设施，提高水库防洪能力。开展库周环境整治。拆除违规建筑，清理各类垃圾，加强水土流失治理，加大库周环境整治力度；规范水库水产养殖，严格监督污水排放，提高水库水质。四是抓好水塘（小微水体）治理。对水塘等小微水体全面清淤扩容，恢复各类小微水体的蓄水功能，发挥好小微水体的生产、生活、生态效益。因地制宜进行生态绿化，打造小微水体生态景观。

（三）提升水资源利用水平

破解水资源配置与经济社会发展需求不相适应的矛盾，是新阶段河南省发展面临的重大战略问题，着力提升水资源利用水平，是河南缓解水资源供需矛盾的关键措施。一是充分利用黄河水。充分利用现有引黄工程，用足现有批复的取水指标。尽快实施一批规划引黄工程，为黄河水进一步的开发利用提供工程保障。二是不断增强水资源调配能力。以新建水源工程为重点，发挥各类水库的蓄水、调水功能，进一步增强水资源的调配能力，真正留得住天上水、利用好地表水、保护好地下水。三是以灌区为重点，积极谋划项目，完善灌区配套设施，提高水资源利用水平，提升农村水利化程度，夯实农村经济社会发展的水利基础。四是加快建设节水型社会。认真实施国家节水行动，大力推进节水型社会建设，鼓励各市县建设节水型城市，规范全社会用水行为，加大重点行业、重点地区的节水力度。

（四）健全协调联动工作机制

坚持重点突破、资源协同、全域融入，加快构建黄河流域等流域内高标融合、受水区协同联动、上下游左右岸集成推进的全方位水生态建设和水源保护发展新格局。一是建立融合发展机制。以生态廊道共建、水环境共治防洪减灾协作、产业联合转型等为重点，打造水生态建设与水源保护共同体。二是建立水资源共享机制。坚持统一规划、统一调配、统一管理，以水利设施共建、节水政策共施、节水措施共抓等为纽带，推动各个地区及受水区协同推进包括黄河流域在内的四大流域的水资源开发。三是建立上下游左右岸集成推进机制，流域城市要加强与上下游、左右岸省市在水沙调节、防洪抗灾、水资源开发利用、滩区治理等的协调联动，实现生态共建、环境共治。四是谋划共建共享重大工程。以补齐短板、夯实基础为目标，立足当前、着眼长远，坚持共同谋划、共同建设、共同受益的原则，牵头各市（县、区）一同打造一批水利设施提质工程和生态环境筑基工程等重大工程，切实提升流域上下游的连续性和贯穿性。

（五）创新资源要素保障机制

紧紧围绕资金、技术、人才和信息等要素保障，创新观念、思路和方法，让更多的资源要素集聚，充分发挥资源叠加效应。一是用好新型融资工具，强化资金保障体系。不断完善金融服务体系，引入多元融资主体，拓宽融资渠道，创新金融服务方式，创新融资模式和机制，鼓励、引导和吸引社会资金参与水源保护。二是加快构建绿色技术创新体系，强化科技支撑。营造水源保护绿色技术创新体系发育成长的环境，释放企业绿色技术创新活力。强化水生态环境保护与修复科技创新供给，开展关键核心技术研发，扩大科技创新供给。加强水生态环境领域先进适用技术成果转化推广、转移及技术服务。三是加快人才培养引进步伐，强化人才队伍建设。推动水环境科研院所和各级部门培养、引进环保科技人才。深化环保人才发展体制机制改革，激发环保科技人才创新创造创业活力，完善环保科技人才选拔和淘汰机制。四是及时发布信息，强化信息公开机制。建立健全全省水生态环境信息发布机制，定期公布本行政区域内水生态环境质量状况、政府环境保护工作落实情况等相关信息。

参考文献

韩宇平：《破解黄河流域复杂水问题的基本思路》，《河南日报》2019 年 12 月 27 日。

杜青辉、刘晓琴、郝阳玲：《河南省黄河供水区水资源节约集约利用初探》，《华北水利水电大学学报》2020 年第 4 期。

党丽娟：《黄河流域水资源开发利用分析与评价》，《水资源开发与管理》2020年第7期。

张维波：《论黄河水资源管理保护与水生态文明建设》，《工程建设与设计》2020年第19期。

张晓涛、于法稳：《黄河流域经济发展与水资源匹配状况分析》，《中国人口·资源与环境》2012年第10期。

吴湘婷、原小利、乔钰：《河南黄河水资源可持续利用问题与对策探讨》，《人民黄河》2012年第9期。

张立春、陆海、费小霞：《河南南水北调受水区水资源优化配置研究》，《人民黄河》2013年第9期。

第九章 提升质量：着力加快发展现代产业体系

在保护黄河流域生态的基础上构建高质量发展的现代产业体系，是落实黄河流域生态保护和高质量发展战略的关键，也是黄河流域高质量发展的集中体现。河南作为全国重要的经济大省，以及工业大省、服务业大省和农业大省，要发挥自身优势，加快构建高质量发展的现代产业体系，既能够提升黄河中下游生态保护和治理能力，又能够努力走出一条富有地域特色的高质量产业发展的新路子，为落实黄河流域生态保护和高质量发展战略提供河南方案，展现河南担当。

第一节 把制造业高质量发展作为主攻方向

制造业是国民经济的主体，是立国之本、强国之基。作为实体经济核心的制造业是支撑经济高质量发展的重要基础，对实现黄河流域高质量发展至关重要。河南是工业大省，制造业高质量发展潜力巨大，应该将制造业作为高质量发展的主攻方向，这有助于在推进黄河流域高质量发展中发挥更大作用。

一 河南制造业对流域高质量发展的支撑作用

（一）河南制造业发展现状

近年来，河南坚持以习近平新时代中国特色社会主义思想为指导，高起点谋划制造业高质量发展，创新举措，砥砺奋进，着力抓好传统行业的转型升级，积极发展新兴产业，全省规模以上工业连续多年保持高于全国平均水平 2 个百分点左右的增速，总量连续几年稳居全国第五，成为名副其实的新兴工业大省。河南制造业重点产业主要包括装备制造、食品制造、新材料、电子信息制造、汽车及汽车零部件制造、冶金、化工、建材和生物医药和医疗器械等，主要分布于黄河干支流流经的区域，涵盖郑州、开封、安阳、洛阳、三门峡、焦作、新乡、濮阳、鹤壁和济源示范区等地区，以及引黄受水的平顶山、许昌、周口和商丘等地区（见表 9-1）。

表 9-1　河南制造业分布及发展现状

门类	分布及总体情况	具体情况
装备制造	郑州、洛阳、新乡、安阳、焦作、许昌和漯河等城市，已形成了农业机械、矿山机械、起重及物流装备等特色产业集群。装备制造业已成为制造业第一大产业和高成长性产业，居全国装备制造行业第六位、全省工业行业第一位。拥有郑州、洛阳、新乡、焦作、许昌 5 个千亿级产业集群和南阳、开封、平顶山等 7 个百亿级产业集群	郑州市规模以上装备制造企业 400 多家，形成了以中铁装备、郑煤机、新大方等企业为龙头的大型成套设备产业，以明泰铝业、中车四方等为代表的轨道交通装备产业，以郑飞、中船重工 713 所为龙头的军工装备产业。洛阳市规模以上装备企业 750 余家，形成了以农业机械、大型成套装备、工程机械、交通运输装备、轴承及基础件五大领域为主导产业的千亿级产业集群，是国内重要的农机装备生产基地。新乡市规模以上的装备企业 400 多家，是河南重点打造的智能装备产业基地，在起重机械、振动机械、汽车空调、公路养护设备等领域居于行业前列。焦作市规模以上装备制造企业 310 余家，形成了工程、矿山、造纸、节能等装备制造业
食品制造	主要集中在郑州、新乡、濮阳、焦作、漯河、驻马店等城市，是全国重要的粮食加工、速冻食品、肉类、方便食品、调味品、饮料等加工基地	形成了以双汇、华英等为代表的全国最大的肉类产品生产加工基地，以白象、南街村等为代表的全国最大的面及面制品生产加工基地，以三全、思念等为代表的全国最大的速冻食品生产加工基地，以莲花味精、驻马店十三香等为代表的全国最大的调味品生产加工基地，以健丰、梦想等企业为代表的休闲食品生产加工基地五大特色食品产业集群。郑州市规模以上食品企业 184 家，拥有三全、思念、好想你、白象、金星啤酒等众多知名品牌
新材料	主要集中在郑州、洛阳、焦作、濮阳、三门峡、许昌、漯河等城市，是全国重要的人造金刚石、超硬材料、新型耐材、钨钼精深加工生产基地	郑州市规模以上新型材料企业 600 余家，耐材产量占全国 30%，是全国最大的新型材料基地。洛阳市规模以上新型材料企业 200 余家，是新材料国家高科技产业基地，具有完整的铝、钼钨、钛、铜材料精深加工产业链。焦作市形成了有色金属及铝精深加工、超硬材料、新型建材、新能源电池产业集群

续表

门类	分布及总体情况	具体情况
电子信息制造	主要集中在郑州、洛阳、新乡等城市，是全国重要的智能终端生产基地	郑州市规模以上电子信息企业317家，经认证的软件企业334家，占全省软件企业总数的80%以上，形成了智能终端（手机）、信息安全、智能家电（空调）等多条产业链。洛阳市电子信息企业980余家，拥有中航光电、中硅高科、洛单集团等行业龙头
汽车及汽车零部件制造	主要集中在郑州、开封、焦作、三门峡等沿黄河城市，形成了以客车、乘用车、专用车为主的整车生产链和新能源及智能网联汽车产业链条，是全国重要的新能源客车生产基地	郑州市现有宇通客车、东风日产、郑州日产、上汽郑州工厂、海马汽车、少林客车6家整车生产企业，10余家专用车生产企业，150余家零部件核心配套企业，是我国最大的自主品牌乘用车生产及销售基地。开封市汽车及零部件企业53家，焦作市39家
冶金	主要分布于郑州、洛阳、三门峡、济源等地，铝板带箔、钼、铅等主要产品产量居全国首位，黄金、氧化铝产业居全国前列	郑州市已经形成了从氧化铝、电解铝、铝板带箔等传统产品，到汽车高铁用铝、电力电子用铝、铝材家居建材等完整的铝深加工产业链。洛阳市形成了铝、钼钨、钛、铜材料精深加工产业链
化工	主要集中在开封、洛阳、新乡、濮阳、南阳、三门峡等地，在甲醇、合成氨、尿素、烧碱、煤制乙二醇等产品领域拥有一定的产业规模和发展优势，氮肥、两碱产品规模和二甲醇产能居全国前列	开封市、洛阳市、新乡市、濮阳市分别拥有规模以上企业125家、160家、126家、172家。开封市煤化工、盐化工、精细化工和汽车用橡胶深加工产业具有一定规模。洛阳市是中部地区最大的石油化工基地之一。新乡市是化肥、纤维长丝、合成氨、甲醇生产基地。濮阳市是重要的石化、煤化工、生物化工基地
建材	主要集中于洛阳、新乡等地，是全国重要的耐火材料生产基地、优质浮法玻璃生产及深加工基地	洛阳市拥有洛玻、中钢洛耐院、中钢耐火等重点企业，耐火产能260万吨。洛玻集团是全国最大的的浮法玻璃制造企业，新一代浮法玻璃生产技术达到国际先进水平，其超薄电子玻璃市场占有率达到30%
生物医药和医疗器械	主要集中在开封、洛阳、新乡、焦作、南阳、信阳等地	新乡市规模以上生物医药企业78家，拥有华兰生物、驼人集团等骨干企业，形成了血液制品、疫苗、中成药、抗生素、核苷系列化学原料药及制剂近2000个品种规格，新乡长垣成为国家“卫生材料生产基地”。焦作市规模以上医药企业45家，开封市拥有医药和医疗器械企业21家

续表

门类	分布及总体情况	具体情况
智能制造装备	主要分布于郑州市、洛阳市、新乡和许昌市。2019 年河南省人民政府发布《河南省智能装备产业发展行动方案》明确指出，经过 3~5 年努力，力争全省智能装备重点领域产业规模超过 1000 亿元	郑州市着力建设以机器人系统集成为核心的工业机器人和特种机器人产业体系，扩大中高端通用机床规模。洛阳市机器人及智能装备相关企业 150 余家，主营业务收入超千亿元，被省政府确定为全省唯一的以工业机器人为主的智能装备生产基地，其中，中信重工已成为全国特种机器人生产基地。新乡市是河南省四个智能装备产业基地核心区之一
节能环保和新能源装备	主要分布在洛阳和新乡	洛阳市新能源产业企业 40 余家，已初步形成以光伏为主，光热、风电装备、新能源汽车等全面发展的产业格局。新乡市将新能源电池列为全市“六大专项”之首，设立了动力电池专业园，兴建了河南电池研究院，组建了国家电池产品质量监督检验中心

资料来源：主要根据河南省工业和信息化厅《河南省沿黄地区先进制造业发展思路举措研究》（《发展改革工作专报》第 119 期，2019 年 12 月）相关资料整理。

（二）河南制造业发展优势

与黄河流域其他 8 个省区相比较，河南制造业具有交通区位优势明显、产业体系完备、产业基础雄厚、国家战略叠加等发展优势。

1. 交通区位优势明显

河南位于中部地区和中国经济腹地，各地市特别是沿黄地市全部位于以郑州综合交通枢纽为核心的“米”字形高铁网络经济圈，商丘、开封、郑州、洛阳和三门峡位于陇海铁路和连霍高速沿线，安阳、鹤壁、新乡、许昌、漯河、驻马店、信阳位于京广线沿线，郑州、焦作、济源示范区位于郑太高铁沿线，郑州、平顶山、南阳位于郑万高铁沿线，郑州、濮阳位于郑济高铁沿线，郑州、许昌、周口位于郑合高铁沿线。以郑州为圆心，1 个半小时覆盖中国 2/3 的主要城市和 3/5 的人口。同时，河南正在积极融入“一带一路”和新发展格局，“米”字形高铁、中欧班列、郑州—卢森堡空中丝绸之路、跨境电子商务蓬勃发展，四条丝绸之路（陆海空网）协同发力，区域和经济腹地效应将逐步释放，为河南制造业高质量发展提供坚实的交通区位支撑。

2. 产业体系完备

河南拥有较为完整的制造业体系，在41个工业大类中拥有40个，形成了装备、食品、材料、电子信息和汽车五大制造业产业集群，涌现了宇通客车、中铁装备、中国一拖、郑煤机等一批全球知名企业，成为河南制造的有力支撑。田刚元等学者利用中国统计数据对黄河流域九省区制造业的集聚和竞争优势进行了分析并指出，河南、山东、四川制造业体系齐全完备，集聚和竞争优势较明显，但青海、甘肃、宁夏、内蒙古、山西等省区制造业不完备，且以能源、冶炼、重化工等高污染、高耗能制造业为主，落实高质量发展任务艰巨（见表9-2）。

表9-2　黄河流域九省区制造业的完备程度和优势行业

省区	制造业体系完备程度	制造业中的比较优势行业		
		劳动密集型	资本密集型	技术密集型
河南	很完备	食品加工、非金属矿物制品	装备制造	全部处于竞争优势
山东	很完备	整体较弱	石化工业与医药制造	整体较弱
四川	很完备	非金属矿物制品业	化学纤维制造业	全部处于竞争优势
陕西	完备	食品制造业	金属冶炼加工	整体较弱
青海	不完备	—	化学原料和化学制品	—
甘肃	不完备	—	石油加工、炼焦和核燃料加工、烟草制造	—
宁夏	不完备	食品加工和纺织	黑色金属冶炼加工	—
内蒙古	不完备	农副食品加工	有色金属冶炼和压延加工	—
山西	不完备	烟草制品业	石油加工、炼焦	整体较弱

资料来源：根据田刚元、魏学文《产业集聚视域下黄河流域制造业高质量发展研究》（《滨州学院学报》2020年第1期）中相关论述整理。

3. 产业基础雄厚

在整个黄河流域，只有河南和山东先进制造业已经颇具规模且增速稳定，集聚发展趋势明显，位于第一梯队，而其他省份均处于第二梯队。其中，郑州是全流域两大国家中心城市之一和GDP过万亿元的城市，是融入“一带一路”倡议的重要节点城市，开放平台集聚，交通区位优势明显，拥有装备制造、电子信息、新材料、汽车、现代食品、铝及铝精深加工6个千亿级制造业集群。洛阳是黄河上中游经济总量最大的非省会城市，是全国老工业基地，形成了装备制造、新材料、机器人及智能装备3个千亿级制造业集群。

4. 国家战略叠加

在中原经济区、国家粮食生产核心区、郑州航空港经济综合实验区、郑洛新国家自主创新示范区、中国（河南）自由贸易试验区、郑州建设国家中心城市等众多国家战略的基础上，中部崛起、黄河流域生态保护和高质量发展战略深入实施，有助于进一步激发河南高质量发展活力，发挥自身优势，提升战略地位，在国家战略平台整合中放大叠加效应、政策集成效应、发展协同效应，成为黄河流域制造业高质量发展的新引擎。

（三）河南制造业在流域高质量发展中处于重要的支撑地位

推进河南制造业高质量发展，是落实黄河流域生态保护和高质量发展战略的重要举措，在推动整个黄河流域高质量发展进程中发挥着重要的支撑作用。

1. 凸显的交通区位优势是推动黄河流域高质量发展的外在条件支撑

河南不仅位于中国内陆地区中部和经济腹地中心，而且处于黄河流域的中下游交界处，更拥有发达的综合交通枢纽优势，交通区位优势明显，并且先进制造业多集聚于紧邻黄河的郑州、洛阳两大都市圈，容易对整个黄河流域高质量发展产生直接的深远的影响。推进制造业高质量发展，有利于河南发挥交通区位和产业优势，强化流域上下游、干支流、左右岸统筹联动，推动流域强化区域协同合作，提高高质量发展的水平。

2. 完备的工业门类是提升黄河流域高质量发展的韧性支撑

根据区域经济学理论，一个地区工业门类越齐全，那么该地区产业链供应链配套就越完备，也就越容易形成地区整体竞争优势，并在地区竞争中表现出较强的防风险、抗竞争的“韧性”。河南较黄河流域其他省份工业门类齐全，产业基础雄厚，表现出较强的发展“韧性”基础。只要通过河南、四川等制造业较为完备的省份对整个黄河流域经济要素的循环速度、质量和效率方面进行优化协调，整个黄河流域的制造业高质量发展就不仅会表现出较强的“韧性”，而且会表现出更大的“持续性”。

3. 雄厚的制造业产业基础是黄河流域质量发展的实力支撑

多年来，青海、甘肃、宁夏、山西等黄河上中游省份保持较大比重的传统制造业和能源资源型产业，发展缓慢，水平较低。同时，河南、陕西、四川三省制造业投资保持较强增长势头，而甘肃、山西、内蒙古、山东四省区自 2016 年以来下降趋势明显。充分发挥交通区位、开放通道、产业体系、内需潜力等优势，推进河南制造业高质量发展，提高高质量发展水平，将为黄河流域以制造业高质量发展引领经济高质量发展发挥示范引领作用。

二　河南制造业高质量发展面临的突出难题

（一）产业附加值较低，产品竞争力不强

河南制造业虽然在黄河流域处于第一方阵，但与发达地区相比，产业附加值不高，推进高质量发展空间较大。第一，产业多处于价值链中低端水平。价值链中较缺乏研发设计、品牌牵引和供应链管理等高端环节，服务增值环节薄弱，产业低端化、同质化问题突出。如新材料“粗而不精”，多为有色金属、建材、耐火材料等传统行业；高端石化领域产业链条短，呈现“油头大、化尾小”。第二，行业龙头企业少，引领带动不够。制造业大企业较少，特别是带动力强的百亿级龙头企业较少，现有百亿企业 45 家，与广东（130 家）、江苏（145 家）、山东（107 家）等省份差距明显。

（二）创新基础较弱，创新后劲不足

总体而言，河南制造业创新基础薄弱，缺乏后劲。第一，科技型企业少。每万家法人企业中国家高新技术企业和科技型中小企业数量仅为国家平均水平的 42%，支撑制造业高质量发展的力度不够。第二，创新平台少。国家级技术创新示范企业仅占全国的 2.7%，国家重点实验室、国家工程研究中心分别占全国总数的 2.91%、2.89%，仅相当于湖北省的 50%左右。第三，投入强度弱。2019 年河南研发投入强度居中部第 5 位、全国第 18 位。第四，高端科研资源少。河南双一流高校、国字号的大型科研院所等高端科研资源较为匮乏，科技创新支撑能力明显不足。

（三）成本优势不断缩小，企业负担较重

在经济高速增长时期，河南地处内陆，经济发展成本优势明显，但近年来在经济由高速增长阶段向高质量发展阶段迈进的过程中，要素成本上升较快，优势明显缩小。第一，土地成本较高。近年来，河南工业用地价格上涨较快，虽然国家和省出台了降低用地成本的政策，但由于多数地市和县级政策配套不到位，工业用地价格该降未降。第二，人工成本上升较快。河南是劳动力大省，但大量劳动力流向省外，加之劳动力供给拐点的提前到来，近年来人工成本上涨较快，成本优势迅速下降。第三，企业始终面临融资难融资贵的难题。河南金融多层次支持实体经济的格局和体系尚未完全形成，企业过度依赖银行贷款，甚至一些中小企业依靠影子银行、互联网金融和民间借贷，导致融资成本大幅上升。尤其是利用资本市场融资能力较差，全省上市公司仅 80 家，而广东 541 家、江苏 359 家、山东 185 家。第四，工业企业用电成本普遍较高。河南综合电价一般 1 度电在 0.6 元以上，比黄河上游的山西、陕西高，导致电解铝等耗电企业大量外迁。

（四）引才留才难度大，高素质人才不足

人才是制造业高质量发展的重要支撑，随着河南电子信息、新材料、人工智能、生物医药、装备制造等先进制造业的发展，对高层次人才的需要不断增加。高层次人才不足成为制造业高质量发展的主要制约。第一，高端人才存量不足。具有国际先进水平的领军团队和顶端人才很少，高层次、高技能人才不足，无法充分满足制造业高质量发展需要。第二，引进人才难度大。与发达地区相比，河南在薪酬福利、人居环境、生活配套、营商环境等方面，存在较大差距，对高层次人才吸引力有限。第三，留住人才难度大。河南知名高校和高端科研机构较少，知名企业总部、大型高新技术企业、研发中心等平台匮乏，人才科研环境、发展机会有限，难以留住高端人才。

（五）外部竞争加剧，高质量发展难度加大

推进制造业高质量发展，需要人才、技术、资金、平台、创新政策等

各类高端要素的大力支撑。由于这些高端要素的稀缺性，必然在区域之间形成激烈的竞争。目前，我国经济已由高速增长阶段转向高质量发展阶段，围绕着支撑高质量发展的高端要素，区域之间展开全方位的激烈争夺。从东中西竞争来分析，我国世界级的制造业中心多聚集在长三角、珠三角等东南沿海发达地区，这些地区的沿海区位优势、产品优势、技术优势、人才优势均优于内地省区，区域经济发展的极化效应进一步凸显，势必会对河南制造业造成更大的竞争压力。从与周边省区竞争来看，为争取更多国家政策扶持，强化或增加自身创新发展优势，河南与周边省区之间展开激烈竞争，如武汉市成为除北京、上海以外全国第三个拥有两个国家级制造业创新中心的城市，而这两个中心有助于突破数字制造和智能制造关键领域的关键共性技术瓶颈（见表 9-3）。

表 9-3　近年来河南、湖北和陕西围绕国家创新政策之争一览

省份	国家战略平台	国家级创新平台
河南	中原经济区、中原城市群、郑州航空港经济综合实验区、郑洛新国家自主创新示范区、中国（河南）自由贸易试验区、中国（郑州）跨境电子商务综合试验区、河南国家大数据综合试验区、郑州国家通用航空产业综合示范区、郑州国家中心城市等	国家知识产权示范园区、“中国制造2025”试点示范城市、国家专利审查协作河南中心、国家生物育种产业创新中心、国家超级计算郑州中心、智能农机国家制造业创新中心、国家远程医学中心、互联网医疗系统与应用国家工程实验室等
湖北	国家长江经济带发展战略、长江中游城市群、全国资源节约型和环境友好型社会建设综合配套改革试验区、国家自主创新示范区、国家创新型城市试点和全面创新改革试验区、科技金融改革创新试验区、中国（湖北）自由贸易试验区、武汉国家中心城市	国家信息光电子创新中心、国家存储器基地、铁路汽车整车进口口岸、国家知识产权强市创建市、“中国制造 2025”试点示范城市、国家知识产权运营服务体系建设城市；国家存储器、航天产业、新能源和智能网联汽车基地成功落户
陕西	西部大开发、中国（陕西）自由贸易区、“一带一路”节点城市、西安国家自主创新示范区、国家级临空经济示范区和跨境电商综合试验区、西安国家中心城市等	国家知识产权保护中心、西咸国家级新区、国家通用航空产业综合示范区获批，新增 2 个省部共建国家重点实验室，中国西部科技创新港、中科院西安科学园建设扎实推进

资料来源：参见盛见《河南以加快培育新动能推动经济高质量发展研究》，载《河南经济发展报告 2020》，社会科学文献出版社，2019。

三 河南制造业实现高质量发展的路径选择

（一）河南制造业高质量发展总体思路

以习近平新时代中国特色社会主义思想为指导，抢抓战略机遇，发挥自身优势，努力弥补短板，着力构建“5+5+6”产业体系，稳步实施“六个提升专项”行动计划，积极打造“四强一优”要素生态保障，巩固并提升制造业在黄河流域的支撑地位和引领带动作用，努力建成全国重要的先进制造业强省（见表9-4）。

表9-4 河南制造业高质量发展的具体举措一览

具体举措	具体任务内容
构建“5+5+6”产业体系	做强5大主导产业：装备制造、食品制造、新型材料、电子信息、汽车制造 推进5大传统产业转型：化工、铝工业、钢铁、建材、轻纺家居 培育6大新兴产业：新一代信息技术、高端智能装备、新能源及新能源装备、新材料、新能源汽车及智能网联汽车和生物医药及高性能医疗器械
实施“六个提升专项”行动计划	技术创新提升专项行动、基础能力提升专项行动、集群强链提升专项行动、融合赋能提升专项行动、区域协同提升专项行动、企业培育提升专项行动
打造“四强一优”要素生态保障	强化用地保障、强化金融支持、强化人才支撑、强化数据应用，优化强化营商环境

资料来源：参考河南省人民政府《河南省推动制造业高质量发展实施方案》（河南省人民政府门户网站，2020年8月16日）相关内容整理。

（二）着力构建“5+5+6”制造业体系

1. 做强5大主导产业

装备制造、食品制造、新型材料、电子信息、汽车制造是河南制造业的优势产业，要发挥优势，进一步做大做强。

装备制造。加快传统装备制造智能化、精密化、集成化转型，加快大型成套装备、轨道交通装备、起重机械、机器人和数控机床发展。重点支持郑州、洛阳、新乡、焦作、许昌等培育千亿产业集群和南阳、开封、平顶山等培育百亿产业集群。

食品制造。巩固冷链食品、粮油加工等产业优势，加快发展低温肉制品、功能休闲食品等新兴行业。重点支持郑州、漯河、周口培育千亿产业集群，开封、洛阳、安阳、鹤壁等培育百亿产业集群。

新型材料。发展铝及铝精深加工、超硬材料、新型耐材、新型合金材料、先进复合材料。重点支持郑州铝加工、洛阳有色金属制造、平顶山化工新材料、安阳钢铁制造、濮阳化工新材料、三门峡有色金属制造、济源金属材料等千亿产业集群的发展。

电子信息。主要是做强智能终端核心产业，做大智能家电、信息安全、智能传感器、软件信息技术服务等优势产业。重点支持郑州发展电子信息千亿产业集群和鹤壁、濮阳、周口、驻马店、济源发展百亿产业集群。

汽车制造。主要是实现整车引领、零部件支撑，着力提升中高档轿车、商务客车、专用车的竞争优势。重点加快建设郑汴汽车产业带，做大做强焦作、新乡特色零部件基地。

2. 推进5大传统产业转型

化工、铝工业、钢铁、建材、轻纺家居5大传统产业发展历史较长，在当前经济总量中仍占有一定份额，需要推动“绿色、提质、增效”转型发展，塑造新优势。

强化行业改造整治。淘汰落后产能，压缩过剩产能，实现碳素、棕刚玉、陶瓷、耐材等高排放行业达标整治。

强化技术改造。深入实施企业技术改造，推动企业采用新技术、新工艺、新材料、新模式、新管理，实现生产高端化、智能化、网络化、绿色化。

推进制造业绿色发展。持续推进“一企一策”深度治理，实施能效、水效“领跑者”引领行动。对标绿色工厂、绿色园区、绿色供应链，积极创建国家和省级绿色工厂和园区。

3. 培育6大新兴产业

根据行业发展趋势，结合《中国制造2025》和河南发展实际，应该加大新一代信息技术、高端智能装备、新能源及新能源装备、新材料、新能源汽车及智能网联汽车和生物医药及高性能医疗器械6大新兴产业培育力度，强化政策引领，增加资金投入，壮大产业规模，打造一批新兴产业集群，形成一批新的制造业竞争优势。

（三）实施“六个提升专项”行动计划

在着力构建“5+5+6”制造业体系的同时，积极实施技术创新、基础能力、集群强链、融合赋能、区域协同和企业培育6个提升专项行动，着力提高制造业基础发展能力、产业协调发展能力、产业发展内在动力。

1. 技术创新提升专项行动

坚持高端制造业与高端服务业“双高引领”，推动“产学研用金”深度融合，对接好产业链和创新链。重点培育以企业为主体的创新体系；强化关键技术攻关，持续实施“十百千”转型升级创新专项，攻克一批关键“卡脖子”技术；强化创新平台建设，建设一批共性关键技术研发平台和产业创新联盟，强化技术创新合作。

2. 基础能力提升专项行动

弥补一批基础零部件、基础材料、基础工艺、产业技术基础等短板。重点实施产业基础再造工程，制定核心“四基”突破清单；实施新技改工程，加快企业新一轮大规模技术改造，建成一批智能化园区和工业互联网平台。

3. 集群强链提升专项行动

着力优化供应链、完善产业链、提升价值链，增强产业链韧性，打造一批万亿、千亿级的产业集群。围绕重点产业集群，开展稳链补链延链强链培育行动；推进产业集聚区“二次创业”，按照“亩均论英雄”的目标，创新管理体制机制，支持建设“飞地园区”，发展飞地经济，促进产业集聚区高质量发展。

4. 融合赋能提升专项行动

实现信息化和工业化的高层次深度结合，以及先进制造业和现代服务业深度融合，走新型工业化道路。重点实施智能制造工程，分行业制定智能化改造指南，实施中小企业数字化赋能行动；实施“两业”融合工程，推进先进制造业与现代服务业融合发展试点，推广服务型制造新模式。

5. 区域协同提升专项行动

立足于区域间各自比较优势、制造业分工，推进区域制造业高质量发展的体制机制创新，强化区域优势互补，实现区域协同和合作共赢。依托“飞地”等模式强化区域协作，加强豫京产业合作和豫沪产业合作，充分利用北京、上海的创新资源优势，弥补河南制造创新能力不足的短板；深化郑州、洛阳两大都市圈协同，强化在装备制造、汽车及零部件、新材料及电子信息等方面的协同。

6. 企业培育提升专项行动

构建大企业与中小企业协同创新、共享资源、融合发展的产业生态。重点培育具有引领作用的大企业，实施“头雁”企业培育计划；培育“专精特新”的中小企业，亟须实施小巨人计划；推动大中小企业集群式融通发展。

（四）强化“四强一优”要素生态保障

推进制造业高质量发展，离不开土地、资金、人才、信息（数据）、营商环境的支撑和保障。应采取有效措施，着力夯实制造业高质量发展的要素生态保障。

1. 强化用地保障

建立工业土地收储制度，推广混合用地、“标准地”出让等模式，保障制造业高质量发展用地需求。实行建设用地“增存挂钩”机制，按照盘活存量土地数量，奖励一定比例的新增建设用地计划指标。按照“亩均论英雄”的要求，研究制定产业集聚区和开发区节约集约用地规划和用地政策，大幅提高土地利用效率。

2. 强化金融支持

建议设立河南制造业高质量发展专项资金和产业基金；鼓励银行提高中长期贷款比例，稳步扩大和提升制造业贷款规模和比重；开展民营小微企业金融服务行动；建立省制造业高质量发展重大项目库，鼓励金融机构对入库项目优先给予融资支持；支持企业上市（挂牌），提高省先进制造业等基金使用效率，健全政府性融资担保体系，提高利用资本市场融资能力。

3. 强化人才支撑

强化制造业高素质人才引进，实施制造业“智鼎中原”工程，重点引进和培育百名卓越企业家（领军团队）、千名核心技术人才、万名高级技工，柔性引进两院院士、长江学者等高端人才；实施“新工科”建设计划和全民技能振兴工程，推进产教融合，推行新型学徒制、现代学徒制。健全产教融合、校企合作的技能人才培养模式，大力弘扬工匠精神，培养一支素质优良的制造业人才队伍，筑牢“河南制造”的人才基础。

4. 强化数据应用

加大制造业数据归集和开放力度，丰富数据产品种类，推进数据要素市场化配置，建设一批数据应用示范场景。重点培育通用型、行业级和企业级工业互联网平台，开展制造业企业“上云用数赋智”行动，建设一批数字化转型促进中心和支撑平台。

5. 优化强化营商环境

深化“放管服”改革，全面推行“一网通办”和“最多跑一次”，推广“店小二”服务模式，健全企业“直通车”服务制度，不断优化政务服务环境；开展降低制造业企业成本行动，做好清理拖欠民营企业中小企业账款工作，做好各项减税降费政策的落实；大力弘扬企业家精神，营造尊重、鼓励、保护企业家干事创业的社会氛围，构建亲、清新型政商关系，激发企业家创业创新活力；强化宣传和舆论引导，大力弘扬企业家精神、“大国工匠”精神和新时代豫商精神，依法保护企业合法权益。

第二节　建设现代服务业强省

作为农业、工业和人口大省，近年来河南服务业也快速发展，成为高成长的服务业大省。“十二五”期间，致力于建设高成长服务业大省，高成长服务业快速发展。“十三五”期间开启推进现代服务业强省建设，现代化服务业加速发展，夯实了现代服务业强省建设的基础。“十四五”及以后，将深入推进服务业专业化、标准化、融合化、品牌化、数字化，扎实推进现代化服务业强省建设。

一　现代服务业发展的规律与趋势

（一）经济服务化

经济服务化是指服务业增加值占国民经济的比重，以及服务业从业人员占经济总就业的比重不断上升的过程。而经济由低水平发展到高质量发展的过程，也集中体现为由农业经济到工业经济，再到以服务经济为主导的发展过程。据研究，一个国家服务业的增加值 GDP 占比和就业占比均超过 50%，就标志着经济进入了服务经济门槛，如果上述两个比重均超过 60%，则标志着完全进入服务经济时代。目前，大多数发达国家服务业占 GDP 比重超过 70%，2020 年我国服务业 GDP 占比达到 54.5%。显然，发达国家普遍成为成熟的服务经济体，而我国也步入服务经济的门槛。“十四五”时期，我国将更加快速迈向服务经济时代，经济也将快速步入高质量发展阶段。

（二）持续创新是根本动力

与农业和制造业一样，持续创新也是推动现代服务业持续发展的根本动力，是衡量其高质量发展的关键因素。在新一代信息技术浪潮驱动下，现代服务业的数字化、网络化、智能化水平都在不断攀升，其服务农业、制造业乃至整个经济的成本将大幅降低，效率将大幅提高，进而带动整个经济发展。近年来，我国由于信息服务和互联网技术广泛应用而产生的现代服务业，包括电子商务、物流运输、互联网金融、移动支付、电信等领域的高技术服务业极大地提高了整个经济的运行效率，也降低了制造业生产交易成本，促进了竞争力的持续提升。因此，要抢抓信息技术带来的机遇，加快推进现代服务业专业化、信息化、数字化、智能化建设，增强服务产业转型升级的支撑能力和满足消费需求升级的供给能力。

（三）数字化步伐加快

在新一轮的数字经济引领产业变革的背景下，数字经济向服务业渗透趋势明显加快，而服务业的数字化也将成为推动农业和制造业高质量发展的动力源。“服务业数字化转型”将成为拉动经济增长的新引擎。现阶段，在互联网、大数据、云计算基础上的人工智能技术对服务业的全面渗透，已将服务业数字化发展提升到了新的时代高度。新冠肺炎疫情期间，传统面对面“接触性”的线下服务被大幅抑制，数字经济发挥线上“无接触”、快速便捷的优势，线上服务中的打卡办公、电商、智慧医疗、智慧教育及电子政务等大显身手，备受青睐，并倒逼整个现代服务业加速数字化转型。

（四）与先进制造业“两业融合”发展趋势明显

当前，伴随着新一轮信息技术不断进步和广泛运用，先进制造业与现代服务业已经打破原有的产业界限，正在加快互动与融合的步伐，相互促进，互为支撑。这种融合发展主要表现为服务型制造和制造服务化。现代服务业与先进制造业深度融合，顺应了数字经济时代的产业发展规律。伴随着数字化浪潮的冲击，现代服务业与先进制造业的融合将呈现加快发展的态势，加速重塑全球创新版图和产业结构。尊重“两业融合”发展的规律，近年来我国出台了许多政策推动“两业融合”发展，并取得了初步成效。“十四五”时期，要适时调整政策导向，积极推进两业深度融合，实现高起点和高质量的“两业融合”。

二 河南建设现代服务业强省的现状

（一）现代服务业发展成效

1. 综合实力快速增强

2010 年以来，河南以推进高成长服务业大省和现代服务业强省建设为目标，加快服务业特别是现代服务业发展步伐，发展成效显著，形成较强的综合实力。从 2010 年到 2020 年，服务业增加值从 6452. 64 亿元增长到 26768. 01 亿元，年均增长 10. 10%，占全国服务业增加值的比重从 3. 9%提高到 4. 8%；服务业 GDP 占比从 28. 10%提高到 48. 70%，提高了 20. 60 个百分点。

2. 内部结构不断优化

从服务业细分行业增速来看，现代物流、现代金融、信息服务产业、文化旅游、健康养老是河南服务业的传统主导产业，占比较大，发展较快，金融业、科学研究及技术服务和地质勘查业、租赁和商务服务业、房地产业、卫生及社会保障和社会福利业等行业增速高于整体服务业；水利及环境和公共设施管理业、教育、文化及体育和娱乐业、信息传输及计算机服务和软件业、公共管理和社会组织、居民服务和其他服务业、交通运输及仓储和邮政业等行业增速低于服务业平均水平。

3. 载体建设成效显著

自2013年以来，河南省按照“服务业企业集中布局、服务业集群发展、服务功能集合构建、空间和要素集约利用，促进大容量就业”的原则，规划建设了一批服务业商务中心区和特色商业区、文化旅游产业园区等。商务中心区和特色商业区成为带动服务业集聚发展的重要平台，全省拥有175个服务业商务中心区和特色商业区。河南省文化旅游资源丰富，建设了14家5A级景区、82家4A级景区。围绕网络经济大省建设，河南省规划建设了18个大数据产业园区，力争建成引领中部、特色鲜明的国家大数据综合试验区。

（二）现代服务业发展面临的问题

1. 居民消费能力不足

居民消费能力是支撑现代服务业发展的重要方面。2018年河南城乡居民人均可支配工资收入21964元，低于全国28228元的平均水平；2018年河南省内在岗企业职工的月平均工资收入居全国第31位，月平均居民人均可支配工资收入居全国第24位。城乡居民可支配收入水平偏低，抑制了社会消费结构的转型升级，城乡居民的消费主要集中在对生活用品的消费上，对现代服务业的消费拉动很有限。

2. 城镇化率相对偏低

快速的城镇化和规模日益扩大的城市能够为现代服务业的发展提供广大的空间和市场需求。预计2020年底河南省的常住人口城镇化率为54.2%，比全国平均城镇化率低5.8个百分点，与北京、上海、天津80%以上的城镇化率更是有巨大的差距。同时，河南大部分城市的人口规模较小，加上居民消费能力不足，现代服务要素的聚集、整合和辐射的能力弱，无法有效发挥城市在促进现代服务业发展过程中的服务要素集聚整合作用。

3. 总体发展质量较低

现代服务业发展质量较低主要表现在以下几个方面。第一，现代服务业发展水平较低，结构不优。服务产业发展总体上较为滞后，2020年河南服务业GDP占比低于全国5.8个百分点，而且生产性服务业和高端消费服务业发展滞后，新兴现代服务业总量不足，特别是生产性服务业在整个服务业中占比较低。第二，产业同质化现象较明显。市级商务中心区主导产业基本都在金融、商务、科研等生产性服务业，县区级商务中心区和特色商业区还是以商贸零售业为主，多将发展商业综合体作为支撑园区发展的重要目标。第三，创新后劲不足。由于创新人才缺乏，现代服务业创新动能不足，力度不够，与农业和先进制造业融合发展的广度和深度均不足。

三　河南建设现代服务业强省的主要举措

（一）推动生产性服务业专业化高端化发展

生产性服务业是现代服务业的重要方面。其中，现代物流、现代金融、信息服务产业是河南传统服务业的主导产业，要立足现有优势，推动产业向专业化高端化发展。在现代物流业方面，重点推进电商、快递、冷链物流的发展，打造万亿级物流服务全产业链，加快建设现代物流强省。在现代金融业方面，强化政策引导，在黄河生态保护和高质量发展、乡村振兴等重点领域设立一批产业投资基金，着力发展普惠金融、绿色金融、科技金融。在信息服务业方面，加快5G、数据中心等新型基础设施建设，启动全省5G规模化商用。在知识密集型服务业方面，提升和发展科技服务、创意设计、商务咨询等服务业，大力新建省级以上创新平台。在商务服务方面，重点布局人力资源服务产业园。

（二）推动生活性服务业高品质多样化升级

顺应居民消费升级趋势，在强化公益性、基础性服务业供给基础上，扩大发展型消费服务供给。重点培育壮大家政、育幼、物业、教育培训、体育休闲等服务业，打造文化旅游、健康养老万亿级产业。在健康养老产业方面，支持有条件的城市开展长期护理保险试点，增加居家养老的投入，大力支持家庭养老，持续提升机构养老的服务质量，大幅提高护理型床位的比例。在文化旅游产业方面，全面完成3A级以上景区智能化改造，在郑州和洛阳大都市圈、大别山、伏牛山、太行山以及沿黄、沿淮、沿大运河流域，积极培育一批全域旅游示范县，形成全域旅游带。在商贸流通方面，引进新零售企业在豫布局线下实体店，推进智慧商圈建设，创建国家步行街改造提升试点。

（三）推动现代服务业和先进制造业深度融合

顺应“两业融合”的趋势和规律，充分应用互联网、大数据、人工智能等新一代信息技术，提高先进制造业的智能化和数字化水平，高起点和高质量推进“两业融合”，实现制造服务化和服务制造化。积极优化“两业融合”环境，适时调整统计方法和政策导向，建设服务型制造公共服务平台，培育智能制造系统解决方案、流程再造等服务机构。重点采取设计外包、柔性化定制、网络化协同制造、远程维护、总集成总承包等模式，实现“两业深度融合”，推进现代服务业与先进制造业服务相互促进，持续提升。

（四）全面改善现代服务强省建设条件

优化城镇布局，积极推进农业转移人口市民化，扩大城市规模，进一步优化城市特别是大城市的产业结构，提升城市的现代服务内涵和核心功能，引导城市功能和产业相配套的现代服务业，提高城市高质量发展水平和居民生活水平。制定适应“两业融合”的统计改革方案，建立健全有利于“两业融合”的统计体系。积极优化人才环境，适应现代服务业发展的需要，不断完善人才政策，在户籍、住房、津贴、子女教育等方面给予最大的优惠。加大现代服务业的对外开放力度，坚持“引进来”与“走出去”并举，积极承担现代服务业外包和吸引外商直接投资，深度融入全球服务创新链，不断增强现代服务业价值链竞争力。推进现代服务业载体提质增效，推动现代商务中心区和特色商业街区的扩容改造，建设一批专业综合示范园区。

第三节　提高农业质量效益和竞争力

当前，河南农业已进入高质量发展阶段，发展目标已由追求规模和速度为主向追求质量效益和竞争力为主转变。河南是农业大省，是全国重要的粮仓和菜篮子，承担着维护国家粮食安全和农产品有效供给的重大责任。“十四五”及其以后时期，要着力提高农业质量效益和市场竞争力，努力实现河南从一个农业大省、粮食生产大省向现代农业强省转变，为提高全国农业质量效益和竞争力做出河南贡献。

一 河南提高农业质量效益和竞争力的全局意义

（一）肩负着维护国家粮食安全的重大责任

习近平总书记在河南考察时指出，黄河流域是我国重要的经济地带，黄淮海平原、汾渭平原、河套灌区是农产品主产区，粮食和肉类产量占全国1/3左右。作为黄河流域重要的农业大省，农业生产的天然优势十分明显。河南地处北亚热带向暖温带过渡的大陆性季风气候，具有四季分明、雨热同期的特点，拥有太行山、伏牛山和大别山诸多山前平地以及南阳盆地和广阔的黄淮海冲积平原，并且这些平地、盆地和平原都是传统的农耕区，土地肥沃。按照“宜粮则粮、宜农则农”的原则，河南比较适合小麦、玉米、大豆和水稻等粮食作物的种植，特别适合小麦、玉米的生长，小麦规模和综合比较优势均居主产区首位。近年来，河南加大粮食生产和技术的投入力度，不断扩大高标准粮田的规模，粮食综合生产能力显著提高，粮食产量连续3年稳定在6600万吨以上，占全国粮食总产量的10%以上，维护国家粮食安全的地位举足轻重。

（二）承担着主要优质农产品供给的重要保障

现阶段，我国城镇化率已突破60%，并且城乡居民农产品消费层次和品质不断上升，意味着大量优质农产品的供给将由少数人保障供给大多数人，优质农产品保障任务更加繁重。在扛稳粮食安全重任的同时，河南持续深化农业供给侧结构性改革，以“四优四化”为重点，以“粮头食尾”“农头工尾”为抓手，抓好优质专用小麦、优质花生、优质草畜、优质林果、优质蔬菜等十大优势农产品基地建设，围绕面、肉、油、乳、果蔬五大产业开展五大行动，构建国家、省、市三级现代农业产业园体系，肉、蛋、奶、蔬菜、食用菌等重要农产品产量连续多年居于全国前列，正在逐步实现粮食安全与现代高效农业相统一，在农业质量效益发展的道路上越走越稳、越走越快，努力实现从“中原粮仓”到“国人厨房”再到“世人餐桌”的巨大转变。

（三）发挥着引领农业高质量发展的重要作用

新时代，在经济整体步入高质量发展背景下，农业逐步开启了高质量发展的新征程。近年来，河南深入推进农业供给侧结构性改革，在追求数量和规模的基础上，更加追求质量、效益和品质的提升，在质量效益上“精耕细作”，逐步走上高质量发展道路。自 2016 年以来，河南着力发展优质小麦、优质花生、优质草畜、优质林果，统筹推进农业布局区域化、经营规模化、生产标准化、发展产业化，并以“四优四化”为目标推进农业供给侧结构性改革和转型升级，农业的质量效益和竞争力明显提高。赵文英等人根据 2017 年中国统计相关数据，对我国各省农业现代化发展水平进行综合评价与分析指出，山东、河南、河北、江苏、黑龙江等省的农业现代化水平位于全国前列。显然，位于黄河中下游的河南和山东，农业现代化和高质量发展水平居全国前列，完全有条件在整个黄河流域农业高质量发展中发挥引领带头作用。

二　河南提高农业质量效益和竞争力面临的突出问题

（一）资源环境约束明显

近年来，长期恶化的资源环境对农业高质量发展的约束越来越明显。第一，耕地质量下降堪忧。耕地质量是农业高质量发展的根本，一方面，由于复种指数普遍较高，尚未建立休耕轮作制度，加之长期大量使用化肥，导致耕地土壤板结，肥力下降；另一方面，由于把关不严，有的地方政府将许多坡荒地、山地、滩涂地等劣质土地资源去平衡工业化、城镇化所占的优质耕地，出现了“占优补劣”的耕地质量下降现象。第二，水资源短缺形势十分严峻。全省多年平均水资源总量为 405 亿立方米，常年缺水 50 亿立方米；人均水资源占有量 410 亿立方米，仅为全国人均水平的 1/5，长期低于 500 立方米这一国际公认的极度缺水边缘标准，属于严重缺水省份。同时，因为缺水导致地下水超量使用形成漏斗区，豫北地下水漏斗区面积超过 1 万平方公里，局部地下水枯竭，地面下沉严重。第三，农业生态环境污染形势严峻。河南化肥和农药的使用量已经严重超标，化肥施用量居全国首位，加上缺乏科学指导，造成化肥滥用、农药残留超标等情况，既损害了农产品品质，又降低土壤肥力，更污染了环境。另外，就水资源质量而言，2020 年河南全省国考河流监测断面中，水质符合Ⅳ类标准的比例仍有 22.3%，特别是一些地区地下水体污染严重，这也进一步加重了农业生态环境污染的形势。

（二）农业产业链供应链现代化水平较低

在农业产业链供应链方面，现代化水平较低，成为制约农业质量效益和竞争力提高的基础性原因。第一，产业结构不优。一二三产、农林牧渔、粮经饲和农业品质结构不协调，中低产粮食种植面积大，经济作物面积小，优质饲料不能满足需求，设施农业比重偏低，高档优质农产品少，农业功能和潜力挖掘不够，三次产业融合不足，产业结构需要进一步优化。第二，农业产业链条短。农产品加工业和服务业结构调整的步伐还比较慢，还没有完全实现从卖原粮到卖产品、卖服务的有效转变。农产品加工和服务与种养衔接不紧，农产品加工企业整体实力还比较弱，农业产业链条短、附加值偏低。第三，高品质的农产品较为缺乏。农业结构与城乡居民高品质消费需求尚存在差距，农产品品质结构与市场需求不匹配，低档大宗农产品生产过剩，高品质的农产品生产滞后，难以满足居民对农产品优质化、个性化、多样化的需求。设施农业、都市农业、生态农业、休闲农业存在“同质化”现象，特色不突出，缺乏竞争力。

（三）现代运营体系不健全

在农业运营体系方面，也存在诸多需要完善的地方，是制约农业质量效益和竞争力提高的直接原因。第一，高质量发展意识不强。目前，全省仅 7.39%的规模户、50.58%的农业经营单位进行农产品等级认证，且通过绿色食品和有机食品认证等较高级别认证的农产品份额较少。《河南省第三次全国农业普查主要数据公报（第五号）》显示，2016 年全省农业生产经营人员中，初中及以下文化程度人员占比合计达到 90%，大专及以上人员仅占 1.3%。第二，规模经营程度低。据《河南省第三次全国农业普查主要数据公报（第五号）》数据测算，河南农业经营主体仍以农户分散式经营模式为主体，规模以上农业经营的农户仅占全部农业经营户的 1.47%。由于小农户经营规模偏小、经营能力偏低，难以与农产品大市场进行有效衔接，难以适应瞬息万变的市场竞争要求。第三，农产品销售流通渠道单一。在农产品销售方式上，全省70%以上的规模户和经营单位采取以自销为主的营销模式，而中间商经销和按生产订单销售农产品较少，均不到20%；全省通过电子商务销售农产品的农户比例更低，仅有1%，“互联网+农业”效果不明显。

三　河南提高农业质量效益和竞争力的路径设计

（一）坚决扛稳粮食安全重任

把确保粮食供给安全作为首要任务，打好粮食生产和供给保障王牌，扛稳国家粮食安全重担。第一，加强耕地保护。落实最严格的耕地保护制度，压实耕地保护责任，推进耕地数量、质量、生态“三位一体”保护，规范耕地占补平衡，严防“占优补劣”以及“沙化、污化、毒化”等退化现象，建立耕地激励性保护机制，严禁耕地“非农化”，防止耕地“非粮化”，坚决守住种粮耕地红线。第二，加快高标准农田建设。坚持新建与提升并重，深入贯彻落实“藏粮于地、藏粮于技”战略，编制实施新一轮高标准农田建设规划，以县为单位整体推进，建设高标准农田整县（市）示范，持续推进中低产田改造，提高高标准粮田的比例，同步发展节水灌溉，进一步提高粮食综合生产能力。第三，推进粮食产业三链同构。以“粮头食尾”“农头工尾”为抓手，延伸粮食产业链，提升价值链，打造供应链，培育粮油加工龙头企业，壮大粮食制品产业集群，推动“大粮仓”迈向“大餐桌”。

（二）着力构建提高农业质量效益和竞争力的生产体系

建立相应完备的生产体系是提高农业质量效益和竞争力的生产条件。第一，优化农业供给结构。在稳定粮食生产的基础上，加快调整种养结构，优化品种、提升品质。推广优质小麦种植，不断提升粮食品质。建设优质专用小麦、花生、草畜、林果、蔬菜、花木、茶叶、食用菌、中药材、水产品十大优势特色农产品基地，积极培育产业基础好、发展潜力大、集中连片的地区开展优势特色产业集群。第二，提高农业的组织化程度。鼓励和支持推进农村土地承包权和经营权依法、公开向新型农业经营主体流转，发展土地流转、托管、入股等多种形式的新型规模经营。规范发展农民专业合作社，引导农民专业合作社完善章程制度，依法自愿组建联合社，扎实推进农民专业合作社质量提升整县试点工作。加快培育家庭农场，整县推进家庭农场示范创建。积极发展农业产业化联合体。第三，进一步加强农业生态保护与综合治理。深入实施化肥农药零增长行动，大力推广测土配方施肥、有机肥替代化肥、病虫害绿色防控等绿色生产技术，提高农药、化肥利用效率。重点打好农业面源污染防治攻坚战，大力发展绿色生态农业，全面开展农业清洁生产，认真抓好耕地轮作、休耕试点和土壤污染防治计划。深入实施“四水同治”，加快大中型灌区现代化改造。大力发展节水农业，持续提高农业水资源利用效率，逐步修复地下水生态。第四，增加农业生产经营的技术和信息投入。强化农业技术装备支撑。提升设施农业现代化水平。大力发展数字农业，推进物联网、互联网、大数据等在农业生产中的应用，建设农业生产经营、管理服务、农产品流通等大数据平台，加快新旧动能转换，提升科技和信息要素贡献率，提高全要素生产率。

（三）加快构建提高农业质量效益和竞争力的产业体系

建立相应完备的产业体系是提高农业质量效益和竞争力的主体保障。第一，调整和优化现代农业产业结构。坚持底线思维、因地制宜、市场导向，综合考虑产业基础、区位优势、资源禀赋等方面因素，把农业产业结构优化调整与城乡居民消费结构、市场需求紧密结合起来，调整优化确保国家粮食安全的实现路径，以构建与资源环境承载力相匹配的农业生产新格局，以“保、调、稳、扩”为重点调整优化粮经作物生产结构，以“改进品种、提升质量、创建品牌”为抓手调整优化产品结构，以“藏粮于地、藏粮于技、藏粮于民”为着力点实现稳定粮食产量和产能，农业增效，提高农业市场竞争力和可持续发展能力。① 第二，积极推动一二三产业融合协调发展。支持农产品拓展产业链和价值链，依托现代农业产业园、农村一二三产业融合发展示范区以及田园综合体等平台载体，建立集农产品生产、加工、流通和服务等于一体的绿色农业产业链、供应链体系，实现全环节升级、全链条升值。积极拓展农业新业态，集聚农业多种功能，培育和发

---

① 《农业部关于进一步调整优化农业结构的指导意见》。

展田园生态休闲民宿、田园康养、康养小镇等现代田园休闲综合体。第三，推进循环农业发展。实施种养结合循环农业示范工程，推广种养结合、农牧结合模式。推动农业生产废弃物资源化利用，重点实施畜禽粪污整县治理行动，推进秸秆综合利用，制定地膜回收奖补政策，开展可降解地膜试验示范。

（四）着力构建提高农业质量效益和竞争力的服务体系

建立相应完备的服务体系是提高农业质量效益和竞争力的配套服务保障。第一，加强农业综合服务。完善公益性服务体系，提高政府涉农机构、供销合作社、涉农企业的传统服务主体地位。重点扶持新型服务主体以及经营性服务组织发展，形成公益性服务和经营性服务相融合、专项经营性服务和其他综合性服务相协调的综合服务体系。① 第二，提高农产品质量安全水平。强化质量安全监测，加强检测能力建设，推行“双随机”抽样，扩大检测覆盖面。加快推进农业标准化体系建设，重点建设“三品一标”产品安全生产管理体系和质量追溯管理体系，实现农产品质量全供应链、全流程可追溯、可反馈。加快田头市场、专业化电子交易平台等信息平台建设，提升农产品质量安全管理服务水平。第三，加强农业经营人才队伍的建设。全面建立职业农民培训制度，启动职业经理人、农民技师、乡村工匠培育工程。健全基层“三农”人才培训、认证、评聘和社保等激励制度和措施，创新培训激励机制，支持农民专业合作社、专业技术工作者协会、龙头企业等社会主体积极承担培训。② 开展高素质农民培育，推进农民技能培训与学历教育有效衔接。第四，实施品牌战略。坚持品牌引领，大力培育农业品牌，加强农产品区域公用品牌、企业品牌、产品品牌培育，把产品优势转化为品牌优势。扩大认证农产品供给和影响力，完善原产地产品保护扶持、质量标识和可追溯制度，创建一批农产品区域公用品牌。

---

① 樊香香、马培衢、刘俊玲：《河南农业绿色发展调查与建议》，《内蒙古科技与经济》2020年第13期。

② 樊香香、马培衢、刘俊玲：《河南农业绿色发展调查与建议》，《内蒙古科技与经济》2020年第13期。

（五）着力构建提高农业质量效益和竞争力的政策体系

建立相应完备的政策体系是提高农业质量效益和竞争力的政策保障。第一，深化农业农村改革。加快推进供销社、国有农场、国有林场、集体林权制度、农业水价等改革。创新农业保险服务，持续推进农业保险扩面、增品、提标，实现农作物保险全覆盖。完善财政支持方式，精准实施农业补贴，发挥财政资金杠杆作用。构建省、市、县三级政策性信贷、保险、担保体系。第二，强化资金投入。加大财政资金统筹整合力度，集中支持农业高质量发展重大工程项目建设。引导“金融豫军”发挥优势，结合各地农业特色，开发有针对性的金融产品。结合各地实际，有序推广金融扶贫卢氏模式、兰考普惠金融模式。强化政策性农业信贷担保作用，扩大政策性金融服务规模。第三，优化人才政策。强化人才培育，依托高校、科研院所、大企业加快培育服务农业的科技、信息、经营管理等人才，实行定向招录、定向补贴，优化涉农专业设置，扩大高职院校招生规模。实施“一村一名大学生”培育计划。开展高素质农民培育，有效推进农民技能培训。

参考文献

河南省人民政府：《河南省推动制造业高质量发展实施方案》。

王娟娟：《双循环视角下黄河流域的产业链高质量发展》，《甘肃社会科学》2021 年第 1 期。

田刚元、魏学文：《产业集聚视域下黄河流域制造业高质量发展研究》，《滨州学院学报》2020 年第 1 期。

河南省工业和信息化厅：《河南省沿黄地区先进制造业发展思路举措研究》，《发展改革工作专报》第 119 期（2019 年 12 月）。

陈述明：《让河南制造在黄河流域生态保护和高质量发展中更加出彩》，《中国工业报》2020 年 5 月 27 日。

河南省社会科学院工业经济研究所：《“十四五”时期河南省重大创新能力布局和建设研究》，载《“十四五”课题汇编（一）》，2020 年 6 月。

夏杰长：《迈向“十四五”的中国服务业：趋势预判、关键突破与政策思路》，《北京工商大学学报》（社会科学版）2020 年第 4 期。

李俊、王拓、杜轶楠：《世界服务业与制造业协调发展的规律与启示》，《国际贸易》2017 年第 9 期。

徐星颖：《服务业智能化发展的模式和趋势》，《竞争情报》2018 年第 4 期。

董小君、郭晓婧：《后疫情时代全球服务业的演变趋势及中国的应对策略》，《改革与战略》2021 年第 2 期。

王丽萍：《河南省现代服务业发展现状及影响因素分析》，《中国经贸导刊》2020 年 9 月中。

高亚宾、袁永波：《河南高成长服务业大省发展阶段研判》，《商业经济》2017 年第 11 期。

郭丽莎：《建设现代服务业强省背景下河南现代服务业发展的问题与对策》，《中共郑州市委党校学报》2018 年第 4 期。

贾强法：《河南农业高质量发展探析》，《河南农业》2020 年第 10 期（中）。

赵文英、付仁玲、何佳琪、李瑞敏：《我国各省农业现代化发展水平综合评价》，《中国农机化学报》2018 年第 12 期。

马克林：《河南农业现代化发展的现实困境分析》，《河南农业》2020 年第 9 期（下）。

河南省统计局：《河南省第三次全国农业普查主要数据公报（第五号）》。

樊香香、马培衢、刘俊玲：《河南农业绿色发展调查与建议》，《内蒙古科技与经济》2020 年第 13 期。

卢远方、何秀芹、卢和明：《努力推进河南农业高质量发展》，《农业农村农民》2020 年第 11 期。

河南省人民政府：《河南省国民经济和社会发展第十四个五年规划和二〇三五年远景目标纲要》（豫政〔2021〕13 号）。

河南省农业厅：《河南省沿黄地区现代生态农牧业生产基地发展思路研究》，《发展改革工作专报》第 119 期（2019 年 12 月）。

河南省农业厅：《河南省沿黄地区节水农业发展思路举措研究》，《发展改革工作专报》第 119 期（2019 年 12 月）。

河南省人民政府：《河南省人民政府关于加快推进农业高质量发展建设现代农业强省的意见》（豫政〔2020〕21 号）。

《农业部关于进一步调整优化农业结构的指导意见》。

第十章　造福人民：努力提升高质量发展的基础能力

习近平总书记在黄河流域生态保护和高质量发展座谈会上指出，区域中心城市等经济发展条件好的地区要集约发展，提高经济和人口承载能力。贫困地区要提高基础设施和公共服务水平，全力保障和改善民生。在新的历史时期，河南要紧紧围绕高质量发展这一战略目标，抓住黄河流域生态保护和高质量发展的重大战略机遇，进一步优化区域协调发展格局，增强改革开放创新驱动力，打造动能转换的强大引擎，大力实施“基础设施先行工程”，提高公共服务品质，形成促进全省高质量发展的整体合力，夯实高质量发展的支撑基础。

第一节　构建城乡区域协调发展新格局

区域协调发展是新时代国家贯彻新发展理念、推动高质量发展、建设现代化经济体系的重要战略。近年来，河南省持续把重点发展中原城市群作为引领区域发展的基本途径，把发展壮大县域经济作为区域协调发展的基石支撑，探索了一条具有河南特色的区域协调发展之路。进入新时代，河南区域协调发展呈现区域发展不平衡不充分、经济和人口空间布局面临重塑等特点，在当前区域经济竞争日益激烈的背景下，河南省要抓住新一轮国家推动中部地区高质量发展的战略机遇，发挥各地区比较优势，促进各类要素合理流动和高效集聚，进一步优化生产力空间布局，构建“主副引领、两圈带动、三区协同、多点支撑”的区域协调发展格局，推进新型城镇化和区域协调发展。

一　新时代河南城乡区域协调发展呈现新特点

（一）区域发展不平衡态势明显

河南省 18 个省辖市在发展过程中，受历史、地质等各种因素影响，各地市经济社会发展快慢不同、综合经济实力强弱不同，区域发展不平衡、不充分现象依然存在。区域协调发展系数①是衡量区域协调发展程度的一个指数，该数值越高则说明区域协调发展程度越低。近年来，受产业结构调整和化解过剩产能等政策和发展环境影响，河南省内部分资源型城市发展势头回落，各市发展不平衡、不充分态势分化明显，区域协调发展系数由 2010 年的 2.54 上升至 2019 年的 2.73（见图 10-1）。各地的综合经济实力差距拉大，截至 2019 年末，18 个省辖市只有郑州经济体量超过 1 万亿元，洛阳经济体量超过 5000 亿元，其余省辖市经济体量远远落于其后。18 个省辖市中，许昌占全省的经济总量比重、常住人口比重都有提升，平顶山、南阳、濮阳等经济总量占比下滑，周口和信阳常住人口总量占比显著下滑，城市发展态势将由齐头并进向加速分化转变（见表 10-1）（见表 10-2）。

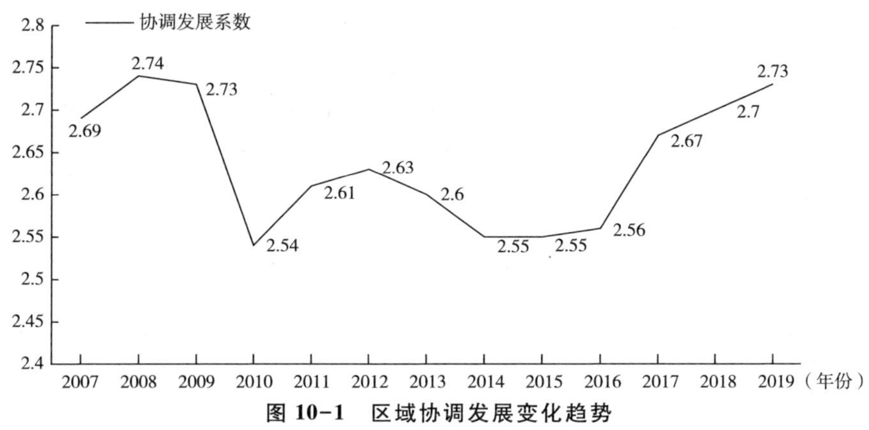

图 10-1　区域协调发展变化趋势

资料来源：《河南统计年鉴 2020》。

---

① 河南省区域协调发展系数是指各省辖市 GDP 占河南省 GDP 比重减各省辖市常住人口占河南省常住人口比重的绝对值，乘以各省辖市常住人口占河南省常住人口比重的加总。

表 10-1　2015~2019 年河南各地级市 GDP 占全省比重

单位：亿元，%

地级市	2015 年		2016 年		2017 年		2018 年		2019 年	
	GDP	GDP占比	GDP	GDP占比	GDP	GDP占比	GDP	GDP占比	GDP	GDP占比
郑州	7311.52	19.76	8113.97	20.05	9193.77	20.64	10143.32	21.11	11589.72	21.36
开封	1605.84	4.35	1755.10	4.34	1887.55	4.24	2002.23	4.17	2364.14	4.36
洛阳	3469.03	9.38	3820.11	9.44	4290.19	9.63	4640.78	9.66	5034.85	9.28
平顶山	1686.01	4.56	1825.14	4.51	1994.66	4.48	2135.23	4.44	2372.64	4.37
安阳	1872.35	5.06	2029.85	5.02	2249.85	5.05	2393.22	4.98	2229.29	4.11
鹤壁	715.65	1.93	771.79	1.91	827.65	1.86	861.90	1.79	988.69	1.82
新乡	1975.03	5.34	2166.97	5.35	2357.76	5.29	2526.55	5.26	2918.18	5.38
焦作	1926.08	5.21	2095.08	5.18	2280.10	5.12	2371.50	4.93	2761.11	5.09
濮阳	1328.34	3.59	1449.56	3.58	1585.47	3.56	1654.47	3.44	1581.49	2.91
许昌	2171.16	5.87	2377.71	5.87	2632.92	5.91	2830.62	5.89	3395.48	6.26
漯河	992.59	2.68	1081.93	2.67	1165.04	2.61	1236.66	2.57	1578.44	2.91
三门峡	1251.04	3.38	1325.86	3.28	1447.42	3.25	1528.12	3.18	1443.82	2.66
南阳	2866.82	7.75	3114.97	7.70	3345.30	7.51	3566.77	7.42	3814.98	7.03
商丘	1812.16	4.90	1989.15	4.91	2195.55	4.93	2389.04	4.97	2911.20	5.37
信阳	1879.67	5.08	2037.80	5.04	2194.51	4.93	2387.80	4.97	2758.47	5.08
周口	2089.70	5.65	2263.86	5.59	2459.70	5.52	2687.22	5.59	3198.49	5.89
驻马店	1807.69	4.89	1972.99	4.87	2175.04	4.88	2370.32	4.93	2742.06	5.05
济源	492.54	1.33	538.91	1.33	600.12	1.35	641.84	1.34	686.96	1.27

资料来源：《河南统计年鉴 2020》。

表 10-2　2015~2019 年河南各地级市常住人口占全省比重

单位：万人，%

地级市	2015 年		2016 年		2017 年		2018 年		2019 年	
	常住人口	常住人口占比	常住人口	常住人口占比	常住人口	常住人口占比	常住人口	常住人口占比	常住人口	常住人口占比
郑州	957	10.09	972	10.20	988	10.34	1014	10.56	1035	10.74
开封	454	4.79	455	4.77	455	4.76	456	4.75	457	4.74
洛阳	674	7.11	680	7.13	682	7.13	689	7.17	692	7.18
平顶山	496	5.23	498	5.22	500	5.23	503	5.24	503	5.22

续表

地级市	2015年		2016年		2017年		2018年		2019年	
	常住人口	常住人口占比	常住人口	常住人口占比	常住人口	常住人口占比	常住人口	常住人口占比	常住人口	常住人口占比
安阳	512	5.40	513	5.38	513	5.37	518	5.39	519	5.38
鹤壁	161	1.70	161	1.69	162	1.69	163	1.70	163	1.69
新乡	572	6.03	574	6.02	577	6.04	579	6.03	581	6.03
焦作	353	3.72	355	3.72	356	3.72	359	3.74	360	3.73
濮阳	361	3.81	363	3.81	364	3.81	361	3.76	361	3.74
许昌	434	4.58	438	4.60	441	4.61	444	4.62	446	4.63
漯河	263	2.77	264	2.77	265	2.77	267	2.78	267	2.77
三门峡	225	2.37	226	2.37	227	2.37	227	2.36	228	2.37
南阳	1002	10.57	1007	10.56	1005	10.51	1001	10.42	1003	10.40
商丘	727	7.67	728	7.64	730	7.64	733	7.63	733	7.60
信阳	640	6.75	644	6.76	645	6.75	647	6.74	646	6.70
周口	881	9.29	882	9.25	876	9.16	868	9.04	866	8.98
驻马店	696	7.34	699	7.33	700	7.32	704	7.33	705	7.31
济源	73	0.77	73	0.77	73	0.76	73	0.76	73	0.76

资料来源：《河南统计年鉴2020》。

（二）经济和人口空间布局面临重塑

城乡人口流动将随着家庭变迁、经济地理与产业布局的重新调整，形成乡村与城市间纵向迁移、不同等级城市间横向迁移的局面，以郑州、洛阳为核心城市的都市圈，其经济和人口集中度将进一步提高，部分转型慢、不具备产业竞争优势的城市可能会面临人口收缩。近几年，郑州每年的净流入人口基本保持在30万人左右，2019年达到了46万人。洛阳市建城区人口自2010年的186.1万人增至2018年的203.0万人，市区常住人口持续大于总人口，一直处于人口净流入状态。南阳、周口则属于人口净流出地区，2019年，南阳市人口净流出199万人，周口市人口净流出300万人。随着农村大量青壮年劳动力持续外流，位置偏远、交通条件差、资源匮乏的农村空心化、劳动力老龄化现象更加严重，一些农村将面临合村并点，以此提高公共服务设施配置效率，促进乡村振兴。

（三）中心城市引领带动能力进一步凸显

中心城市拥有先进的基础设施、强大公共服务供给能力和生产消费服务能力，能为区域发展提供强大支撑保障。目前，我国经济进入新常态，中心城市对区域经济发展的带动作用进一步凸显，发挥中心城市的辐射带动作用已经成为当前我国构建区域经济协调发展格局的重要出发点和落脚点。河南省委省政府也提出要以中心城市建设为引领，加快中原城市群一体化发展。“十三五”期间，河南的中心城市建设日新月异，综合承载能力大幅提升。其中，郑州国家中心城市市域建成区面积由744.77平方公里扩大至1200平方公里左右，经济总量跃上万亿元台阶，进入中国城市综合竞争力20强；郑州米字形高铁网基本建成，轨道交通由线成网，运营里程达206公里，国际枢纽门户地位持续得到强化，城市能级大幅攀升。洛阳中原城市群副中心城市建设全面提速，洛阳都市圈建设全面启动，洛阳“十字型”高铁枢纽正在构建，“一中心六组团”快速路网基本建成，洛阳正从交通节点城市向全国重要综合交通枢纽城市迈进。南阳、安阳、商丘等区域中心城市也在聚焦交通、产业等领域联动，带动南部、北部、东部一体化发展。濮阳、三门峡、信阳、周口等省际边界城市主动对接周边区域发展战略，平顶山、鹤壁正在加快转型发展，推进国家老工业城市和资源型城市产业转型升级示范区建设，漯河、驻马店等城市也充分利用粮食核心区优势，积极发展特色优势产业，成为带动区域协调发展的核心力量。

二　构建城乡区域协调发展新格局的总体思路

（一）构建城乡区域协调发展新格局遵循的基本导向

构建城乡区域协调发展新格局要充分领会吃透中央精神，根据国家战略导向来进行前瞻性谋划和创新性推进。当前，我国经济发展的空间结构正在发生深刻变化，中心城市、城市群、都市圈正在成为承载发展要素的主要空间形式。新形势下促进区域协调发展，要按照客观经济规律调整完善区域政策体系，发挥各地区比较优势，促进各类要素合理流动和高效集聚，增强创新发展动力，加快构建高质量发展的动力系统，增强中心城市和城市群等经济发展优势区域的经济和人口承载能力，增强保障粮食安全、生态安全等方面的功能。同时要保障民生底线，推进基本公共服务均等化，在发展中营造平衡。对河南来说，构建城乡区域协调发展新格局的导向，一是要以充分发展解决发展的不平衡问题。不平衡是促进区域协调发展的潜力空间，我们追求的平衡发展是要摆脱“齐头并进”推进各地工业化、城镇化的困扰，把握人口流动方向与经济要素向回报率高的地方集聚的客观规律和必然趋势，发挥各地的比较优势，明确各地的功能定位和产业发展方向，最终在充分发展中实现人口与经济、公共服务水平与人均收入水平的大致均衡。二是要持续推进供给侧结构性改革，打赢产业基础高级化和产业链现代化攻坚战。在基础零部件、基础材料、基础技术等方面主动认领河南任务，集全省之力打好打赢一批优势产业领域的攻坚战，促进区域经济高质量发展。三是确保粮食安全、黄河安澜和生态安全。河南是粮食生产核心区，肩负保障国家粮食安全重任，黄河流域对维护粮食安全、能源安全和生态安全等方面具有十分重要的全局性、战略性、根本性作用，构建城乡区域协调发展新格局必须要以高度的政治自觉和责任担当，牢牢扛稳确保粮食安全、黄河安澜和生态安全的重任。

（二）构建城乡区域协调发展新格局的基本思路

按照国家将中心城市、都市区、都市圈、城市群作为承载经济、人口重要空间形式的导向，结合河南人口流动方向和趋势，进一步优化生产力空间布局，明确郑州大都市区，洛阳都市圈，南阳、信阳、商丘等区域中心城市的经济人口承载空间，深入落实主体功能区战略，构建“主副引领、两圈带动、三区协同、多点支撑”的区域协调发展格局，突出中心带动整体联动，推进新型城镇化和区域协调发展。

“主副引领”就是要增强郑州国家中心城市和洛阳副中心城市的龙头带动作用。做强做优郑州国家中心城市，提升郑州国家中心城市在国际上参与全球竞争和集聚高端资源的能力，推进郑开同城化、郑焦一体化、郑许一体化、郑新一体化发展，建设现代化郑州都市圈，形成支撑带动中西部地区高质量发展的强劲动力源。巩固提升洛阳副中心城市功能地位，顺应区域经济多极化发展趋势，增强洛阳要素集聚承载和跨区域配置能力，强化与郑州国家中心城市错位发展，加快建设洛阳都市圈，在推动高质量发展中发挥更大作用。

“两圈带动”就是要发挥郑州都市圈、洛阳都市圈在区域协调发展上的动力源作用。推动郑州都市圈、洛阳都市圈联动发展，以生态为基础、产业为重点、交通为关键，完善都市圈一体化发展体制机制，规划建设郑开同城化先行示范区，加快郑许、郑新、郑焦一体化步伐，推动洛阳与济源深度融合发展，深化洛阳与平顶山、三门峡、焦作合作联动发展。

“三区协同”就是要推动安阳、南阳、商丘等区域中心城市联动周边城市，建设北部跨区域协同发展示范区、南部高效生态经济示范区和东部承接产业转移示范区。

“多点支撑”是指发挥信阳、平顶山、鹤壁、濮阳、漯河、济源等重要节点城市的比较优势，强化跨省域联动发展，发展壮大重要节点城市，增强这些重要节点城市对区域协调发展的支撑力。

三　构建城乡区域协调发展新格局的重点任务

（一）强化郑州、洛阳主副城市的引领地位

区域经济发展以增长极为先导，区域经济发展需要核心增长极的引领和带动。郑州是中原城市群的核心城市，加快郑州国家中心城市建设，必将引领和有力带动中原城市群高质量发展。强化郑州国家中心城市在河南区域协调发展中的引领地位，一是要持续提升郑州的核心竞争力和综合服务功能。统筹推进郑州国际综合交通枢纽和内陆地区对外开放门户建设，积极承接国家重大生产力和创新体系布局，建设黄河流域极具活力的科技创新中心、国家先进制造业基地、国际消费中心城市和数字经济发展新示范，打造国家高质量发展新标杆。二是要提升城市品质。科学确定城市的开发强度和人口密度，持续推进城市更新，将郑州建成有品位、时尚宜居的内涵式、集约型、绿色化都市。三是要深入推进郑开同城化发展。加快建设多层次同城化交通网，推进轨道交通通勤化、城际公路快速化、城际客运公交化。推进产业体系错位布局，依托主要交通廊道推进产业园区联动协作。推进城市功能聚合互补，将郑州的教育、医疗等优质公共服务资源有序向开封延伸。

当前，河南正处在迈向高质量发展的紧要关口，需要各地探索具有自

身特色的高质量发展路子。推动洛阳副中心城市建设，发挥洛阳副中心城市在河南区域协调发展中的引领作用，有利于增强河南省高质量发展的推动力，形成能够带动区域高质量发展的新增长极，在服务大局中展现洛阳担当作为。强化洛阳副中心城市在河南区域协调发展中的引领地位，一是要加强对外开放，统筹推进重大改革开放平台和中欧、中德产业园建设，积极融入共建“一带一路”。二是要提高洛阳自主创新能力，实施科技强市行动，以洛阳国家自主创新示范区建设为龙头，打造国家农机装备创新中心、周山国家实验室等高端创新平台和载体。三是做强先进装备制造、新材料、高端石化、电子信息、节能环保等产业集群，打造全国重要的先进制造业和现代服务业基地。四是提升城市功能，推动呼南高铁豫西通道和洛阳机场改扩建，推动洛阳建成国家交通枢纽城市。加快建设国际文化旅游名城、国际人文交往中心和现代生态宜居城市，持续提升洛阳副中心城市软实力。

（二）发挥郑州、洛阳双都市圈带动作用

顺应人口向大都市集聚态势，整合重大资源、平台投放，优化国家中心城市战略布局，强化都市圈带动作用，一是推动郑州都市圈一体化高质量发展。加快郑许、郑新、郑焦一体化发展，统筹布局都市圈轨道交通网、城际快速路网，培育职住合一、规模适度、支撑联动发展的轨道“微中心”。加快开港许港、郑新、郑焦等产业带建设，推进产业圈梯次分布、链式配套、紧密协作。推进都市圈政务服务“一网通办”，鼓励合作建设学校、医院、康养等服务设施。二是加快培育发展洛阳都市圈。推动洛阳与济源、平顶山、三门峡、焦作等市合作联动发展，加快构建都市圈内“1小时”通勤圈，推动水利、能源、信息等基础设施共建共享和互联互通、生态环境共保共治。三是促进郑州都市圈和洛阳都市圈联动发展。以交通为先导，统筹布局郑州与洛阳间多层次多方式快速通道，推动郑州、洛阳间轨道交通实现公交化运行。统筹推进洛济焦、郑焦产业带建设，推动两大都市圈叠合区内的巩义、孟州、温县等地双向融入两大都市圈建设，打造双圈联动优先发展区。加强郑州都市圈、洛阳都市圈与西安都市圈优势共塑和互补协作，联动建设郑洛西高质量发展合作带。

（三）促进区域中心城市与周边协同发展

提升区域中心城市的规模能级，强化城市之间在交通、城市功能、城市产业等方面的对接，吸引人口经济要素加快集聚。一是强化“三区协同”，促进区域中心城市和城镇协同发展。厚植南阳、安阳、商丘等区域中心城市在交通、生态、文化等方面的优势，建设新兴区域经济中心。以南阳为中心，联动信阳、驻马店等城市与长江经济带对接协作，以商丘为中心，联动周口、漯河等城市对接长三角一体化发展，以安阳为中心，联动鹤壁、濮阳等城市融入京津冀协同发展，打造南部高效生态经济示范区、东部承接产业转移示范区、北部跨区域协同发展示范区。二是发展壮大节点城市，夯实多点支撑基础。提高平顶山、鹤壁、新乡等重要节点城市的资源要素承载能力和综合服务功能，培育壮大各自的特色优势主导产业，推进重要节点城市特色错位发展。三是加强对外协作，协同打造中原—长三角经济走廊。依托高铁通道和淮河、沙颍河等水运通道，加强与长三角地区跨省对接合作，积极融入长三角地区产业链供应链，构建东向开放融入长三角地区的新的产业和城镇密集带。

（四）推动以县城为载体的新型城镇化建设

把县域作为推动城乡融合、提高新型城镇化质量的重要切入点，提高县城综合承载能力和乡镇服务功能，提升城镇治理水平，使城市成为人民群众高品质生活的空间。一是全面提升新型城镇化发展质量。深化户籍制度改革，加快农业转移人口市民化，推进城镇基本公共服务常住人口全覆盖。提升城市功能品质，科学布局城市生产、生态、生活空间，统筹新城区开发和老城区改造，推进城市有机更新，建设韧性城市、海绵城市、森林城市，提高城市治理水平，让城市更加宜居宜业。二是提升县城的综合承载能力。持续实施补短板强弱项工程，完善环卫、市政、公共服务和产业培育等设施，提高县城对人口、产业等资源要素的承载能力。推进全县域基础设施和公共服务城乡贯通。加快城镇基础设施和公共服务体系城乡一体化，推动县域教育、医疗卫生等公共服务资源优化配置，缩小城乡居民生活基本设施和公共服务上的差别。三是推动县城积极融入周边中心城市发展。河南的永城、固始、邓州等位于省际交界地区的县（市），其经济总量已经超 400 亿元，加快把这些城市培育发展为现代化中小城市，成为带动毗邻地区发展的新兴中心。四是提升乡镇联城带村能力。打造一批特色乡镇，成为县域经济新的增长点和连城带村纽带节点。积极推动镇区常住人口 20 万人以上的特大镇设市和撤乡设镇，增强镇区的综合服务功能。

第二节　增强改革开放创新驱动力

改革开放创新是高质量发展的根本动力，近年来，河南省持续推进改革开放创新“三力联动”，重点领域改革不断深化，对外开放持续发力，科技创新取得新突破。当前，持续释放改革开放创新驱动力还存在一些思想认识、体制机制、人才等方面的瓶颈制约因素，需要在“十四五”时期进一步加大改革开放创新力度，强化改革举措系统集成，把科技创新作为全省发展的战略支撑，完善创新体系，进一步拓展开放范围和层次，发展壮大开放型经济，全面增强改革开放创新驱动力，塑造发展新优势。

一　强化改革开放创新“三力联动”

（一）“三力联动”是高质量发展的根本动力

进入新时代，高质量发展成为我国经济社会发展的基本特征和根本要求。高质量发展，更加重视质量、效率和动力变革，改革开放创新“三力联动”是高质量发展的根本动力，推动高质量发展，必须坚持改革推动、开放带动、创新驱动“三力联动”，以改革破解难题，增强内生发展动力；以开放激发活力，增强外源发展动力；以创新赢得先机，增强新生发展动力。

改革是高质量发展的内生动力。改革是在发展过程中由存在的问题倒逼改革的深化，经过 40 多年的改革发展，好解决的问题已经得到解决，剩下的都是发展中难以解决的复杂矛盾和问题。越改革越是会遇到很多触及体制机制的深层次问题，就更需要有深化改革的魄力和勇气，敢于解除束缚，突破瓶颈，增添内生发展动力。开放是高质量发展的外源发展动力。多年来的发展实践证明，开放带来进步，封闭必然导致落后，开放是高质量发展的必由之路。在经济全球化、区域经济一体化日趋加深的时代背景下，河南的高质量发展必须要以更宽的视野和胸怀融入外面的世界，主动加强与“一带一路”建设和国家其他重大区域战略的对接融合，以更大程度开放承接优质产业转移，参与全球产业链、供应链重塑，形成高质量发展的强磁场。创新是高质量发展的新生发展动力。谁牵住了科技创新这个牛鼻子，谁就能占领先机、赢得优势。河南高质量发展必须要抢抓机遇，增强创新的责任感和紧迫感，坚持自主创新和开放创新两手抓，强化科技创新和制度创新，搭建创新载体平台，培育壮大创新主体，加大科技研发力度，为高质量发展抢占制高点，积蓄充沛的新生发展动能。

（二）河南推进“三力联动”的做法和成效

重点领域改革不断深化。在国企改革、“放管服”改革、农村土地制度改革等领域改革成效明显，有力地推动了经济社会转型发展。一是放管服改革跑出河南加速度。近年来，河南省深入推进“放管服”改革，推进数字政府建设，建成覆盖省市县乡村五级的河南政务服务网，豫事办、郑好办等政务 App 使政务服务事项基本实现网上可办，2020 年全省网上办件量超过 1.2 亿件，“一网通办、一次办成”，政务服务利企便民水平大幅提升。大力优化营商环境，出台《河南省优化营商环境条例》，推出多项便利化措施，在全国率先建成全程电子化登记系统，企业开办时间大幅压缩至两个工作日，企业注册登记便利化程度走在全国前列。全面开展营商环境评价，目前，河南省正在推动营商环境评价县域全覆盖，以评促改，以改促优，推动全省营商环境不断优化。二是深化国企改革。自 2016 年开始，连续 3 年打响国企改革攻坚战，以剥离国有企业办社会职能、处置“僵尸企业”和破产企业的清算与人员安置等为重点进行改革，企业自办的 70 家教育机构、100 家医疗机构和 21 家消防机构顺利进行了移交、剥离或改制，1124 户“僵尸企业”得到有效处置，共处置低效闲置资产 175.6 亿元，化解和处理企业债务 155.7 亿元，涉及职工安置 13 万人。深入推进混合所有制改革，稳步开展改组组建国有资本投资、运营“两类公司”试点。三是积极推进农村和其他领域改革。截至 2020 年底，农村集体产权制度改革基本完成，集体经济组织达到 4.9 万个，适度规模经营面积占家庭承包耕地的 69.3%，承包地“三权分置”改革进一步深化，农村宅基地改革稳慎推进。城市空间规划、开发区体制、公共资源交易、财税、电力、价格、交通、医药卫生等领域改革取得积极进展。

对外开放持续发力。开放型经济规模不断扩大，“十三五”期间，全省货物贸易进出口超过2.7万亿元，实际吸收外资超过900亿美元，均是“十二五”期间的1.4倍。对外开放亮点纷呈，一是形成对外开放政策体系。出台了《关于以“一带一路”建设为统领加快构建内陆开放高地的意见》《河南省支持外贸外资外经企业稳定发展若干措施》等一系列政策措施，形成了河南对外开放“1+N”政策体系，引领河南以高水平开放促进高质量发展。二是各地都采取务实举措促进开放型经济长足发展。郑州引进APUS全球第二总部、海康威视中原区域总部、上汽全球数据中心、柯力传感自动化生产和物联网、浙江大学中原研究院等一批重大招商引资项目。洛阳市发挥“一带一路”主要节点城市的综合优势，积极谋划建设国际化城市。许昌市深化对德交流合作，中德（许昌）中小企业合作区获批，成为全国第八全省首个获批省辖市。周口市成功加入海河联运港际合作联盟，融入“一带一路”水运港口码头体系。三是平台载体持续完善。高能级对外开放平台载体不断增加，截至2020年底，河南省共有省级以上经济技术开发区36家、跨境电商示范园区28家，洛阳和开封综合保税区、许昌保税物流中心、南阳跨境电商综试区等开放平台获批建设。四是“四路协同”“五区联动”新格局正在形成。“空中丝绸之路”依托郑州—卢森堡“双枢纽”，形成多节点、多线路、广覆盖空中网络格局。“陆上丝绸之路”依托郑欧班列继续领跑全国。“网上丝绸之路”依托跨境电商综试区，形成“买全球、卖全球”网络枢纽。“海上丝绸之路”推进多线路、多港口、多站点铁海多式联运，基本形成了“连通境内外、辐射东中西”的国际物流通道枢纽。郑州航空港经济综合实验区、河南自贸试验区、郑洛新自主创新示范区、中国（郑州）跨境电商综试区、大数据综合试验区“五区联动”优势叠加效应正在放大，不断推动对外开放走深走实。

科技创新取得新突破。近年来，河南大力实施创新驱动发展战略，建设中西部地区科技创新高地的步伐逐步加快，科技进步对经济社会发展的贡献率大幅提升，科学技术已经成为推动全省经济社会发展的强大动力。一是郑洛新自创区创新引领作用显著增强。郑洛新自创区各项创新指标领跑全省，2020年，自创区高新技术企业总数占全省的61.4%，技术合同交易额占全省的79.8%。二是一批重大核心关键技术取得了标志性突破。超大直径硬岩盾构掘进机研制成功，应用于国内外重大工程建设。光互连芯片实现进口替代，另外还有引线框架铜合金新材料、大尺寸溅射钼靶材、LED与半导体用精密超硬磨具、全自动微生物鉴定药敏分析系统等产品，打破了国外技术市场垄断。华兰生物自主研发的“四价流感病毒裂解疫苗”填补了我国四价流感疫苗市场空白，市场占有率居国内首位。三是创新型企业剧增。2020年，河南新增1542家国家级高新技术企业，总量达到6324家，国家科技型中小企业数量居中部首位。高新技术企业发展态势良好，仕佳光子、翔宇医疗、金冠电器3家高新技术企业成功登陆科创板。四是科技创新高端平台机构不断壮大。2020年，国家超算郑州中心建成投用，首家国家野外科学观测研究站获批建设，国家生物育种产业创新中心启动建设，生物大分子药物等14个省级技术创新中心成立。新建科技企业孵化器、众创空间等省级创业孵化载体280家，新构建省产业技术创新战略联盟25家。

二　河南释放改革开放创新驱动力需要突破的瓶颈

（一）思想解放和重视程度不够

解放思想是要去研究新情况、解决新问题，当前中国经济社会变革日新月异，很多新问题、新矛盾不断出现，没有历史参照和既定经验，一些政府职能部门的领导干部面临“本领恐慌”，在解决矛盾和问题时存在惯性思维和路径依赖问题。一些地方对开放发展重视程度不够，对以产业为中心，通过开放引企业、强产业、保就业的支撑作用认识不足，谋招商、干招商的积极性和主动性不强，推进招商有效措施不足，招商引资创新意识不强。特别是在一些大项目的招商引资中，对中央和省里的政策发展环境与项目的发展前景缺乏科学研判，招商引资项目落地率、成活率较低。另外，对科技创新重视程度不够，一些鼓励科技创新的政策制定还沿袭了过去的思维模式，缺乏与时俱进的魄力，不能适应当前人才竞争的需求，科技人员很难真正享受科技创新激励政策带来的政策红利。

（二）高层次人才短缺

人才是改革开放创新中最活跃最关键的要素，人才流失和高层次人才吸引力不足是阻碍改革开放创新活力的绊脚石。在开放领域，国际化、高层次、领军型人才和熟悉国际规则、国际事务、国际法律等方面的人才严重不足，出现高层次人才用工难、用工贵问题，比如，在大型会议、论坛、会见、商务会谈等场合缺乏口语翻译人才，成为对外开放交流的“瓶颈”。在创新领域，高端创新人才、创新团队仍然偏少。河南的产业结构与高端人才的就业需求偏差很大，河南互联网以及智能制造等高端产业相对发展滞后，因此相比经济发达城市，对高端人才的吸引力也就比较低。另外，河南薪资水平整体偏低，2020 年第四季度，郑州的平均薪酬为 7917 元，在全国主要城市中排第 28 位，低于长沙、成都、合肥、贵阳、乌鲁木齐等城市，薪资水平较低自然很难吸引高端人才。

（三）体制机制活力不足

体制机制是高质量发展的动力活力所在，体制机制顺，则人才聚、事业兴。当前发展的体制机制还没有彻底与高质量发展的要求相适应，其制约主要在以下几个方面。一是市场经济体制不完善。要素市场的不健全，影响资源合理有效配置。比如在资金要素方面，金融服务对小微企业、民营企业和三农领域等服务不足。在土地要素方面，农村土地资源闲置现象严重，缺乏盘活闲置宅基地和农村集体经营性建设用地用于产业发展的有效举措，农村土地要素跨城乡、跨区域流动不畅，农村土地资源要素配置低效。二是科技创新体制机制不完善。创新型人才自由流动存在体制壁垒，缺乏创新激励机制，科技人员自主创新积极性不能很好地发挥，影响创新成果向产业领域的转移转化。三是政府职能转变不到位。政府和市场的界限界定不清楚，在市场准入、产业竞争等领域仍有越位现象，在市场监管、公共产品等领域存在供给不足的现象。在宏观调控的手段上，偏向采用行政手段，市场化调控的工具和方法不足。

三 河南增强改革开放创新驱动力的路径选择

（一）聚焦重点难点，持续深化重点领域改革

坚持问题导向和目标导向，把全面深化改革不断引向深入，推动各项改革举措有机衔接、融会贯通，推动深化改革工作系统集成、协同高效，破解发展中深层次的矛盾和问题。一是深化供给侧结构性改革，提高供给

体系质量和效率。提高服务供给、要素供给等制度的供给体系质量，增强高质量发展的能力。建立与国际接轨的质量标准体系，提高产品、工程、服务和环境质量。以实体经济为重点，优化商品和服务的供给体系质量，做大做强新技术、新产业、新业态、新模式。深化要素市场化配置改革，完善要素市场体系。二是深化国资国企改革。加强党对国有企业的领导，推动国有企业聚焦主责主业，进行业务板块整合重组，壮大国有资本和国有企业。完善现代企业制度，推行职业经理人制度，建立完善灵活高效的市场化经营机制。深化混合所有制改革，推动混合所有制企业转换经营机制，使社会资本有更多渠道参与混合所有制改革。健全国有资产监管体制，完善国资监管平台功能，推进经营性国有资产集中统一监管，切实防范债务风险。三是深化政府治理能力现代化改革。提高政府宏观经济运行调节能力，科学制定社会经济发展规划，增强规划对社会经济的宏观引导和统筹协调功能。发挥市场机制和社会协同力量，维护经济稳定运行。深化财税金融改革，加强财政资源统筹和中期财政规划管理，深化预算管理制度改革，强化预算约束，推进财政支出标准化。统筹推进税收征管制度改革，加强部门间涉税数据共建共享，提高税收征管效能。健全地方金融监管体系，强化对地方金融的功能监管和行为监管，优化金融环境。进一步落实减税降费政策，加强政银企对接，提升民营经济发展活力和竞争力。加快转变政府职能，持续深化“放管服”改革，全面实行政府权责清单制度和涉企经营许可事项清单管理，减少政府对市场微观经济活动的直接干预。加快数字政府建设，推进政府管理服务数字化转型。四是持续优化营商环境。以更大力度持续精简行政许可事项，推进政务服务标准化、规范化、便利化，全面推行“一件事一次办”。深化“证照分离”“照后减证”等商事制度改革，提高企业注册经营与注销退出的便利度。全面开展县级营商环境评价，全面提升营商环境竞争力。

（二）构建开放型经济新体系，全面提升开放水平

发挥自贸试验区的开放引领作用，放大各类开放平台联动集成效应，推进全方位、多层次、多元化开放合作，全面提升开放水平。一是高水平推进开放通道枢纽建设。以“空中丝绸之路”为引领，全面推动“四路协同”联动发展，创新“四路协同”体制机制，强化规划统筹、政策互通、

设施联通、信息共享、服务联动，在更高水平更大范围连通境内外、辐射东中西，促进全球高端要素资源集聚，打造具有国际影响力的枢纽经济先行区。二是构建区域联动的开放平台体系。借力国家战略叠加，推进区域开放平台协同发展。以功能、政策、贸易、监管协同为重点，加强顶层设计，推动建立郑州航空港经济综合实验区、中国（河南）自由贸易试验区、郑洛新国家自主创新示范区、中国（郑州）跨境电子商务综合试验区、国家大数据（河南）综合试验区协调联动发展机制，推进政策措施、人才引进、科技创新、金融服务、信息集成等方面互联互通、优势互补，加快创新制度相互复制推广，形成河南开放平台优势叠加效应。三是深化拓展国际合作空间。积极融入“一带一路”，开展丝路人文交流合作，依托“四路协同”“五区联动”战略，鼓励省内院校、科研机构与共建“一带一路”国家开展人才联合培养，在文化旅游、文物互展、合作办学、医疗卫生和传染病防治等领域开展合作，积极与国外建立友好省州和国际友城，积极申办国际性会议、展会、体育赛事等重大节会活动，利用节会活动开展城市营销及推介活动。

（三）打造区域协同创新共同体，打造中西部创新高地

坚持创新在高质量发展中的核心地位，完善创新体系，增强发展新动能，打造中西部创新高地。一是引进培育高端科技创新平台，抓住当前国家优化区域创新布局的机遇，积极争取国家实验室等重大创新平台和重大科技基础设施布局，推动具备条件的创新平台和实验室晋升为国家级。加快传统科研机构资源整合，推动国内外一流高校、知名科研院所、龙头企业在豫设立分支机构和研发中心，支持省内外高校、科研院所联合骨干企业、行业协会组建产业技术联盟、创新联盟等新型创新组织。二是推动郑洛新国家自主创新示范区提质发展。强化郑洛新国家自创区战略实施，更好发挥郑州自创区的领军优势，广泛对接郑州、新乡、焦作、开封科技和产业优势，加强产业共性关键技术创新与转化平台建设，建成开放互通、布局合理的区域创新体系，打造具有国际竞争力的中原创新创业中心，全面提升区域创新体系整体效能。三是加快建设郑开科创走廊。推进郑州高新区、金水科教园区、龙子湖高校园区、开封职教园区联动发展，建设百里创新创业长廊，打造支撑全省、服务全国的创新策源地。四是促进各地

创新协同发展。优化创新资源区域布局，完善城市创新生态系统，力争省级以上高新区覆盖到全省 18 个省辖市。加强科技协同创新体系建设，推动郑州、洛阳、新乡等市建设协同创新平台。五是推动产业链创新链深度融合。聚焦重点产业发展方向，在高端装备、先进材料、新能源等领域的关键共性技术与“卡脖子”技术方面，整合优势资源集中攻关，力争取得一批重大标志性成果。

（四）加强全方位育才引才留才，打造人才会聚新高地

深化人才发展体制机制改革，创造培养、引进、用好人才的环境，将河南建成人才会聚新高地。一是加强本土人才培育开发。制订河南人才储备计划，培养一批青年拔尖人才、学者、名师、名医，打造中原人才系列品牌。加强创新型人才培养，培养一批具有国际水平的战略科技人才、科技领军人才、青年科技人才和高水平创新团队。壮大应用型、技能型人才队伍，着力在软件开发、智能制造、电子商务等重点领域培养一批高技能人才和一批“中原大工匠”。弘扬企业家精神和新时代豫商精神，提升河南企业家素质，形成优秀企业家雁阵。二是大力引进人才。在各地层出不穷的“抢人大战”中制定实施更有竞争力、吸引力的人才政策，加快引进一批急需紧缺和高层次人才。建立灵活的引才引智机制，可以采用兼职挂职、技术咨询、项目合作、周末教授、特聘研究员等方式引才引智。引进国外高端人才，构建国际人才社区、海外人才离岸创新创业基地等国际化人才发展平台，吸引国际高端人才向河南会聚。三是激发人才创新活力。改革科技人才评价体系，建立以创新能力和贡献为导向的评价体系。全方位落实人才奖励补贴、子女入学等优惠政策，畅通城乡、区域、行业和不同所有制间人才流动渠道，为人才到基层和一线提供政策支持和保障。

第三节　提高基础设施支撑能力

基础设施是国民经济和社会发展的基石，是稳定经济运行秩序、畅通国内经济循环的重要抓手。改革开放 40 多年来，河南基础设施建设方面取得显著成就。但现阶段，河南交通、能源、市政、通信等基础设施网络还

存在诸多短板和不足，基础设施的整体质量、综合效能和服务水平还有很大的提升空间，需要在“十四五”时期，准确把握新时期基础设施建设的方向和着力点，坚持适度超前、整体优化、协同融合的原则，统筹推进新型基础设施和传统基础设施建设，构建系统完备、高效实用、智能绿色、安全可靠的现代化基础设施体系。

一　基础设施是高质量发展的基石

（一）基础设施建设是稳增长的重要抓手

基础设施是国民经济和社会发展的基石，加大基础设施投资建设力度是拉动经济发展的重要抓手。尤其是当前受国内外疫情和国际贸易摩擦影响，经济下行压力持续加大，各地都把基础设施建设作为稳定经济运行秩序、畅通国内经济循环的重要抓手，掀起了新一轮基础设施投资建设高潮，基础设施对高质量发展的重要性进一步提升。河南省要紧紧抓住新一轮的基础设施建设机遇，统筹推进传统和新型基础设施建设，提升交通基础设施互联互通水平，提升能源基础设施安全性，提升新型基础设施覆盖面，构建集成高效实用、智能绿色、安全可靠的现代化基础设施体系，增强高质量发展的支撑能力。

（二）准确把握新时期基础设施建设的方向和着力点

新时期基础设施建设应坚持以人民满意为根本出发点和落脚点，以全要素整合、全周期协同、全方位融合、全链条畅通为导向，以深化供给侧结构性改革为主线，聚焦提质增效、优化升级、绿色安全、融合共享，构建适应高质量发展的现代化基础设施体系。

一是着力于提质增效。提质增效是新时期高质量发展的重要内容，也是深化供给侧结构性改革的主要途径。新时期推动基础设施建设，应注重以提质增效为中心，着力提升基础设施整体发展质量、系统效率和效益水平。以补短板为发力点，聚焦河南当前基础设施网络薄弱环节，精准补齐短板，着力扩大基础设施网络效应。以增强基础设施战略支撑引领能力为发力点，充分发挥基础设施“基石”和“先行官”作用，支撑郑州都市圈、洛阳都市圈等区域发展，强化基础设施网络的辐射带动作用和溢出效应。

以提升质量为发力点，统筹基础设施规划、设计、建设、运营、维护、更新等各环节，提升基础设施产业全链条质量水平。以畅通资源要素配置为发力点，挖掘既有设施潜能，着力提升基础设施资源综合利用效率和系统运行效率。

二是着力于优化升级。优化升级就是要改变过去粗放式发展路径，转向精益求精的内涵式发展模式，通过减量、集约、协同等系统优化方式来推动闲散资源盘活、老旧设施更新、低效设施改造、传统设施升级，实现基础设施由表及里、由量向质升级。基础设施优化升级要在“精”字上做文章，首先要强调精准供给，更好满足人民对美好生活的向往，及时响应和精准匹配经济社会发展的动态需求。其次要强调精细管理，聚焦基础设施短板领域、薄弱环节和细微之处，加强细节管理和规范化、标准化建设。最后要强调精诚服务，强调以人为本，着力提升基础设施人性化服务水平。

三是着力于融合共享。当前，在新一代信息技术支撑驱动下，跨界融合和资源共享已成为高质量发展的重要方法和手段。新时期推动基础设施建设也应紧紧把握社会发展趋势和时代特征，转变基础设施发展思路，打造支撑高质量发展的新优势。促进基础设施与相关产业融合发展，依托交通、物流等基础设施网络或平台，大力发展枢纽经济、高铁经济、旅游经济等，推动基础设施与现代制造业、现代农业、现代服务业联动发展。推动新型基础设施与传统基础设施融合发展，利用现代信息技术，促进云计算、人工智能等先进科学技术在交通、能源等传统基础设施领域的广泛应用。统筹交通、能源、电信等基础设施网络空间布局，推进基础设施资源共享、设施共建、空间共用。

四是着力于绿色安全。推动基础设施绿色安全发展是高质量发展的目标要求，新时期推动基础设施建设，应始终坚持绿色发展理念，守住基础设施发展的安全底线。推动基础设施建设绿色化，将生态环境保护作为基础设施建设的前提条件，将绿色发展理念贯穿基础设施规划、建设、运营和养护全过程。守牢基础设施建设安全底线，完善基础设施安全设施配套，强化基础设施日常性安全监测和预防性维护，全面提升安全保障和应急防御能力。

二　河南基础设施建设存在的短板

（一）交通发展不平衡不充分

铁路建设方面，高速铁路还没有覆盖到濮阳、济源2市，洛阳作为副中心城市，对外高铁通道不足，城际、市域铁路发展处于起步阶段。航运方面，民航发展质量不高，支线机场、通用机场布局有待进一步完善。公路方面，沿黄公路运输通道不畅，黄河南北两岸尚未形成高等级快速通道。省际、市际还存在一些断头路、瓶颈路。农村道路等级偏低，区域内还有相当一部分自然村不通硬化路，群众出行难的问题依然存在。黄河跨河通道数量偏少且集约利用不足，目前有跨黄河桥梁25座，百公里密度仅有3.5座。水路运输方面，内河水运功能发挥不足，沿黄区域缺乏高等级航道，沙颍河尚未实现全线贯通，涡河、沱浍河高等级航道尚未建成，港口集约化、专业化程度低。

（二）能源结构有待优化

河南省煤炭资源较为丰富，贫油、少气的能源禀赋使河南的能源长期以来形成了以煤炭为主的生产消费结构，亟待优化能源结构，提升经济含“绿”量。一是传统能源占比较高。河南能源结构偏煤，2020年河南煤炭消费占比达到67%，非化石能源消费占比只有9.5%左右，随着一些常规性技术减煤措施基本用尽，加之产业结构偏重，未来减煤难度加大。二是保障能力偏弱。河南能源禀赋和保障条件在全国相对靠后，能源消费总量却居全国第五位。随着河南的煤炭、油气资源开发趋于枯竭，光伏、风电等可再生能源在全国分别属于三、四类地区，能源生产总量持续下降，同时由于外引通道不足，未来能源保障任务艰巨。三是环境约束偏紧。全省7个京津冀大气污染防治传输通道城市和2个汾渭平原污染防治重点城市均在沿黄地区，按照污染防治要求，重点城市区域原则上不再规划煤电项目，同时要加快淘汰落后煤电机组，环境约束下电力保障压力增大。四是电网结构有待优化，天中直流特高压输电能力仅达到设计输送容量的70%左右，豫西、商丘等地500千伏局部电网较弱，郑州、洛阳短路电流问题突出，除郑州外其余各市供电可靠率均低于全国平均水平。

（三）信息网络等新型基础设施发展滞后

新型基础设施建设是一个涉及经济社会各个领域的复杂的系统工程，受制于资金、技术等因素，河南的新型基础设施建设还存在短板。一是资金投入不足。新基建需要大量的资金投入，政府财政实力毕竟有限，在地方政府融资收紧后，单纯依靠企业自有资金或者财政资金，无法满足新基建项目资本金要求，同时，政府投资的引导和杠杆作用不明显，社会资本进入渠道有限。另外，新基建大多属于高技术创新和轻资产项目，部分企业受自身实力限制，抵押或担保不足，传统贷款无法满足融资需求，融资模式上缺乏创新，新基建的整体融资能力受限。二是新型基础设施应用场景不足。新型基础设施的应用场景与高技术紧密相关，但是新型基础设施项目应用场景仍然不多，项目盈利模式和投资回报周期不确定。5G 网络的应用场景较少，与 5G 适配的物联网、AR、VR、全息投影、人工智能、无人驾驶等相关应用仍然较少，导致 5G 网络的需求尚未被充分释放。三是网络安全和数据安全面临一些挑战。新型基础设施的各类数据中心承载着国家、社会和个人的海量大数据，将面临严峻的数据安全问题。新型基础设施作为重要的数字化基础设施，扩大了网络安全威胁的暴露面，可能会导致高危险度的网络安全威胁，新基建的安全防御难度进一步增加。

三 提高基础设施支撑作用的重要举措

（一）构建便捷畅通的综合交通体系

完善综合运输大通道和综合交通枢纽体系，加快构建发达的快速网、完善的干线网、广泛的基础网，全面提升综合运输网络效应、运营效率和服务品质。

一是畅通对外交通运输通道。推进高速铁路多中心网络化发展，全面建成米字形高速铁路网，拓展洛阳、商丘、安阳等重要节点城市对外高铁通道，规划建设呼南高铁豫西通道，洛阳经周口至上海高铁，太原经安阳、濮阳至徐州高铁，衡水经濮阳、开封、周口至潢川高铁等项目，实现与全国主要经济区域的高标准快速通达。织密高速公路网络，以国家高速公路主通道运能提升、郑州大都市区和洛阳都市圈路网加密、省际和区域断头路打通为重点，优化高速公路网络布局。加强通江达海水运通道建设，推动内河水运复兴，加快京杭大运河（河南段）文化旅游航道建设，探索黄河航运开发，推动沙颍河、沱浍河港口布局，积极推进周口港出河出海大通道全段通航。

二是建设互联互通的内畅网络。构建同城化的郑州大都市区、洛阳都市圈综合交通体系，加快建设以轨道交通为支撑的 1 小时通勤圈，推动干线铁路、城际铁路、市域铁路、城市轨道交通“四网融合”，打造轨道上的都市区（圈）。加密完善“多环+放射”高速公路网，完善节点城市间直连直通的城际快速通道，推进区域交通网络化、一体化发展。实施“断头路”畅通工程和“瓶颈路”拓宽工程，畅通普通干线公路国道主干线和瓶颈路，实现与高速公路出入口、主要景区等重要节点相衔接。构建沿黄高速公路和南北岸沿黄快速通道，以郑州大都市区、洛阳都市圈为重点，有序加密跨黄河通道。实施铁路专用线进企入园工程，打通铁路货运“最后一公里”，推进大宗货物运输公转铁。加强邮政设施建设，实施快递“进厂进村出海”工程，提升城乡寄送普惠共享水平。

三是构筑多层级的综合交通枢纽体系。加快郑州国际航空货运枢纽和国际邮政快递枢纽建设，完善郑州铁路枢纽“四主多辅”客站布局，全面提升郑州国际综合交通和物流枢纽能级。加快洛阳综合枢纽场站建设，推动洛阳向国际性综合交通枢纽迈进。提升商丘全国性综合交通枢纽能级，支持南阳建设全国性综合交通枢纽，积极打造“安阳—鹤壁—濮阳”全国性综合交通枢纽，统筹建设一批区域性交通枢纽。大力建设航空枢纽，加快建设安阳、商丘机场，改扩建洛阳、信阳机场，推动干线、支线、通用机场协同发展，形成“一枢纽多支点”的现代化机场群。

四是补齐农村交通发展短板。大力推进大别山、太行山等革命老区和欠发达地区交通发展，全面推进“四好农村路”建设，推动县乡公路提档升级，推进毗邻镇、村间公路有效联通，加强旅游路、资源路、产业路建设。打造高品质农村客运服务，加快农村客运公交化改造，完善乡村旅游客运网络。建立市（县）乡村三级物流网络体系，健全农村物流基础设施和配送网络体系，推动物流服务向乡村延伸。

五是全面提升交通服务效能。推进城乡客运一体化发展，完善城际快速通勤系统，推进城际客运公交化运营，推广“一票式”联程和“一卡通”服务，促进不同运输方式运力、班次和信息对接，鼓励开展空铁、公铁、公空等联程运输，推动安检流程优化和跨方式互认。加快智能交通系统建设，推进物联网、云计算、大数据等信息技术应用服务于交通新业态新模式发展，推广无感支付、无感安检等服务。深化预约出行、共享交通出行的理念，完善“快进慢游”旅游交通网络，实现交旅深度融合。推广货运“一单制”服务，实施多式联运示范工程，推进标准规则衔接、信息互联共享。

（二）构建低碳高效的能源支撑体系

以节能优先、内源优化、外引多元、创新引领为发展方向，推进清洁能源发展，完善能源产供储销体系，全面提升能源安全绿色保障水平。

一是开展能源结构优化行动。加快淘汰落后煤电产能，合理控制煤电规模，积极推进郑州主城区煤电“清零”、洛阳主城区煤电基本“清零”。推动可再生能源快速发展，大力发展风能、太阳能、生物质能、地热能等新能源和可再生能源，积极推进分散式、平价风电和光伏项目建设，推进农村能源革命试点示范，加快郑州、濮阳、开封等地热供暖规模化利用试点建设。推动抽水蓄能电站项目建设，加快洛阳大鱼沟等抽水蓄能电站建设，积极谋划推动郑州环翠峪、新乡九峰山等抽水蓄能电站项目。稳定原油、天然气产量，加强页岩气勘探开发，推进煤层气（瓦斯）抽采利用。

二是提升能源储备调节能力。开拓省外煤、电、油、气进入河南的新通道，依托浩勒报吉—吉安、瓦塘—日照等煤炭运输通道，提高省外煤炭调入能力。优化特高压交流网架，提高省间电力交换能力和清洁电力输入比重，强化全国电力联网枢纽地位。推进原油管道建设，优化成品油管道网络，形成以郑州为枢纽的“十字”骨干网络，以洛阳和商丘炼化基地为中心的区域性支线管道。多渠道多方向引入气源，加快推进西气东输三线（中段）、苏皖豫、日照—濮阳、济南—濮阳输气管道建设，利用国家主干输气管道引入中国西部和俄罗斯等地的燃气资源。

三是完善能源输配网络。开展电网提档升级行动，强化以郑州都市圈电网为中心的省级500千伏主网架，推动市域220千伏支撑电网优化升级，构建现代城市智能电网。补强电网薄弱环节，提高城乡配电网发展水平。提高电网整体供电质量，重点加快煤电机组关停配套工程、“煤改电”配套电网、区外清洁电力配套送出工程和百城提质工程配套电网建设，确保电力安全可靠供应。构建城乡天然气网络，完善城乡互联互通燃气管道，全面推进天然气管道入镇进村。完善油品输配网络，推动航空煤油管道建设。统筹布局加油、加气、充（换）电、加氢等设施，示范推广氢电油气综合能源站。

四是开展能源节约低碳行动。积极推进城市集中供暖，加快推进散煤清洁替代，推动京津冀大气污染传输通道城市和汾渭平原污染防治重点城市全部实现清洁取暖。推动城乡用能方式变革，大力提升工业能效，大力发展绿色建筑、绿色交通，着力提高重点行业和领域能源效率，确保能源消费总量控制在合理水平。

（三）构建引领未来的新型基础设施体系

坚持适度超前、整体优化、协同融合的基本原则，统筹推进传统基础设施和新型基础设施建设，构建安全、高效、智能、绿色的现代化基础设施体系。

一是加快建设网络基础设施。加快5G、工业互联网、物联网等网络基础设施建设，统筹5G网络规划布局，加快5G基站升级改造，拓宽5G网络覆盖区域。推进互联网骨干网、城域网结构优化和关键环节扩容，提高互联网国际、城际出口带宽能力。加快构建物联网，统筹布局感知网络，加快交通、物流、市政等重点领域物联网终端和智能化传感器规模部署，推动感知设备统一接入、集中管理和感知数据共享利用。加快构建工业互联网，加强大型工业企业内网升级改造，争取郑州建设国家工业互联网大数据分中心、国家级工业互联网平台应用创新推广中心。

二是加强新型计算基础设施建设。稳妥推进大型数据中心、人工智能等信息技术基础设施建设，积极争取在河南建设全国一体化大数据中心国家级枢纽节点，引导数据中心向规模化、绿色化、智能化、国产化方向发展，支持郑州、洛阳加快建设大型绿色数据中心，积极引进建设基础电信运营商、大型互联网企业区域性数据中心。完善人工智能、算力基础设施，打造一批公共数据资源库、标注数据库、训练数据库、开源训练数据集等基础平台。推进区块链建设，加快企业自主区块链底层技术平台和开源平台建设，推进“区块链+”在民生服务、公共安全、社会信用等重点领域的应用。

三是提升发展融合基础设施。推进传统基础设施数字化改造，提升智慧化管理和运营水平。加快交通运输物流基础设施智能化升级，建设智慧枢纽、智慧机场、智慧港口、智慧公路，创建省级智能网联汽车应用示范区，支持郑州市建设国家级车联网先导区。推进清洁能源设施智能化，加快布局建设充换电基础设施和加氢站，搭建覆盖全省、功能完善的智能充电服务网络。推进生态环境设施智能化，建设智慧环保、智慧国土、智慧水利、智慧林业。推进城乡基础设施智能化，建设智慧社区、智慧安防、智慧治理。

第四节　提升公共服务供给水平

近年来，河南社会公共服务供给水平有了很大提升，基本公共服务均等化基本实现，为改善民生提供了有力保障。但也要看到，与人民日益增长的美好生活需要相比，公共服务仍然存在一些薄弱环节，公共服务供给总体上仍然不足，布局结构还不尽合理。推动高质量发展，创造高品质生活，归根结底都是为了回应和满足人民群众对美好生活的期盼。因此，在新的历史时期，河南要继续聚焦基本公共服务领域的痛点和难点，以更大力度、更实的措施保障和改善民生，在幼有所育、学有所教、劳有所得、病有所医、老有所养、住有所居、弱有所扶上不断取得新进展。

一　新时代公共服务高质量供给的发展方向

新时代的公共服务应按照高质量发展的总要求，坚持问题导向，明确重点方向。一是坚持城乡全面覆盖。高质量的公共服务是要消除盲区，让城乡居民都能公平享受到基本的社会公共服务。尤其是城镇流动人口和自由职业者，是消除社会基本公共服务盲区的重点。二是坚持保持适度水平。高质量是一个历史范畴，必须与经济发展阶段相适应，与基本省情、市情相适应。在与人均国内生产总值、人均居民收入相近的省份和地区进行比较的基础上，查找河南发展滞后的公共服务领域和服务项目，及时补短板；对于过于超前的领域和服务项目，也要适当放慢速度，既要防止陷入过度福利的陷阱，又要防止短板影响整体的质量。三是坚持缩小地域和城乡差别。消除公共服务的城乡二元结构，提高城市公共服务均等化、一体化水平。四是坚持精准服务。现代化的供给方式、精准化的服务供求匹配是公共服务高质量发展的内在要求。在对需求进行摸底的基础上，依据保障基本、多元发展导向来确定公共服务供给的方式，政府主要是兜底保障最基本的公共服务需求，非基本的多层次需求由市场主体和社会力量来满足。

二 河南公共服务供给存在的薄弱环节

（一）公共服务供给总量不足

近年来，河南省社会公共服务领域的投入大幅增加，2020 年，一般公共预算支出达到 10382.77 亿元，其中民生支出 7957.57 亿元，占一般公共预算支出的比重为 76.6%。然而河南是人口大省，从人均水平上看，河南省的人均公共服务支出水平在中部六省中排名靠后，河南省基础教育生均建筑面积、生均教学仪器设备值、千人口执业医师和护士数、人均体育场面积等指标均低于全国水平，看病难看病贵、上学难上学贵、住房难住房贵等问题虽有缓解但仍然突出，总量供给不足与质量效益不高的新老矛盾相互交织，群众对基础教育、基本卫生医疗、养老等方面公共服务的满意度有待提高。

（二）公共服务供给结构不平衡

河南经过多年努力，覆盖城乡的基本公共服务体系初步建立起来，主要公共服务项目的覆盖率持续提高，但是随着社会主要矛盾的变化，公共服务发展不平衡不充分的问题日益凸显。一是城乡差距、地区差距较大。区域之间、城乡之间由于财政投入不同，其供给水平、供给质量等方面存在较大差异。郑州、洛阳等地高于豫东、豫南的周口、南阳等地，城市公共服务的投入量明显高于农村。二是公共服务领域内部也存在结构性失衡。如城镇基础教育资源短缺与农村“空心校”等问题并存，“乡村弱”“城镇挤”等问题仍比较突出。养老床位“一床难求”与“空置闲置”并存，医疗资源大多集中在城市，县级医院专科能力不强，县域病人外转率较高。

（三）公共服务专业水平有待提高

公共服务人员的专业性是提高公共服务质量的保障。随着托幼、养老、康复等领域需求的迅猛扩大，幼教人员、日托和生活照料等护理人员缺乏。在养老服务方面，护理服务人员招不来、用不好、留不住的问题突出。随着劳动年龄人口的持续减少，公共服务从业人员缺乏将成为公共服务最大的制约因素，可能会面临有钱买不来服务的困境。

（四）公共服务供给方式单一

虽然河南省出台了很多支持社会办医、民办教育政策，但受投资体量大、回报周期长、投资收益率低、社会资本吸引人才难等影响，社会资本投资意愿不强，举办水平不高，服务主体和提供方式还比较单一。比如在养老方面，社区居家养老主要来自政府各方面的支持，并且机构所提供的服务大都局限在日常生活方面的服务，政府财政资金投入不足，投资主体单一，服务对象只包括少数老年人，社会化程度低导致养老服务内容少，服务层次低，难以提高社会化居家养老服务质量。

三　提升公共服务供给质量与水平的关键措施

（一）构建高质量教育体系

加快推进教育现代化，办好人民满意的教育。一是推动基本公共教育均等化。统筹布局中心城区和县域基础教育资源，缩小城乡、区域、校际差距，促进教育公平。提高公办幼儿园比例，增加城镇学校数量，改善乡村学校办学条件，力争消除“乡村弱”“城镇挤”突出问题。二是提升高等教育质量。抓住国家振兴中西部高等教育机遇，积极争取国家高等教育资源在河南布局，推动本科院校省辖市全覆盖。以郑州大学、河南大学、河南科技大学为重点，加强“双一流”大学和“双一流”学科建设。加强合作办学，吸引国内外高水平大学来豫办学，合作设立研究院（所）。三是提高职业技术教育适应性。实施高水平职业院校建设行动计划、产教融合发展行动计划和中等职业学校标准化建设工程，加强重点专业建设和特色教材开发，建设晋陕豫黄河金三角职业教育园区，打造一批产教融合实训基地和产教融合型企业。四是建立高素质专业化教师队伍。建立高水平现代教师教育和培训体系，支持高水平大学开展教师培养培训，推进师范毕业生免试认定教师资格改革，推进职业院校与企业联合培养“双师型”教师，加强乡村教师队伍建设。五是建设学习型社会，完善终身学习体系，大力发展各类学习型组织，提升发展“互联网+教育”，支持实体书店发展，推广城市书屋、文化驿站等项目，满足全民个性化学习与多途径成才需要。

（二）高水平建设健康中原

把保障人民健康放在重要战略位置，织牢公共卫生防护网，为全民提供全周期健康服务。一是健全公共卫生体系。构建疾病预防控制体系，加强公共卫生队伍建设，完善传染病疫情和突发公共卫生事件监测系统，建立健全多渠道预测预警机制，增强早期监测预警能力。完善重大疫情防控救治体系，加强重大疫情救治基地、城市传染病救治网络、县级医院救治能力建设，建立健全分级、分层、分流的传染病等重大疫情救治机制，全面提升防控和救治能力。完善应急物资保障体系，提升应急医疗救治储备能力。完善公共卫生服务项目，加强食品安全、职业病防治、采供血等服务体系建设。二是全面提升医疗服务能力。建设国家区域医疗中心、省医学中心、省区域医疗中心、县域医疗中心，促进优质医疗资源扩容。不断完善医疗基础设施，提升基层医院医疗设备配置水平。推进县域医共体建设，提升乡镇卫生院、村卫生室和社区卫生服务中心（站）服务能力。大力发展智慧医疗，提高远程医疗服务水平。强化医德医风建设，营造尊医重卫良好风尚。三是推动中医药传承创新。加强中医专科诊疗中心、中医药服务体系、中医药特色人才建设，打造中医药强省。加强中医治未病科、老年病科和康复科建设，规范中医养生保健服务管理，弘扬中医药健康文化。推动中医药健康服务与旅游有机融合，建设一批省级康养旅游基地。四是提高全民健康素养。深入开展爱国卫生运动，积极创建卫生城镇。加强健康教育宣传，倡导合理膳食。加强运动场馆建设，广泛开展全民健身运动。加快发展体育产业、健康产业，提高竞技体育发展水平，建设体育强省。

（三）健全就业公共服务体系

强化就业优先政策，健全就业促进机制，实现更加充分更高质量就业。一是稳存量、扩容量增加就业岗位。落实援企稳岗帮扶政策，稳定中小企业就业。实施重大工程项目、产业项目就业评估，发展劳动密集型产业和吸纳就业能力强的服务业，提高项目和产业带动就业能力。促进创业带动就业，鼓励支持微商电商、网络直播等新就业形态。二是加大高校毕业生、农民工等重点群体就业扶持力度。鼓励和引导高校毕业生到城乡社区就业创业，引导农民工安全有序转移城镇就业，支持更多返乡留乡农民工就地就近就业创业。加强对残疾人、零就业家庭人员等就业困难群体的就业援助，通过公益性岗位开发进行托底安置。三是提高就业公共服务水平。完善市县乡等公共就业服务机构功能，建立“互联网+就业创业”公共就业服务信息系统，提高就业创业信息精准推送、就业供需精准匹配服务水平。加强职业技能培训，广泛开展新业态新模式从业人员和青年技能培训，扩大就业选择范围，提高就业质量。构建和谐劳动关系，畅通劳动争议纠纷调解仲裁渠道，保障劳动者待遇和权益。四是加强失业风险防范。健全就业需求调查和失业监测预警机制，开展就业岗位调查和线上失业登记，促进失业人员尽快实现再就业。

（四）构建多层次社会保障体系

坚持应保尽保原则，稳步提高社会保障水平。一是增强社会保险保障能力。完善基本养老保险制度，大力发展企业年金、职业年金、个人储蓄性养老保险和商业养老保险，落实渐进式延迟退休政策。完善医疗保险体系，构建以基本医疗保险为主体，以医疗救助为托底，补充医疗保险、商业健康保险、慈善捐赠、医疗救助共同发展的医疗保障制度体系。完善失业、生育等保险制度，扩大灵活就业人员、电商和新业态从业人员参保覆盖面。二是健全住房保障体系。坚持房子是用来住的、不是用来炒的定位，加快建立多主体供给、多渠道保障、租购并举的住房制度。推进保障性安居工程、人才安居工程建设，大力发展住房租赁市场，加快棚户区、城中村改造，有序推进老旧小区综合改造提质，多渠道增强住房保障能力。三是加强退役军人服务保障。健全退役军人工作体系和保障制度，落实退役军人就业、创业、优抚等各项政策，依法维护军人军属合法权益。四是健全社会救助和社会福利制度。统筹完善特困人员救助、社会福利、慈善事业发展，织密民生兜底保障网。五是保障残疾人平等权益。完善残疾人服务设施，建设无障碍环境。构建残疾人综合服务体系，为其提供职业技能培训，帮扶残疾人就业创业。

（五）促进人口健康均衡发展

保障妇女儿童、青年全面发展，积极应对人口老龄化，促进新时代人口长期均衡发展。一是保障妇女合法权益。持续改善妇女发展环境，消除性别歧视，保障妇女在就学、就业、婚姻等方面的合法平等权利。落实城乡生育津补贴政策，保障女职工生育权益和母婴权益。提高妇女婚前保健、孕产保健等健康服务水平，加强妇女常见病筛查和早诊早治。提升农村留守妇女关爱服务水平，加强对特殊困难妇女群体的民生保障。二是健全儿童关爱服务体系。完善促进儿童优先和全面发展的制度体系，实施学龄前儿童营养改善计划，有效控制儿童肥胖、近视等常见儿童疾病。加强困境儿童、农村留守儿童关爱服务，健全孤儿社会福利制度。预防和控制儿童伤害，严厉打击拐卖儿童等危害儿童身心健康的违法犯罪行为。加强中小学生欺凌和暴力行为防治，预防未成年人犯罪。三是完善青年发展政策体系。为青年提供教育、就业、住房、婚恋等服务，引导青年有序参与政治生活和社会公共事务，鼓励和支持青年参与社会实践和志愿服务。四是积极应对人口老龄化。以“一老一小”为重点，完善人口服务体系。落实国家生育政策，改善优生优育全程服务，发展普惠托育服务体系，降低生育、养育、教育成本，引导生育水平提升并稳定在适度区间。完善养老服务体系，推动养老事业和养老产业协同发展，构建居家社区机构相协调、医养康养相结合的养老服务体系。加强养老服务设施布局，加快建设日间照料机构等社区养老服务设施，提高社区养老服务质量。完善农村养老服务网络，改造提升特困人员供养服务设施。积极发展医养结合机构，培育康养联合体等新业态。加强对养老服务机构质量安全、运营秩序等的监管，提高养老护理人员规模和素质。开展居家、社区和公共设施适老化建设改造，加强老年人权益保障，构建老年友好型社会。

（六）提高社会治理能力现代化水平

创新社会治理方式，建设社会治理共同体，确保人民安居乐业、社会安定有序。一是健全基层治理体系。完善党组织领导的自治、法制、德治相结合的城乡基层治理体系，推行网格化、数字化、精细化管理和服务，推动社会治理和服务重心向基层下移、资源向基层下沉。二是引导社会力量积极参与基层治理。发挥行业协会商会、公益慈善组织、城乡社区社会组织等群团组织和社会组织在基层社会治理中的作用，促进社会组织诚信和自律互律建设。三是提高市域社会治理现代化水平。加强和创新市域社会治理，以解决市域内影响国家安全、社会安定、人民安宁等突出问题为重点，做好应对重大风险充分准备，把重大矛盾风险化解在市域。

（七）全面提高安全保障能力

把安全发展贯穿经济社会发展各领域和全过程，建设更高水平的平安河南。一是坚决维护政治安全。全面落实国家安全责任制，坚定维护国家政权、制度和意识形态安全。加强宗教事务管理，依法打击非法宗教活动。严密防范和坚决打击敌对势力渗透、破坏、颠覆、分裂和暴力恐怖活动。加强国家安全宣传教育和国防教育，巩固国家安全人民防线。二是确保经济领域安全。加强可替代技术产品供应链重组和多元化备份系统建设，保障重点产业链供应链安全。健全粮食产购储加销体系和重要农产品供给保障体系，确保粮食安全。建立健全经济社会重大风险研判、防控协同、防范化解机制，提高防范化解金融风险的能力。维护水利、电力、供水、油气、交通、通信、网络等重要基础设施安全，强化能源风险应急管控，提高水资源集约安全利用水平。维护战略性矿产资源安全、生态安全和新型领域安全。三是保障人民生命安全。加强安全生产监管，有效遏制危险化学品、矿山、建筑施工、交通、火灾等重特大安全事故。加强和改进食品药品质量安全监管，建设食品安全省。加强对药品和疫苗的质量安全监管，健全质量标识和全程可追溯制度。加强生物安全风险防控，完善生物安全基础设施。四是健全现代应急管理体系。健全自然灾害风险研判、隐患治理、监测预警和信息共享机制，提升对洪涝干旱、火灾、地震等自然灾害的防灾、减灾、抗灾、救灾能力。加强应急物资保障，建设综合应急救援基地、应急物资生产保障基地和区域性应急救援保障基地。健全应急救援力量体系，壮大专职消防队伍和社会化救援队伍，推进消防救援装备提档升级。五是维护社会稳定和安全。构建社会矛盾综合治理机制，坚持和发展新时代“枫桥经验”，畅通和规范群众利益诉求表达通道，将矛盾纠纷及时处理在基层。构建立体化安防体系，完善“雪亮工程”网络，深化平安创建活动。持续推动扫黑除恶行动，坚决防范和打击新型网络犯罪和跨国犯罪，保持社会大局安全稳定。

参考文献

张长星、郭林涛：《新时代河南区域协调发展研究》，中国经济出版社，2020。

《建立更加有效的区域协调发展新机制实施方案》，河南省人民政府官网，http：//www. henan. gov. cn/2019/07-08/932569. html。

河南省人民政府：《关于印发河南省国民经济和社会发展第十四个五年规划和二□三五年远景目标纲要的通知》（豫政〔2021〕13号）。

王元亮：《河南区域协调发展的历程、成就与启示》，《开发研究》2015年第3期。

《河南统计年鉴2020》。

顾严：《推进公共服务高质量发展的建议》，中国发展观察网，http：//www. chinado. cn/？p=6825。

第十一章　讲好故事：勇于担起黄河文化保护传承弘扬的重任

2019 年 9 月，习近平总书记在河南视察时用“伸手一摸就是春秋文化，两脚一踩就是秦砖汉瓦”形象地指出了河南的文化源远流长、底蕴深厚，同时强调要深入挖掘黄河文化蕴含的时代价值，讲好“黄河故事”，延续历史文脉，坚定文化自信，为实现中华民族伟大复兴的中国梦凝聚精神力量。九曲黄河孕育的博大精深、光辉灿烂的黄河文化，是华夏文明的主体、中华文明的重要组成部分、中华民族的根和魂。河南地处中原，因独特地理区位与特殊历史地位，成为黄河文化形成、融合、发展的核心区域和华夏文明的重要发祥地。以河南为中心所孕育出的中原文化是黄河文化的核心和主干。在实施黄河流域生态保护和高质量发展战略的背景下，河南要在保护好、传承好、弘扬好黄河文化上担起更大责任、展现更大担当、力求更大作为。

第一节　推动黄河文化遗产系统保护

以河南为中心的中原大地，是黄河文化萌芽、形成、融合、发展的核心区域。从中华文明的起源、文字的发明，到城市的形成和国家的建立，无不烙刻上河南印记。在我国各地的古文明发掘中，尚没有哪一地区的文明遗迹或其文化遗产可以在丰富性与规模效应上达到或超越以河南为中心的中原地区，文化遗存在规模、数量和品种上都处于优势地位。文化遗产资源的异常丰富，也决定了系统保护好黄河文化遗产成为河南的重要职责。习近平总书记强调，“历史文化是城市的灵魂，要像爱惜自己的生命一样保护好城市历史文化遗产”，“保护文物功在当代、利在千秋”。河南应本着对历史负责、对人民负责的精神，坚持在保护中发展、在发展中保护，构建全方位、一体化的黄河文化遗产保护系统。

一　河南文化遗产资源的主要特点

（一）遗产资源分布密集

以河南为中心的中原地区作为文化地理中心，密集分布着黄河文明的历史遗存和文化景观。河南是黄河流域唯一拥有峡谷河道、过渡河道、游荡型河道、悬河、中下游分界线、大河平湖的区域，也是历朝历代治理黄河的主战场，大禹“斧开三门”、汉代“瓠子堵口”“荥阳石门”、元代“束水攻沙”等众多历史事件等都发生在此。河南现有世界文化遗产 5 处，纳入国家规划的大遗址有 16 处，均居黄河流域第一位。① 黄河流域孕育的五大古都中，除西安外，洛阳、开封、郑州、安阳均在河南。在古代建都历史中，从偃师二里头到安阳殷墟，从郑州到洛阳、开封，河南是我国古代都城遗址分布最多最为密集的省份。② 从 1990 年至 2018 年评选的全国年度十大考古新发现和 20 世纪 100 项考古大发现，河南的数量均居全国第一位。

（二）历史跨度亘古至今

河南黄河流域的文化历史跨度相对较大，从历史典籍和考古学的研究中可以证实，黄河文明的起始点、文明元素的融合点、文明推动的支撑点都在此。③ 从公元前 602 年到公元 1938 年的 2540 年间，黄河泛滥多达 1590 次，其中大的黄河改道 26 次、重大改道 5 次，这些历史事件都与河南有关，从远古时期的共工怒触不周山、大禹治水到当代的焦裕禄带领兰考人民治理盐碱、风沙和内涝三害，以及三门峡、小浪底等大型水利工程的修建，河南围绕治黄兴黄实践积累了丰富的历史文化。④ 河南孕育了李家沟文化、裴李岗文化、仰韶文化、龙山文化等史前文化，在 5000 多年中华文明史中，从夏商周到唐宋先后有 22 个王朝 200 多位帝王在此建都，作为全国政治、

---

① 国家文物局网站公共信息服务，http：//www. ncha. gov. cn/col/col2262/index. html。

② 谷建全、周立、王承哲、李同新、张新斌、唐金培：《做好黄河文化保护传承弘扬这篇大文章》，《河南日报》2019 年 10 月 28 日。

③ 江凌：《推动黄河文化在新时代发扬光大》，《学习时报》2020 年 1 月 3 日。

④ 谷建全、周立、王承哲、李同新、张新斌、唐金培：《做好黄河文化保护传承弘扬这篇大文章》，《河南日报》2019 年 10 月 28 日。

经济、文化中心长达3000多年，是中国历史上建都可考最早、建都朝代最多、建都时间最长、建都城市最广的省份。

（三）文化谱系叠加交错

河南是黄河文化集大成之地，俗话说“一部河南史，半部中国史”。文化遗存无论是从种类数量而言，还是从单一种类而言，在规模、数量和品种上都处于优势地位，因此有着“地下文物第一，地上文物第二”的美誉，更有“中国历史天然博物馆”之称。文化遗产的丰富性决定了河南文化谱系的叠加交错，形成了诸如元典文化、农耕文化、汉字文化、都城文化、枢纽文化等诸多代表性文化种类（见表11-1）。此外，在河南境内有伊洛河与黄河构成的河洛文化，济水与黄河构成的河济文化，淮河与黄河构成的黄淮文化，沁河与黄河所形成的河内文化，这些支津文化极大地丰富了河南黄河文化的内涵，使河南黄河文化更加丰实，更具特色。①

表11-1　河南代表性文化遗产

种类	代表性文化遗产
元典文化	“河图洛书”、《周易》、《道德经》、宋明理学、《四十二章经》、《三教圣像碑》等
农耕文化	裴李岗文化时期的打制石器、渔猎、粟、黍、稻种植，仰韶文化时期家畜饲养、陶器制造、养蚕缫丝织绸，夏商周时期“五谷”“六畜”传统农耕模式，“二十四节气”，《齐民要术》，中原茶饮等
汉字文化	仓颉“始作书契、以代结绳”传说、贾湖文化的契刻符号、仰韶文化彩陶符号、龙山文化朱书陶文、“书同文”、“小篆”、“宋体”、《说文解字》、熹平石经、千唐志斋石刻、宋徽宗瘦金体、活字印刷术等
都城文化	二里头遗址、郑州商代遗址、偃师商城遗址、汉魏故城遗址、隋唐洛阳城遗址、郑韩故城遗址、北宋东京城遗址等
枢纽文化	古代“丝绸之路”、大运河、万里茶道、“两京故道”、“夏路”、漕运航线、战国赵魏长城、函谷关、潼关等
水利文化	大禹治水，“凿井而饮、耕田而食”，春秋战国时期“泛舟之役”，西门豹发民凿十二渠引漳水灌溉民田，汉武帝“瓠子堵口”，三门峡、小浪底等水利枢纽工程等

① 谷建全、周立、王承哲、李同新、张新斌、唐金培：《做好黄河文化保护传承弘扬这篇大文章》，《河南日报》2019年10月28日。

续表

种类	代表性文化遗产
名人文化	老子、墨子、鬼谷子、子产、子贡、曹操、关羽、竹林七贤、玄奘、魏征、寇准、武则天、杜甫、白居易、包拯、程颢、程颐、张择端、焦裕禄等名人，《诗》《书》《论语》《老子》《瓠子歌》《洛神赋》《短歌行》《三吏》《满江红·怒发冲冠》《营造法式》《伤寒杂病论》等诸多名作，二程故里、白居易墓、欧阳修墓等诸多名人遗迹遗存
根亲文化	伏羲、炎帝、黄帝、尧、舜、禹的出生地，170 多个姓氏源头，“根在河洛”，轩辕庙等
商业文化	《清明上河图》、商业鼻祖商代王亥、第一个儒商子贡、第一个热心公益事业而被后人称为商圣的范蠡、第一个爱国商人弦高、第一个由政府颁布的保护商人利益的法规《质誓》、第一个商业理论家计然、第一个有战略思想的产业商人白圭、最早的商家诉讼条例发生在春秋时期的郑国、康百万庄园等
功夫文化	少林寺、嵩山寺塔、太极拳、少林功夫、苌家拳、撂石锁、八极拳、东北庄杂技等

资料来源：作者根据公开资料整理。

（四）保护体系较为完善

截至 2021 年 3 月，河南全省有不可移动文物 65519 处，全国重点文物保护单位 420 处，省级文物保护单位 1170 处；国家文物局公布和立项的国家考古遗址公园 13 处；国家级历史文化名城 8 个、名镇 10 个、名村 2 个、中国传统村落 123 处，省级历史文化名城 15 个、名镇 51 个、名村 46 个、升级传统村落 811 处；列入联合国教科文组织人类非遗代表作名录项目 3 个，列入国家级非遗名录项目 113 个，列入省级非遗名录项目 728 个；有国家级非遗代表性传承人 127 名、省级代表性传承人 832 名；国家级文化生态保护实验区 2 个、河南省文化生态保护实验区 8 个、河南省非物质文化遗产研究基地 33 个、河南省非物质文化遗产社会传承基地 25 个。[①]

① 《河南文化概况》，河南省人民政府官网，https：//www. henan. gov. cn/2011/03 - 04/260811. html。

二 河南推动黄河文化遗产保护的突出问题

（一）遗产家底不清

河南的文化遗产资源家底深厚，但由于文化保护“四有”工作尚不完善，仍有不少地方尤其是县（市、区）文化遗产保护存在明显短板，文物保护基础较为薄弱，现如今大量的文化遗产资源深埋地下，对文化遗产的保护性开发力度明显不够，古建筑维修保护覆盖率不高，对于文物类别认定尤其是濒危文物认定水平不够，多数文物保护单位没有编制完成相关规划，还未形成相对完整清晰的文化遗产保护体系。① 1995~2019 年，河南文物业藏品数量相比于山东、陕西、四川等省增长缓慢，2019 年河南文物业藏品数量为 210.26 万件（套），在沿黄九省（区）中处于第四位，不及排名第一的山东数量的 1/2（见图 11-1）。文物保护仅仅停留在文物工作者层面，文化遗产的富集性与文化家底的不清晰形成强烈反差。

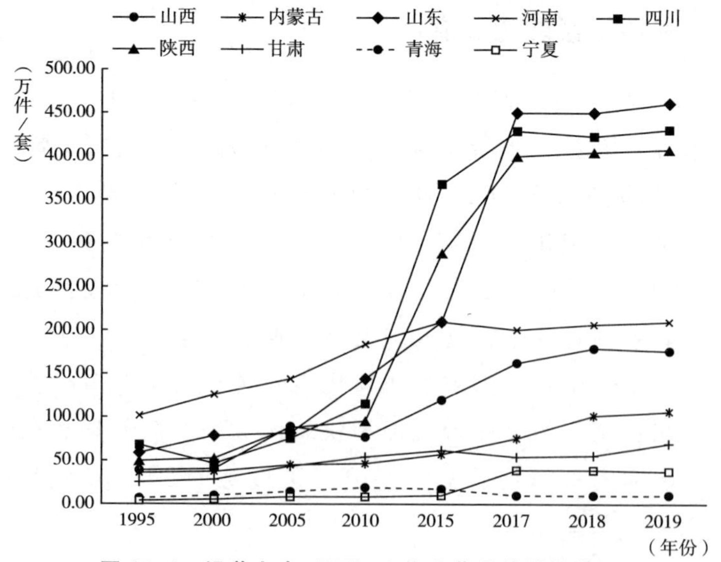

图 11-1 沿黄九省（区）文物业藏品数增长情况

资料来源：《中国文化文物和旅游统计年鉴 2020》。

① 易雪琴：《洛阳文化保护传承弘扬研究——副中心城市建设背景下》，《河南科技大学学报》（社会科学版）2020 年第 5 期。

（二）保护压力较大

由于文化遗产种类较多，不同时期和不同形态的文化遗产资源交错叠加，部分地区受经济发展水平制约，遗产保护投入有限、力量不足，缺少文化遗产维修保护等方面高质量、高层次的专业性人才，加上遗产保护体制机制不够完善，在统筹开展文化遗产保护利用规划等方面统筹衔接不够甚至缺位，导致现有的文化遗产资源多是碎片化、抢救性保护居多，缺乏更加系统性、整体性的规划保护与开发。比如，2019 年河南的博物馆机构达到 340 个，但文物保护规划和方案设计数、国际合作项目数分别为 34 个、3 个，在沿黄九省（区）中比较靠后（见表 11-2）。此外，随着城市建设步伐加快，文化遗址保护、开发与城市建设的矛盾在一定范围内仍然较为突出，重视遗址本体保护但忽视遗址周边整体性保护，就遗址保护而保护，忽视了遗址的文化内涵和文化价值的挖掘。

表 11-2　2019 年沿黄九省（区）博物馆基本情况比较

地区	机构数（个）	藏品数（件/套）	基本陈列（个）	临时展览（个）	参观人次（万人次）	文物保护规划和方案设计数（个）	国际合作项目数（个）
山西	158	1374537	312	209	2460.78	49	1
内蒙古	125	959532	363	226	1483.99	20	3
山东	541	4380555	1752	1206	7658.29	130	25
河南	340	1148305	723	851	6429.16	34	3
四川	256	4067408	646	549	7219.11	63	22
陕西	294	3845472	677	491	6792.66	33	42
甘肃	224	527235	905	641	3325.31	62	5
青海	24	67365	45	21	232.27	2	—
宁夏	55	341655	115	81	852.23	—	—

资料来源：《中国文化文物和旅游统计年鉴 2020》。

（三）展示水平有限

文化遗产的保护是展示的前提和基础，而利用现代化的展示技术能够更好地保护文化遗产，二者是相辅相成的。保护文化遗产就是保留人类文明的发展脉络，维持城市发展的延续性，而展示文化遗产就是通过各种方式和渠道让公众看懂文物、走进历史、融入文化，进而更好地延续和传承历史文化。现阶段，河南多数文化遗产仍停留在资源型或者文物型阶段，缺少更加有效的展示技术和途径。即便是博物馆和考古遗址公园传统的展示模式，由于大多数属于社会公益事业项目，产生经济效益能力较弱，运营成本高且普遍存在开放运营效果不佳的情况，每年需要大量资金投入，地方财政负担较重，其展示水平也有待提高，达不到规模效应。从 2019 年博物馆藏品数、基本陈列数、临时展览数及参观情况来看，河南在沿黄九省（区）中处于中等水平。

三　河南加强黄河文化遗产保护的重点举措

（一）加强文化遗产资源管理

进一步加强文物资源、古籍、非物质文化遗产等资源的普查，全面、系统地梳理和记录全域文化遗产资源，摸清资源的种类、数量、规模、结构、分布及开发利用等情况，构建层级分明、结构合理的文化遗产名录体系。加强全域文化遗产动态预警监测，逐级开展文化遗产等级申报、认定以及保护范围、建设控制地带的划定，推动北宋皇陵、二里头夏都、邙山陵墓群、关公圣迹、万里茶道、新安传统樱桃种植技术、红旗渠等一批自然和文化景观申报世界文化遗产、全球重要农业文化遗产、世界灌溉工程遗产等高等级文化遗产类别，在文化遗产保护领域积极争取更多话语权，不断提升河南黄河文化的世界影响力和知名度。

（二）完善文化遗产资源保护体系

加快完善遗址遗迹遗存保护开发补助政策和补偿制度，创新文化遗产保护利用模式，分级分类开展文化遗产保护。健全完善大遗址保护补偿制度，聚焦史前文明遗址、古代都城遗址、帝王陵寝、石窟寺等一批文物价值高、代表性强、影响力大的遗址，系统开展考古研究和发掘，建设大遗址保护片区。聚焦治水兴水、农业起源及发展脉络、红色文化、工业文化等，加快资源普查、遗产修复、展示与申报，提高水利文化、农耕文化、红色文化等重要文化遗产的保护展示水平。加快开展非物质文化遗产的整体性保护，加强非遗代表性传承人认定和培养，完善非遗口述史和非遗四级名录，建设非遗代表性项目保护利用设施，打造集传承、体验、教育、培训、旅游等功能于一体的传承体验设施体系，提高非遗影响力、可见度和知名度。坚持抢救性保护和预防性保护并举，统筹兼顾遗址遗迹的本体与周边环境、文化生态的保护，推进文化修复和城市有机更新，对历史文化街区、名镇、名村和传统村落民居开展区域性整体保护利用，保护好洛阳、郑州、开封、濮阳、商丘等国家历史文化名城的空间格局，营造"记住历史、留住乡愁"的文化氛围。

（三）打造河南特色载体平台

聚焦仰韶文化遗址、大河村遗址、二里头夏都遗址、郑州和偃师商代都城遗址、汉魏洛阳故城遗址、隋唐洛阳城遗址、北宋东京城遗址、安阳殷墟、邙山陵墓群等大遗址的整体保护和利用①，建设一批集研究、保护、展示、宣传功能于一体的考古遗址公园，探索打造三门峡—洛阳—郑州—开封—安阳世界级大遗址公园走廊，清晰展示中华文明从起源到国家形成再到"大一统"国家观念形成发展的历史脉络。采取整合、优化、新建、改扩建等方式，提升河南博物院、洛阳博物馆、文物考古研究院等重大场馆展示水平，加快建设中国黄河文化博物馆、黄河非物质文化遗产展示馆、中国文字博物馆等一批重大博物馆、地方博物馆、遗址博物馆、数字博物馆、专题和特色博物馆，构建门类齐全、主体多元、形式多样的博物馆体系，鼓励郑州打造"百家博物馆"、洛阳打造"东方博物馆之都"，构建黄河文化主题博物馆群，把河南打造成为保护展示黄河文化的重要平台。聚焦古都名城、名人文化、红色文化、根亲文化，实施一批具有河南特色的文化保护展示工程。

（四）提高文化遗产数字化水平

借助大数据、5G、云计算等现代化信息技术，加快推进文化遗产资源的数字化、可视化进程，通过多维立体展示、实景虚拟展示、交互体验展示等，有序推动智慧博物馆建设和文物数字化展示，生动演绎黄河文化。可以借鉴故宫博物院的经验，建立数字博物馆社区，逐步推动所有文物

① 《扛稳保护传承弘扬黄河文化的历史责任》，《河南日报》2020 年 8 月 14 日。

“上网上云”，获取网络唯一身份信息，并通过人工智能、虚拟现实等技术让人们与文物展开“对话”，推动文化资源从数据化走向场景化、网络化和智能化。依托公共文化场所，通过“互联网+科技+非遗”手段和各类赛事、展览、节庆平台，开展各类非物质文化遗产展示活动，推动非物质文化遗产的传承展示，提高物质文化遗产的可见度、辨识度和非遗文化的品牌影响力。加快完善文化遗产资源数据库，推动数据库与国家级文物资源普查基本数据库、古籍普查登记基本数据库、非物质文化遗产名录等专业平台实现互联开放共享。

第二节　深入传承黄河文化基因

习近平总书记指出：“中华文明绵延数千年，有其独特的价值体系。中华优秀传统文化已经成为中华民族的基因，植根在中国人内心，潜移默化影响着中国人的思想方式和行为方式。”河南的黄河文化在中华优秀传统文化体系中占有十分重要的地位，从这些文化中承继发展的文化因子经过长期以来的积淀，逐渐形成了一系列的人文精神和时代价值，成为中国人民流淌在血液里最深层的文化基因和内在灵魂，也成为当今社会主义先进文化和核心价值体系的重要源泉。河南应深入挖掘黄河文化蕴含的思想理念、人文精神、文化特质，推动黄河文化在河南更好地实现创造性转化和创新性发展，让文化基因“活起来”，构建具有河南特色、中国风格的黄河文化标识体系，充分彰显河南黄河文化的时代价值。

一　河南黄河文化基因的主要特征和时代价值

（一）河南黄河文化基因的主要特征

根源性。黄河文化的根源性，不仅表现为中华文化之源和中华民族之根，表现为中华人文始祖主要在黄河中下游建功立业，也表现为中华姓氏的祖根主要在黄河中下游地区，更表现为史前文化在这里发生发展。[1] 从

① 谷建全、周立、王承哲、李同新、张新斌、唐金培：《做好黄河文化保护传承弘扬这篇大文章》，《河南日报》2019年10月28日。

“三皇五帝”“河图洛书”等到早期的裴李岗文化、仰韶文化再到国家文明的繁荣兴盛，无论是作为东方文明轴心时代标志的元典思想和政治制度的建构，还是汉字和商业文明的肇造，乃至重大科技发明与中医药的产生，都烙下了河南文化的印记。[①] 中原文化是黄河文化的源头活水，在整个中华文明体系中具有发端和母体的地位，对构建整个中华文明体系发挥了筚路蓝缕的开创作用。

核心性。河南因其特殊的地理环境、历史地位和人文精神，在漫长的中国历史中长期居于政治经济中心，也因此决定了中原文化长期以来处于正统主流地位，对中华文明的主体形成起到了构架作用。自古就有“得中原者得天下”之说。最早的国家夏代在这里诞生，早期王朝夏商周在这里鼎盛，汉魏唐宋在这里达到顶峰，在中国历史最辉煌时期，承载了最大的国际影响力。无论是青铜文化鼎盛时期的夏商洛阳、郑州、安阳，王朝繁盛时期的汉唐洛阳，还是艳丽华彩的北宋开封，都是那个时代文化的最高代表。[②] 中原文化的核心思想、核心价值观乃至重大民俗活动，都成为中华文化的核心思想、核心价值观和中华民族的民俗活动。

延续性。河南文化在漫长的历史发展中不断被激活、生发，体现了传统与创新的统一，从史前文化到国家文明再到现代文明，在大片区域内显示了一定的承续性，没有断层，并经过不断演变和延续，历史绵延不绝，文化世代传承，成为一种活态文化，[③] 因此文化谱系的连续性、完整性在黄河流域最为典型。尽管长期以来中原地区被“武力”统治，从而建立了多个强有力的政权，但在文化方面总是被以华夏农耕文化为代表的中原文化所同化，这也使得中原文化不是被征服者的文化毁灭或中断，而是征服者的文化皈依和进步。[④]

融合性。任何一个民族或文化在成长发展的过程中，都不是完全封闭独自成长的，而是一个开放、吸收、传播、融合的过程，是同周边文化不

---

① 史鸿文：《中原文化遗产的十大特征及其表现》，《华北水利水电学院学报》（社会科学版）2006 年第 4 期。

② 张新斌：《黄河文化的河南禀赋、范围及定位》，《河南日报》2020 年 9 月 16 日。

③ 史鸿文：《中原文化遗产的十大特征及其表现》，《华北水利水电学院学报》（社会科学版）2006 年第 4 期。

④ 赵保佑：《中原文化及其现代价值》，《中州今古》2001 年第 5 期。

主义精神，[①] 具有多元一体、家国一体、大一统等特点，对于凝聚和团结全国各族人民起着重要的纽带作用，对新时代深化文化认同、国家认同和提高国家向心力具有特别重要的意义。

民族精神。中原地区民族大融合的过程，也是中华儿女屡次经历战乱迁徙和黄河决溢而自强不息、奋发有为的过程。屡废屡建的洛阳城是中华民族生生不息的文化图腾，开封城摞城遗址见证了宋、金、元、明、清时期黄河的数次泛滥淤没和原址重建，是中华民族生生不息的文化图腾，成就了中华民族不屈不挠的奋斗精神、同舟共济的团结精神、执着追求的梦想精神，也是中华民族伟大复兴中国梦的精神象征。同时，河南是海内外亿万华人缅怀先祖史迹、追寻姓氏源流的根祖之地，“根在河洛”已成为遍及全球的客家人的一致认同。中原文化缔造的“万姓同根，万宗同源”的根亲观念和民族心理，对于增强海内外中华儿女的民族认同感和归属感、提高民族凝聚力具有深远意义，河南也因此成为海内外炎黄子孙的心灵故乡和精神家园。

实践精神。河南人民在改造自然、变革社会、抗争外敌的过程中留下了许多宝贵遗产。比如，精卫填海、愚公移山、女娲补天、大禹治水等黄河两岸流传的传说故事反映了中华民族不屈不挠的战斗精神；汉武帝“瓠子堵口”、贾让“治河三策”、王景“修渠筑堤”、潘季驯“束水攻沙”及新中国成立以来中国共产党领导人民“上拦下排、两岸分滞”“节水优先、空间均衡、系统治理、两手发力”等，都体现了中国人与大自然奋斗的不屈精神；当代的焦裕禄精神、红旗渠精神都是上述历史文化精神的延续，也是中华民族屹立于世界之林的精神根基。[②] 中原文化中自强不息、厚德载物、勤劳俭朴、自律慎独等优秀品格已成为中华民族生命睿智、人生境界和精神气象的象征，体现出中原人博大、宽厚、务实的精神风貌，[③] 对当今国家治理体系与治理能力现代化的建设具有深刻启发意义。

包容精神。历史上以河南为核心的黄河中下游地区是农耕文明与游牧文明的交汇区，曾经作为政治经济文化中心长达 3000 年。在中原这个大熔

---

① 赵保佑：《中原文化及其现代价值》，《中州今古》2001 年第 5 期。

② 张新斌：《黄河文化的河南禀赋、范围及定位》，《河南日报》2020 年 9 月 16 日。

③ 杨波：《中原人文精神的文化价值和当代意义》，《中国社会科学报》2012 年 6 月 27 日。

炉中，炎黄时代各个族群的融合、东周时代华夏族与各个民族的融合、南北朝时期汉族与相关族群的融合，使中华民族大家庭不断发展壮大，见证了中华民族“多元一体”格局的形成历程，也创造了领先世界的物质文明和精神文明，孕育了海纳百川、共生共荣的文化观，通过人口迁徙、商品贸易、文化交流、政治外交等不断向域外中东、印度、欧洲、东北亚等地区传播，在扩大自身文化影响力的同时不断汲取其他文化营养，最终形成了黄河文化中开放包容、兼容并蓄、天下大同的广博胸怀和时代价值，成为影响人类文明进程的重要力量。

自然精神。在黄河流域漫长的农耕实践中，中原先民在与黄河的抗争和适应过程中完成了从敬畏自然到征服自然再到人与自然和谐共生的理念转型，形成了象天法地、趋时避害的生存智慧以及道、释、儒文化的人与自然和合共生的思想，是中华民族“天人合一”自然伦理观的重要体现，也是构建山水田林湖草有机生命体的思想源泉。[①] 这种追求天人合一的理想境界就是中原文化蕴含的自然精神，也是中原文化与中国传统文化的核心和精髓，是中华文化人文精神的积极成果，是华夏民族特有的哲学词汇和价值观念。[②]

二　河南传承黄河文化基因的难点

（一）研究阐释力度不够

文化的研究阐释就如同源头活水，是文化传承的根基，[③] 而每个时代的人们在研究阐释文化过程中应阐发其包含着的永恒价值，在继承创新的过程中进行能够体现时代精神的“新经典化”[④]。尽管河南的文化资源基数大、底子丰厚，但是文化研究阐释还停留在就文化阐释文化的层面，针对时代诉求的文化研究阐释力度还远远不够，能够体现时代精

① 史鸿文：《中原文化遗产的十大特征及其表现》，《华北水利水电学院学报》（社会科学版）2006 年第 4 期。

② 李龙海：《中原文化的“和合”特征》，《华北水利水电大学学报》（社会科学版）2009 年第 4 期。

③ 四川省社会科学院课题组：《传承发展中华优秀传统文化的四川探索》，《光明日报》2019 年 6 月 28 日。

④ 韩经太：《新经典化：新时代的文化阐释学使命》，《光明日报》2018 年 1 月 29 日。

神的文化研究成果较少。比如，2019 年，河南艺术科研机构数、从业人员数在沿黄九省（区）中分别居于第二、第三位，但完成的科研项目数量和获得省部级及以上奖的科研项目数量在沿黄九省（区）中均居于第五位，且与居于第一位的山东差距较大，这说明河南在文化研究方面亟待提高产出效率（见表 11-3）。

表 11-3　2019 年沿黄九省（区）艺术科研机构基本情况比较

地区	机构数（个）	从业人员数（人）	完成科研项目数（个）	获省部级及以上奖的科研项目数（个）
山西	36	1258	12	4
内蒙古	9	116	1	0
山东	7	162	36	20
河南	17	175	2	3
四川	6	225	29	8
陕西	8	100	5	4
甘肃	3	95	1	0
青海	1	14	0	0
宁夏	2	29	0	0

资料来源：《中国文化文物和旅游统计年鉴 2020》。

（二）文化地标体系不健全

文化地标是具有显著地理特征和文化特征，并能从其中提炼出文化精神、展示地域独特文化魅力的标识。通过文化地标内化为独特的文化符号并使之成为人们感知文化的精神象征，发挥其滋养心灵、哺育成长、以文化人的作用，让文化走入社会、进入人心，是文化传承的重要途径。当前，河南在黄河文化地标传承过程中还存在符号失衡、符号闲置、符号误读、符号污染、符号消失等问题。比如，洛阳龙门石窟每年游客达数百万人，而仰韶文化的典型代表大河村却鲜有人问津；一些特色文化如焦作太极拳，未得到充分开发；郑东新区的千玺广场，设计本源为登封的嵩岳寺塔，却被叫作“大玉米”；郑州的百年德化街，现已面目全非；郑州棉纺城，文化遗产已消失殆尽。同时，一些城市或者由于缺少较为明确的发展思路和准确的文化定位，或者对资源的文化内涵发掘不够，没有找准自己的主地标，各自的特色和优势没有凸显出来，进而导致全省没有形成完整的、有机联系的、时空融合的黄河文化地标体系。①

（三）文化传承创新不足

现阶段，河南还有大量的文化遗产停留在对遗址遗迹等单纯保护展示的初级阶段，对文化遗产的活化利用程度有待提高，缺乏创造性开发和创新性转化，围绕黄河文化的文艺创作、文创开发、旅游利用等创新性转化较为滞后，很多优秀文化都躺在书斋里、活在书本中，没有实现文化精神与社会生活的相互转化。② 文化传承创新的队伍和力量比较薄弱，对非物质文化遗产的传承不够深入，导致部分文化遗产尤其是非物质文化遗产面临传承艰难甚至失传的严峻挑战。缺乏更加有效的传承文化的平台和载体，特别是缺少有效的文化 IP 并使之转化成现代形式的文化产品、载体或者文化记忆空间，不能真正让文物、遗产、古籍、文字、技艺等“活起来”。

三　河南传承黄河文化基因的突破口

（一）加强黄河文化基因研究和阐释

发挥本地文化研究力量的主体作用，加强与国内外研究机构交流合作，组织开展重大专项研究和课题攻关，从“根和魂”的高度全面梳理河南黄河文化的孕育、演进和发展历程及其内涵外延、价值体系、重要影响，深入发掘元典文化、农耕文化、汉字文化、都城文化、名人文化等代表性文化蕴含的哲学观点、人文精神和时代价值，提炼中华民族最深层的精神追求和独特的精神标识，形成较为完整的中国文化基因的理念体系，对内植入国民教育体系，对外传播中国话语体系。现阶段，应

---

① 李庚香等：《打造新时代黄河文化地标 全面展示黄河文化魅力》，《河南日报》2020 年 7 月 29 日。

② 田增志：《文化传承中的教育空间与教育仪式》，博士学位论文，中央民族大学，2010。

重点聚焦文明起源、文明化进程、“最早中国”、都城历史、元典思想等开展研究，加快形成一批研究早期中国文明的重大标志性成果，同时选取最具代表性和故事性的题材，加大相关的优秀出版物编撰力度，推出一系列专业性较强、社会阅读面较广的河南黄河历史文化专题读物。

（二）打造河南特色黄河文化地标体系

突出河南在黄河流域的地理区位优势和文化旅游资源优势，以“华夏文明之源、黄河文化之魂”为主题，将保护黄河文化、自然景观与生态环境有机结合，加快建设集文化教育、公共服务、旅游观光、休闲娱乐、科学研究等功能于一体的黄河国家文化公园（河南段），建设黄河国家文化公园核心区，形成河南黄河文化的核心地标，凸显河南在黄河文化保护传承中的战略地位。鼓励郑州、洛阳、开封、安阳等沿黄城市依托自然黄河标识、水利工程、重要文化遗址遗迹等具有开发价值的文化资源建设核心文化街区，打造黄河历史文化主地标城市，使之成为河南乃至全国黄河文化的重要展示窗口和文化传承基地。此外，还应增强系统性、整体性、协同性，面向全省提炼黄河文化符号和关键要素，构建主辅相得益彰的黄河文化地标体系，同时推动文化地标和旅游、文化创意、网络技术等融合发展，让地标“活起来”“亮起来”“火起来”，提升河南元素在“中华母亲河”文化品牌体系中的辨识度和影响力。

（三）积极培育黄河文化 IP 矩阵

文化 IP 有很好的内涵、价值和人格化的特质，具有非常高的辨识度和吸引力，很容易被人们所接受和喜爱。将文化基因通过好的叙事作品凝练并外化为文化 IP，对传承弘扬黄河文化而言能够起到事半功倍的作用。因此，应深入挖掘元典文化、名人文化、三国文化、功夫文化、诗词文化等文化资源的内涵与源流，加强叙事作品的创作与开发，重点培育和孵化豫剧、太极拳、少林功夫、淮阳太昊陵庙会、钧瓷、汝瓷、唐三彩等一批能够代表河南非物质文化遗产的 IP，打造识别性高、引爆性强、综合带动力大、市场潜力好的黄河文化 IP 产品矩阵。在此基础上，推动文化 IP 与创意设计、现代科技、时尚元素结合，通过影视、综艺、旅游、动漫、音乐、舞台艺术、游戏等现代文化产品对文化 IP 进行活化利用，借助新颖的技术手段、社交网络的放大效应，对文化 IP 加以市场化和商业化，不断提高河南黄河文化的可见度和影响力。

（四）强化研学旅行的平台载体作用

中华民族自古就把旅游和读书结合在一起，研学旅行继承和发展了我国传统游学、“读万卷书，行万里路”的教育理念和人文精神，是传承弘扬文化的一种重要途径。因此，应聚焦黄河文化、自然山水、人文历史、地质地理、工业科技、农事农耕等主题，依托丰富厚重的历史文化资源、博物馆、名人学堂、山水生态及老旧厂房、闲置校舍、工矿企业等设施，特别是一些不死不活、不温不火、文化符号比较重的文化资源场所，面向青少年打造一批以“根和魂”“国家文化”等为主题的教育研学项目和精品课程，建设历史文化类、文博研学类、自然生态类、农耕文化类等一批主题鲜明的教育研学基地和研学营地，构建有主题、有线路、有故事的研学旅行体系，将河南沿黄地区打造成国内乃至国际知名的传统文化研学区。

第三节　大力弘扬黄河文化

数千年来，以河南为中心的中原地区的政治安危关乎天下兴亡，经济起伏关乎国家强弱，文化盛衰关乎民族荣辱，在中华民族历史进程中发挥着无可比拟的作用，引领和推动着中华文明的发展进步。从文化资源、人口发展、地理区位、战略支撑来说，河南在弘扬黄河文化方面具有独特优势。习近平总书记强调，“要使中华民族最基本的文化基因与当代文化相适应、与现代社会相协调，以人们喜闻乐见、具有广泛参与性的方式推广开来，把跨越时空、超越国度、富有永恒魅力、具有当代价值的文化精神弘扬起来”①。河南应呼应时代之需，加快创新文化表达方式，加强文化旅游对外交流合作，积极讲好“黄河故事”的河南绚丽篇章，努力将河南打造成为世界文明交流互鉴的重要窗口，不断提升黄河文化吸引力、传播力、影响力，推动黄河文化在新时代不断发扬光大。

---

① 习近平：《习近平谈治国理政》，外文出版社，2014，第 161 页。

一　河南弘扬黄河文化的突出优势

（一）文化发展优势

河南的文化经历数千年的积累和发展，形成了较为完善的文化传播平台、载体及明显的文化品牌，文化资源可谓百花齐放，千百年来始终在引领和推动黄河文明不断前进。近年来，河南加快发展文化及相关产业，规模以上文化及相关产业企业数量、艺术表演团体及场馆数量、文化产业发展规模及占 GDP 的比重在沿黄九省（区）中都位居前列（见表 11-4、图 11-2），为传播弘扬黄河文化奠定了坚实基础。2018 年文化及相关产业增加值达到 2142.5 亿元，在沿黄九省（区）中排在第二位；文化及相关产业增加值占 GDP 比重达到 4.29%，在沿黄九省（区）中居第一位（见图 11-2）。黄河文化中的河南元素熠熠生辉，就像历史考古学界共识的那样，正是由于中原文化这个花心的不断绽放，黄河文明这个重瓣之花才越开越美。

表 11-4　2019 年沿黄九省（区）文化发展相关情况比较

单位：个

地区	规模以上文化及相关产业法人单位数	规模以上文化制造业企业单位数	规模以上文化服务业企业单位数	艺术表演团体机构数	艺术表演场馆机构数
山西	314	45	178	779	137
内蒙古	171	10	120	264	45
山东	2660	1139	908	1306	145
河南	2866	883	1376	2221	191
四川	1867	503	1060	732	101
陕西	1682	211	1182	516	114
甘肃	198	19	142	343	42
青海	52	8	33	100	39
宁夏	72	14	39	30	3

资料来源：《中国统计年鉴 2020》。

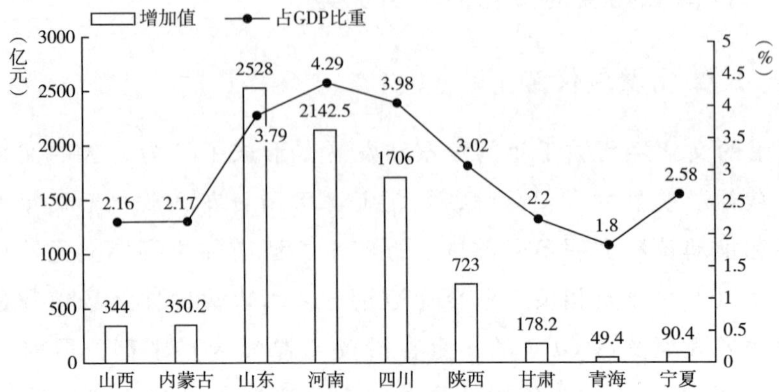

图 11-2 2018 年沿黄九省（区）文化及相关产业增加值情况比较

资料来源：《中国文化及相关产业统计年鉴 2020》。

（二）人口资源优势

河南是我国人口大省，2019 年河南年末总人口达到 9640 万人，在沿黄九省（区）中居第二位，为文化的研究、创新、生产提供了源源不断的劳动力资源，为文化传播弘扬提供了更具竞争力的文化消费潜力。2019 年，河南规模以上文化制造业企业年末从业人员数在沿黄九省（区）中居第二位，规模以上文化服务业企业年末从业人员数在沿黄九省（区）中居第一位，艺术表演团体国内演出观众人次和艺术表演场馆观众人次均远高于沿黄其他省（区）（见表 11-5）。众人拾柴火焰高，较大的人口基数伴随着人们的精神文化需求的日益增长，能够为文化资源带来百家争鸣的创造力、表现力和宣传力，将更加有利于河南发挥引领和示范作用，在传播弘扬黄河文化方面大有作为。

表 11-5 2019 年沿黄九省（区）年末总人口及文化发展相关情况比较

地区	年末人口数（万人）	规模以上文化制造业企业年末从业人员数（人）	规模以上文化服务业企业年末从业人员数（人）	艺术表演团体国内演出观众人次（万人次）	艺术表演场馆观众人次（万人次）
山西	3729	7346	24535	5210	366
内蒙古	2540	1778	13344	2238	171

续表

地区	年末人口数（万人）	规模以上文化制造业企业年末从业人员数（人）	规模以上文化服务业企业年末从业人员数（人）	艺术表演团体国内演出观众人次（万人次）	艺术表演场馆观众人次（万人次）
山东	10070	237015	119315	7056	538
河南	9640	175225	139029	20174	721
四川	8375	109497	126389	2642	321
陕西	3876	31686	83714	4720	412
甘肃	2647	2898	15860	2648	165
青海	608	1166	3422	213	81
宁夏	695	3725	5231	300	14

资料来源：《中国统计年鉴 2020》。

（三）地理区位优势

黄河自陕西潼关进入河南，流经三门峡、洛阳、郑州、开封等 7 个省辖市和济源产城融合示范区。河南地处山区向平原过渡河段和黄河中下游分界线，也是治黄兴黄的主战场，众多历史事件均发生在此，是黄河的历史地理枢纽。河南自古以来就占据着得天独厚的区位优势，古时候的中原地区即是兵家必争之地，是“中国的缩影”，被誉为“中国之中”。在新的历史时期，省会郑州作为中原城市群的中心，是全国重要的铁路、航空、高速公路、电力等的主枢纽，并已经成为中部地区融入“一带一路”的门户城市，助力全省打造内陆开放型经济高地。这种连南贯北、承东启西的独特区位优势和黄河流域的地理枢纽优势，将更加有利于助力河南放大黄河文化资源优势，打造文化“强磁场”，在黄河文化传播弘扬中达到事半功倍的效果，发挥出明显的辐射带动作用。

（四）战略叠加优势

近年来，河南先后承接了中原经济区、中原城市群、郑州航空港经济综合实验区、中国（郑州）跨境电子商务综合试验区、郑洛新国家自主创新示范区、中国（河南）自由贸易试验区、国家大数据（河南）综合试验区等一系列国家战略，是大运河文化带、黄河文化旅游带等与文化有关战略实施的重点区域，提出在“十四五”时期重点实施文化旅游强省战略。同时，郑州、洛阳、开封等城市先后承担了国家级文化生态保护区、国家文物保护利用示范区、国家全域旅游示范区、国家文化产业和旅游产业融合发展示范区、国家文化和旅游消费示范试点城市等一系列文化发展的试点示范建设工程。这些重大战略以及示范试点建设平台与黄河流域生态保护和高质量发展战略叠加，将释放更多的政策红利、平台红利和赋能效应，为弘扬河南黄河文化、打造全国重要文化高地提供了难得的历史性机遇。

二　河南弘扬黄河文化面临的困境

（一）文化吸引力不足

从某种程度上而言，文化吸引力是文化传播弘扬的重要前提。如果一种文化没有吸引力，即便是传播弘扬手段再先进再有吸引力，也很难持续。随着全国各地文化旅游竞相发展，品牌已成为关系文化发展成效的决定性因素。文化品牌就是品质品位，就是吸引力竞争力。从现实来看，河南沿黄各市大多数还没有找准自己的文化品牌定位，在传播弘扬黄河文化的过程中缺乏明显的主线，文化名片与城市的关联度、响应度不高。[①] 同时，河南有很多文化资源从创建开始到现在一直沿袭传统的模式，很多历史文化还只是传于口头上、记于书本中、埋于黄土下，文化存在时代局限性，有些甚至由于某些客观因素中断了，缺乏对历史文化的现代表达和国际表达，加之缺乏更加有效的传播弘扬文化的平台载体，没有形成河南特色的文化品牌而失去吸引力，无法有效刺激大众文化消费的欲望和需求，更谈不上文化的有效传播和弘扬。比如，2019 年，河南居民人均文化娱乐消费支出在沿黄九省（区）中居倒数第二位，仅高于甘肃，与支出最高的山东相差近 1/3（见图 11-3）。

---

① 易雪琴：《洛阳文化保护传承弘扬研究——副中心城市建设背景下》，《河南科技大学学报》（社会科学版）2020 年第 5 期。

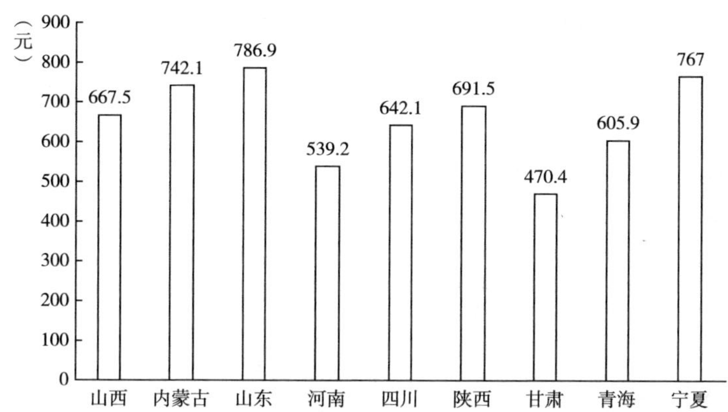

图 11-3　2019 年沿黄九省（区）居民人均文化娱乐消费支出比较

资料来源：《中国文化及相关产业统计年鉴 2020》。

（二）文化影响力不强

文化传播力决定文化影响力，通过传播弘扬文化能够不断提升文化影响力；反过来，文化影响力是检验文化传播弘扬效果的重要指标。随着文化旅游的融合发展，一个地方的文化旅游消费情况越来越能够反映文化的影响力。从现实来看，2019 年河南接待国内外游客人数在沿黄九省（区）中分别排在第五、第四位，其中接待国内游客人数不足人数最多的山东的 20%，接待入境游客人数仅为人数最多的陕西的 14%左右；接待国内外游客天数在沿黄九省（区）中分别排在第八、第五位，其中接待国内游客天数不足天数最多的山东的 20%，接待入境游客天数不足天数最多的山东的 10%（见图 11-4）。这说明无论是从国内还是国外来看，河南的黄河文化的引领、教化功能都有待更好发挥，文化影响力不如山东、陕西、四川等沿黄其他文化大省，亟须通过各种途经加大文化传播弘扬力度，从而提升文化影响力。

（三）弘扬境界不够高

程颐说："学者不欲学圣人则已，若欲学之，须（当作非）熟玩圣人之气象不可。"这种气象是别人能感觉得到的人的精神境界的外在表现，可以理解为一种态度，一种对世界、对人生、对社会的态度，或者说是一种意

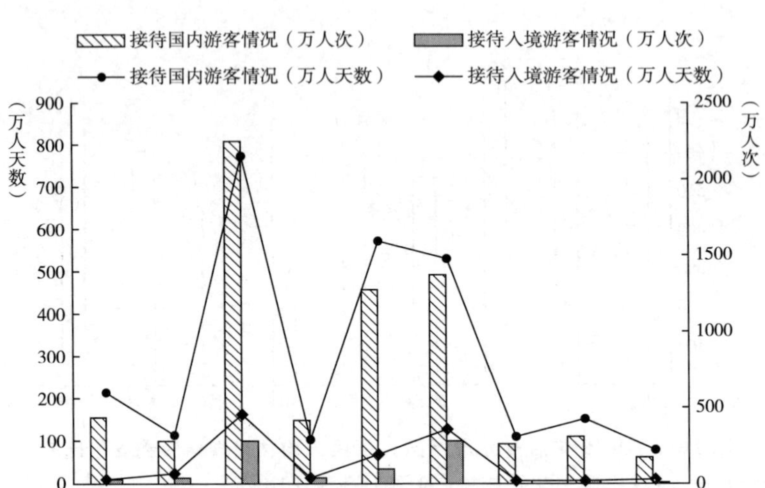

图 11-4 2019 年沿黄九省（区）接待国内外游客情况比较

资料来源：《中国文化文物和旅游统计年鉴 2020》。

识形态、境界，是文化传播弘扬到一定高度后的表现。通过文化这一介质提升人的品位，涵养人的品格，引导人正确理解生命的意义和价值，进而达到崇高的境界。如前所述，当前河南对黄河文化的认识大多还停留在地域文化的层面，大多限于对黄河沿线物质遗存的研究梳理，已发掘的文化遗产，静态展示多、互动体验少，文化内涵缺乏面向世界讲好黄河故事、弘扬黄河文化的手段、载体和平台，近年来还鲜有创作出能够代表河南黄河文化的、耳熟能详的文化文艺精品，黄河文化的内涵和精神特质没有得到充分体现，没有从意识形态层面和站在坚定文化自信的高度发挥出河南黄河文化对凝聚中华民族认同感、归属感、自豪感的应有作用，距离打造中华文明亮丽名片、铸就中华文明新辉煌的要求仍然存在一定差距。

三 河南弘扬黄河文化的努力方向

（一）创新黄河文化的现代表达

坚持与时俱进的理念，以影视剧、舞台剧、综艺节目、纪录片、短视频、网络文学等艺术形式创作生产为重点方向，加大艺术创作生产引导和扶持力度，完善艺术创作生产机制，创作出一批体现河南优秀传统文化和记录新时代、书写新时代、讴歌新时代的黄河题材文艺作品，打造具有经典意义的“一台戏、一首歌、一部剧、一套节目”，共创新时代黄河大合唱。实施传统工艺振兴计划，借鉴北京故宫博物院、苏州博物馆、台北故宫博物馆等有益经验，将黄河文化、现代设计、前沿科技有机结合起来，鼓励开发体现河南黄河文化的文博创意产品，开发非遗衍生品和旅游文化用品，不断提升资源活化利用程度，提高传统工艺项目的整体品质。坚持线上与线下相结合，统筹运用传统媒体和微信公众号、微博、短视频、直播、网络游戏、微信小程序等新媒体，加强优秀黄河文艺作品的传播推广，促进黄河文艺多渠道传播、多平台展示、多终端推送，形成多平台、多渠道、多层次的黄河文化传播矩阵。探索文化场馆与企业合作等市场化合作模式，在文化产品开发、运营管理和营销宣传等方面开展深度合作，利用餐饮、酒店、民宿等形式进行活化改造，通过“传统新造”推动文化更加融入社会生活的方方面面。比如，国外一些城市将一些历史建筑经过修复翻新，改造成博物馆、酒店旅社或餐厅等；陕西历史博物馆与必胜客进行全新的跨界尝试，共同打造了必胜客西安曲江博物馆主题餐厅，为顾客提供用餐之外的文化附加值，让文博走入生活，将文化传承融入休闲餐饮。

（二）促进黄河文化的融合表达

文化融合发展能够发挥出“1+1>2”的效应，而文化的融合不仅包含时空的融合，也包括内容和形式的融合。一方面，应强化河南多元历史文化优势，推动黄河文化与全国乃至全球的运河文化、丝路文化等融合发展，不断放大“一带一路”、黄河、大运河等文化资源在河南交汇叠加的独特优势，统筹推进黄河、大运河、长城、长征国家文化公园建设，推动实现国家主体文化在中原大地全景展示。同时，加快推动文化和旅游深度融合，通过旅游这种人们认识世界、感悟人生的一种精神文化活动，让大量优秀传统文化资源从沉淀的原始状态“活起来”。另一方面，应联合黄河上下游、左右岸省份加强文化合作，现阶段可推动河南各地与豫西北、晋东南城市及沿黄城市文化旅游合作，开展区域协作和加强黄河文化遗产的系统性保护，加强整体规划和政策协同，共同打造沿黄文化保护展示片区、旅游精品景区和线路，共同推动沿黄堤防工程申请国家物质文化遗产、沿黄生态文化旅游带申请国家非物质文化遗产，联动打造沿黄世界级大遗址公园走廊、石窟文化品牌、文化博物馆展示群。

（三）塑造黄河文化的国际表达

积极搭建文化旅游交流合作载体平台，深化与“一带一路”沿线地区、国际友城以及联合国教科文组织、国内外文物保护机构、世界旅游组织等的交流合作，开展黄河文化与华夏文明国际论坛、世界古都论坛、大河文明国际论坛、世界园艺博览会、世界旅游组织年会、中国国际园林博览会等重大节会赛事活动，同时打造一批包含精品舞台艺术、优秀剧目、非物质文化遗产项目、地方特色文化产品等适合对外交流的文化输出项目，促进河南文化的国际传播，扩大河南文化的国际知名度。深入挖掘河洛文化、姓氏文化、客家文化等根亲祖地文化内涵，发挥黄帝故里拜祖大典、姓氏文化节等活动的平台载体作用，积极争办“世界客属恳亲大会”，加大根亲文化传承弘扬力度，拉紧全球华人寻根问祖、恳亲联谊的文化纽带，激发河洛文化“同文同种、同根同源”的民族情感，增强中华民族的凝聚力和向心力，使河南成为享誉全球的根亲文化圣地和中华民族精神家园的重要承载地。加大文化旅游交流、宣传、营销力度，加强与国内外旅游高端营销策划团队、主流媒体、新媒体和在线旅游商的战略合作，精准投放河南文化旅游广告和形象宣传片，策划有较强影响力和吸引力的事件营销活动，采取多种途径开展精准化全球推广活动，推出有吸引力的优惠措施，积极开拓入境旅游市场，不断提升河南文化旅游的品牌认知度和吸引力。

（四）强化黄河文化的群众表达

发挥文化引领风尚、教育人民、服务社会、推动发展的作用，实施文化精品扶持工程，搭建区域性群众文艺交流展示平台，引导黄河文化融入群众文艺创作，推出一批反映河南沿黄人文风貌和群众生活的优秀群众文艺作品，组织各级各类文艺汇演和群众文化活动。创新实施文化惠民工程，将黄河文化纳入公共文化产品和服务，推动“黄河故事”纳入公共文化服务采购范围，加快公共文化服务标准化均等化，以非遗文化为引领推动文化展示进节会、赛事、乡村、学校、企业、社区、园区、景区，同时依托互联网、大数据等现代信息技术构建互联互通的公共数字文化服务网络，根据个性化需求，按需推送、精准服务，以数字技术弥补文化鸿沟，从而不断推动黄河文化融入群众生活。统筹谋划公共文化服务设施建设，优化布局重大文化场馆建设，构建上下联通、资源共享、有效覆盖的总分馆体系，同时推进文化基础设施提档升级，打造基层综合性文化服务中心、文化广场、文化大院等一批标准化基层公共文化服务阵地，将优质公共文化资源延伸到基层，把黄河文化送到群众身边。

第四节　推进文化旅游深度融合发展

习近平总书记强调，“旅游集物质消费与精神享受于一体，旅游与文化密不可分。旅游业发展与精神文明建设密切相关，相辅相成、互相促进”。随着人们生活水平的提高和出行条件的改善，文化和旅游消费成为重要的需求领域，并且文化与旅游呈现相互促进、融合发展的新趋势，文化旅游产业进入高速增长的发展阶段，呈现前所未有的生机与活力。河南不仅是文化资源富集区，也是旅游资源富集区，悠久厚重的历史留下了众多人文胜迹，秀美的山水风光正成为越来越多人新的钟爱，这些都是河南以文化旅游深度融合推动文化保护传承弘扬的底气所在。河南应秉承“宜融则融、能融尽融、以文促旅、以旅彰文”的发展思维和理念，将丰富的文化旅游资源转变为文化旅游产业发展优势，打造一批立得住、叫得响、传得开的知名文化旅游品牌，为保护传承弘扬黄河文化贡献河南力量。

一　文旅深度融合对黄河文化保护传承弘扬的重要意义

（一）文旅深度融合是焕发文化生命力的必然要求

文化是旅游的灵魂，而旅游是文化建设的重要载体，是文化交流的重要纽带。没有文化内涵的旅游只能是浅层次的观光游览，达不到精神熏陶的目的，而没有旅游业来传播的地域文化也难以形成广泛的影响力，失去了文化应有的作用。文化与旅游具有共同的目标，即带给人良好的精神体验，它们还有着很强的相互依附性，文化往往依附于地方的各种实体旅游资源，如景观、商品、游憩活动等，旅游资源也因为融入了当地的文化元素而更加具有吸引力。[①] 当前，河南通过建立大量的文物保护单位和文物保护机制，能够较好地保护好文化遗产，但由于缺乏创新能力，未能将文化资源与旅游消费需求更加有效地衔接起来，大量优秀的传统文化资源还沉淀在原始状态，很多文化遗产因展示可视性、可读性不佳而不被世人所知。通过文化旅游深度融合，培育保护传承弘扬文化的新业态、新模式，增加文化传播与文化活动的创造性和趣味性，能够激发人们的旅游消费潜力，同时更好地提升人们对承载着历史记忆的文化遗产的感知度、认知度，使古老历史文脉成为流淌着的现代城市魂脉，让文化焕发出新的生命力。

（二）文旅深度融合是激活文化生产力的关键举措

在满足人民美好生活新期待、提高人民获得感幸福感这个目标上，文化建设和旅游事业的目标是一致的。文化资源本就是最重要的旅游资源，把历史文化与现代文明融入旅游经济发展，能够提升文旅产品的独特性、稀缺性。当前，旅游已成为新时期人民群众美好生活和精神文化需求的重要内容。旅游产业还是一种综合性产业，是拉动经济发展的重要动力，具有“一业兴、百业旺”的功能。据世界旅游组织统计，在全球所有旅游活动中，由文化旅游拉动的占40%，在欧洲更是超过50%。当前，河南产业发展仍面临第二产业结构偏重、第三产业活力不强、一二三产融合发展缓慢等问题，这其中一个关键原因就是丰富的历史文化资源没有完全转化为产业优势，文化生产力没有被激活。通过文化旅游深度融合，加强业态创新和功能探索，开发出高品位、高附加值、高集聚性的文化旅游产品，真正将文旅富矿转化为留住游客的“强磁场”、提升效益的“聚宝盆”，能够有效解决文化产业和旅游产业内生动力不足的问题，从而在增加旅游产品内涵的同时不断激发文化的生产力，在提升文化的社会效益的同时提升其经济效益，推动文化旅游产业成为支柱产业，为整个经济结构调整注入活力。

（三）文旅深度融合是扩大文化影响力的有效途径

增强国家文化软实力和中华文化影响力，是党和国家工作的一项重

---

① 梅文慧：《新时代文旅融合的理论与实践》，人民论坛网，http：//www. rmlt. com. cn/2019/1209/563688. shtml。

大战略任务，关系“两个一百年”奋斗目标和中华民族伟大复兴中国梦的实现。文化旅游深度融合，能够将无意识的文化传播转变为有意识的文化呈现和游客主动的文化认识，使得每一位游客都是文化使者，每一次旅行活动都能够促进文化相通。旅游是传播文明、交流文化、增进友谊的桥梁，是讲好中国故事、传播中国声音、展示中国形象的重要渠道，是增强国家文化软实力和中华文化影响力的重要源泉。从某种程度上说，文化旅游产业的融合代表着一个国家和地区的识别度，是当代大国崛起的文化自信和全球影响力的体现。河南地处内陆腹地，不沿边、不沿海、不沿江，要在贯彻落实黄河流域生态保护和高质量发展战略过程中出浓彩重彩，就必须充分发挥旅游在传播中华文化、培育社会主义核心价值观方面的特殊优势，通过文化旅游深度融合将文化转化为重要的旅游资源，促进文化的传播和接受，让文化交流合作率先走出国门、走向世界，不断扩大文化的国际影响力，还能有力塑造区域文化认同，激励群体文化自信，在提高“五千年文明古国”的文化辨识度与首位度方面做出贡献。

二　新时代文化旅游融合发展的新趋势新特征

（一）数字化

随着大数据、云计算、5G、AI 等数字信息技术在文化旅游产业领域的应用越来越广泛，“上云用数赋智”已成为文化旅游新业态和传统文化展示传承的新风尚，文化旅游逐渐从资源数据化走向数据场景化，从场景网络化走向网络智能化，创造出现实空间和网络空间相互交错的奇迹，让消费者在多元互动体验中感受文化旅游的魅力。诸如云冈石窟的“可移动石窟”、数字故宫的“新基建”、布达拉宫的高精度数字化测绘、“云游敦煌”以及各类“直播带游”等，借助数字信息技术打破时空间隔，建构了一个可望、可及、可游、可对话交流的云上文旅空间，实现从有限服务到无限服务的质变。利用数字信息技术实现旅游的公共服务、电子商务、品牌推广、统计管理、实时监控、数据共享交换等功能，提升了智慧旅游水平，有效满足了“吃住行游购娱”等方面的智能化、个性化需求。

（二）多元化

当前，文化旅游正逐步从资源依赖型向创新开发型转变，文化旅游不再局限于传统景观，而是通过“文化旅游+”“跨界融合”实现内容创新、功能创新、技术创新，构建丰富多元的后端产品体系，将单一的前端门票经济模式向侧重后端综合消费模式转移，推动文化旅游产业与健康产业、体育产业、文化创意、休闲娱乐、会展商贸、设备制造、教育研学等不同领域的垂直、水平和侧向合作，并对文化旅游产业进行不断的产品和产业细分，催生出文化体验游、乡村民宿游、休闲度假游、生态和谐游、民俗风情游、工业遗产游、研学知识游、红色教育游、康养体育游等多元化的文化旅游新产品、新业态、新模式，推动文化旅游的产业链、供应链和价值链融合创新，不断涌现新热点新卖点，促进了文化旅游产业的多元化发展，有力盘活了文化旅游资源的综合价值。

（三）品质化

随着旅游供给侧结构性改革的不断深化和消费需求的不断变化，文化旅游由观光时代向休闲度假时代转变，从观光消费型向综合效益型转变，从自然增长型向高质量发展型转变。以往观光时代主要是靠资源、饱眼福，而在休闲度假时代，“看”已经成为一种次要的需求，人们已不再满足于“到此一游”，不再一味追求观光景点的密度，“商养学闲情奇”等新元素加速拓展融合，人们更加追求高端的供给、个性的服务、舒适的体验、愉悦的享受，更注重场景化、体验式的旅游，希望每一次出行都能成为自己的“独家记忆”。比如，日本清水寺舞龙游行，非洲莫桑比克、纳米比亚等国的土风舞，毛里求斯的塞卡舞，巴西狂欢节等，通过节庆活动、演艺和体验类旅游活动将非物质文化遗产实现更好的保护传承和弘扬。少数人追求的旅游品质快速演化为愈加普遍性的品质旅游，住进民宿感受当地风俗，戴上 VR 看一场超级大片，穿上古装来一场穿越之旅……拥有更多沉浸式、体验感、参与度和学习性强的文化旅游越来越受到消费者的追捧。

（四）全域化

随着“吃住行游购娱”全产业链的不断丰富提升，现代的文化旅游已断交流、互相影响、彼此融合，才能不断发展壮大的。农耕文明与游牧文明在此交汇，中原文化与草原文化在这里碰撞，造就了中华文明经久不息的生存活力，也使得河南境内孕育的中原文化具有了兼容众善、合而成体的特点。通过经济、战争、宗教、人口迁徙等众多方式，实现了物质文化、制度文化和思想观念的全面融合与不断升华，使得河南的文化兼具多样性和统一性。[①] 比如，胡乐、胡舞、胡人食品在汉唐间传入中原；作为外来宗教的佛教传入中原，却被本土的儒道文化所吸收融汇。中原文化的核心思想，如“大同”“和合”，都成了中华文化的核心思想。

开放性。由于战乱等，古代中原人为生活所迫，在四处迁徙过程中，将其文化不断地向四面八方扩散和远播，从而形成了以河南为核心的中原文化散播性特点，也使其成为整个中华民族的精神凝结体，成为整个中华民族精神文明的见证。岭南文化、闽台文化以及客家文化的核心思想都来源于中原文化中的河洛文化。中原文化中的一些基本礼仪规范包括婚丧嫁娶、岁时节日等重大民俗活动，常常被统治者编成统一的范本，推广到社会及家庭教育的各个环节，从而实现了“万里同风”的社会效果。秦汉以来，中原文化通过陆路交通向东向西广泛传播，不仅影响了朝鲜、日本的古代文明，而且开辟了延续千年的丝绸之路。从北宋开始，中原文化凭借当时最发达的航海技术，远播南亚、非洲各国，也开辟了世界文明海路传播的新纪元。

（二）河南黄河文化基因的时代价值

爱国精神。以河南为中心的中原地区土地肥沃、粮草丰盈，造就了中原文化中浓厚的对土地的热爱之情，这种情感的外在表现就是故乡观念、“大一统思想”，上升到国家层面就是爱国主义精神。《礼记·礼运》描绘的“大道之行也，天下为公”，《论语》描绘的“四海之内皆兄弟”，墨子倡导的“一同天下”，韩非子提出的“一匡天下”的理念，以及中原历史文化中杜甫脍炙人口的爱国诗篇，岳飞精忠报国的爱国情怀，杨靖宇、吉鸿昌等为抗日而抛头颅洒热血的爱国行动都体现了浓厚的“大一统思想”和爱国

---

① 史鸿文：《中原文化遗产的十大特征及其表现》，《华北水利水电学院学报》（社会科学版）2006 年第 4 期。

呈现无景点化趋势，以全域资源整合、全域产业融合、全域服务提升为特征的全域旅游蓬勃兴起。通过引入和发展多样化的文旅产品，建设大型文化旅游综合体项目，游客从景点游向全域旅游转变，运营主体建设从以景区建设为重点转向旅游目的地建设。通过城市更新中对老厂房、老街区的提升改造，乡村振兴中的村落转型升级，挖掘、重塑城市和乡村的新文脉，注重营造文化个性鲜明、旅游体验独特的新场景，在保存历史文化脉络的同时，嫁接新的功能。当前，我国区域发展进入新阶段，文化旅游产业也正在改变传统点线形式的区域发展结构，逐渐完善多轴网络结构，实现区域资源联动发展。

（五）IP 化

伴随着新媒体的崛起，文化 IP 已经成为一种文化产品之间的联结融合，有着高辨识度、自带流量、强变现穿透能力、长变现周期的文化符号，而文化旅游产品也越来越呈现 IP 化的趋势。文化产业向旅游产业延伸所形成的影视基地、动漫主题乐园、创意设计园区、会展中心等（比如，美国好莱坞影视基地、东京海贼王主题乐园、上海迪士尼乐园、浙江横店影视城等）就是文化旅游 IP 化的成功代表。再如，电影《天使爱美丽》《午夜巴黎》带火了巴黎旅游，韩剧《蓝色生死恋》使济州岛成为旅游胜地，热播剧《权力的游戏》中出镜的摩洛哥让众多网友“种草”，云南的《阿诗玛》、广西的《刘三姐》、山西的《乔家大院》相继成为一个时期影视作品带动旅游消费的“旅游名片”，超级网剧《长安十二时辰》的热播让西安文化旅游成为网络热搜，越来越多的游客想去一睹曾经盛世唐朝故都风采。

三　河南推进文化旅游深度融合发展的重点任务

（一）优化文化旅游融合发展布局

加快整合文化旅游资源，以保护传承弘扬黄河文化为核心内涵，以重大水利工程、湿地公园、风景名胜区、山水生态、遗址考古公园、精品博物馆、重点文物保护单位等各类自然遗产和文化遗产为重要节点，以河流以及高速公路、快速公路、国省干线等各类交通干道为空间轴线，加快构建“一带一核三山五区”文化旅游大发展格局。具体而言，应依托黄河建设体现中华悠久文明的黄河精品文化旅游带；推动郑州、开封、洛阳文化旅游资源全面整合，以文旅小镇、主题公园、大型演艺为主要载体，打造全球知名的郑汴洛国际文化旅游核心板块；依托太行山、伏牛山、大别山自然生态和红色文化资源，建设主题鲜明的自然生态景区、红色旅游景区和国民休闲度假目的地；发挥地理空间相互衔接、资源优势融合互补的优势，以中原优秀传统文化为纽带，依托嵩山历史建筑群、黄帝故里、二里头夏都遗址、龙门石窟、龙马负图寺、殷墟、中国文字博物馆、太昊陵、老子故里、庄子故里、仰韶文化遗址群、函谷关、三门峡大坝、南阳武侯祠、渠首丹江口等核心文化旅游资源，建设河洛文化、上古殷商、老庄元典、黄河金三角、丹江卧龙五大特色文化旅游区。①

（二）加快文化旅游产业转型升级

充分发挥市场机制作用，以活化利用文化 IP 为重点，实施“文化旅游+”产业融合提升战略，推动文化旅游与农业、工业、生态、科技、会展、养老等融合创新，大力发展数字驱动型新文旅经济，加快推进核心景区提质升级和深度开发，培育发展文化旅游新业态新模式，提高产业关联度和附加值，延伸文化旅游产业链条。② 比如，在“文化旅游+农业”方面，培育生态涵养、休闲观光、文化体验等多种功能相融合的新业态，打造集家风家训展示、乡愁文化感知、农耕文化体验、精品乡村民宿、生态有机美食等于一体的乡村文化旅游产品体系；在“文化旅游+工业”方面，鼓励重点企业建设企业展示馆、工厂车间观光廊道等旅游功能设施，同时充分改造利用工业园区、工业历史文化遗产保护区、老厂房、废弃矿山，开展工业遗产旅游，建设主题突出、产业丰富、产品众多的文化创意产业园区；在“文化旅游+科技”方面，运用大数据、5G、区块链等新技术建设一批数字化景区和数字博物馆，提升文化旅游产品开发和服务设计的数字化水平，培育基于 5G、超高清、增强现实、虚拟现实、人工智能等技术的新一代沉

---

① 《河南省文旅大会召开出台文化旅游强省建设意见》，东方资讯网，http：//mini. eastday. com/a/200511163858492. html。

② 易雪琴：《洛阳文化保护传承弘扬研究——副中心城市建设背景下》，《河南科技大学学报》（社会科学版）2020 年第 5 期。

浸式、体验型文化旅游新业态；在“文化旅游+会展”方面，以“市场运作、以会养会”为导向，加大休闲旅游产品与国际会议、展览、节庆活动整合力度，通过加强国际合作、政府引导、市场运作等方式，吸引更多高端国际会议、国际赛事活动落户河南，打造具有国际影响力的文化旅游会展品牌。

（三）完善黄河文化旅游品牌体系

强化示范引领作用，聚焦历史记忆、人文地标、城市肌理、特色彰显，推动郑州、洛阳、开封联合打造世界级黄河文化旅游目的地，推动登封打造“世界功夫之都”、温县打造“国际太极圣地”。坚持全域统筹、品牌引领，以郑州、开封、洛阳、安阳等重要节点城市为核心，依托龙门石窟、殷墟、“天地之中”历史建筑群、大运河等重点文化遗产资源，串点成线，打造华夏文明探源、丝路运河文化、古都风韵感知、红色基因传承、大河风光体验、户外运动休闲、沟域田园风情等一批体现黄河文化的高品质精品旅游线路，有力彰显河南底蕴深厚、多元融合、包容开放、秀美大气的文化特质。① 实施“老家河南”文化旅游品牌提升工程，积极融入“中华母亲河”文化旅游品牌，进一步提升《禅宗少林·音乐大典》《大宋·东京梦华》《功夫诗·九卷》《武则天》《水秀》等演艺项目，打造以中国（郑州）国际旅游城市市长论坛、黄帝故里拜祖大典、中国开封菊花文化节、中国洛阳牡丹文化节等为代表的旅游节会品牌，推动打造洛阳牡丹、唐三彩、黄河鲤鱼、开封菊花、汴绣、黄河澄泥砚等“老家河南”特色文化旅游产品体系，打造文化旅游品牌集群，提升河南文化旅游在全国乃至全球市场品牌中的竞争力。

（四）培育多元开放文化旅游市场

当前，文化资源、旅游资源的转化，基本上有两种倾向不可持续：第一种是政府主体，建筑引领，业态不足，这种文旅产品不可持续；第二种是纯市场主体，以地产的盈利反哺旅游经济，产品没有吸引力，最终也不

---

① 易雪琴：《洛阳文化保护传承弘扬研究——副中心城市建设背景下》，《河南科技大学学报》（社会科学版）2020 年第 5 期。

能成功。因此，一方面应加快文化旅游体制机制改革，依托省文化产业投资有限责任公司组建文化旅游投资集团，加快培育一批竞争力强的文化旅游领军企业，探索旅游景区实行“管委会+旅游开发公司”模式，鼓励中小微企业特色化发展，推动传统文化旅游企业与互联网文化旅游企业联动发展，引入战略投资者，与国内外知名文化旅游企业组建战略联盟，提升文化旅游企业在黄河流域、全国乃至全球文化旅游市场品牌中的竞争力和影响力；另一方面，顺应文化和旅游消费提质升级新趋势，深入挖掘文化旅游消费需求，实施“引客入豫”工程，培育更多文化旅游消费产品，落实职工带薪休假、错峰休假制度，推出旅游一卡通、电子消费券、降低门票价格等更多文化旅游消费惠民措施，建立河南文化旅游海外推广中心，推动全省实施境外旅客购物离境退税政策和更大力度的过境免签政策，激发文化旅游消费潜力，打造多种业态竞相发展的文化旅游消费集聚区。

（五）提升文化旅游服务功能品质

坚持“快进、慢游、长留、缓出”理念，强化省、市、县、乡、村五级联动，加快完善文化旅游基础设施，提高文化旅游服务能力和便利化水平，提升文化旅游服务功能和品质。健全文旅交通网络，推动新郑、洛阳机场等成为重要的旅游干线机场，提升旅游专列、旅游包机等特色旅游交通服务水平，增加境外旅游热门航线，谋划建设沿黄生态廊道旅游风景道和黄河两岸自驾车旅游环线，完善城市乐道、直达公交、交通驿站、停车场、房车营地等旅游交通服务设施。推进城市标识化、旅游标准化建设和旅游厕所革命，完善旅游集散服务功能。实施星级酒店和精品民宿提升工程，加强与国际酒店管理集团对接，加快建设一批高品质酒店和精品民宿，提升高端旅游接待能力和服务水平，推动住宿、餐饮等服务设施向特色化、创意化、精品化、个性化、主题化方向发展。借助人工智能、大数据、云计算、区块链、物联网、虚拟现实等技术，加快推动景区基础设施信息化建设，构建全省统一的文旅消费大数据综合平台，提升数字化景区、智慧旅行社、智慧酒店等建设水平。

参考文献

谷建全、周立、王承哲、李同新、张新斌、唐金培：《做好黄河文化保护传承弘扬这篇大文章》，《河南日报》2019 年 10 月 28 日。

江凌：《推动黄河文化在新时代发扬光大》，《学习时报》2020 年 1 月 3 日。

易雪琴：《洛阳文化保护传承弘扬研究——副中心城市建设背景下》，《河南科技大学学报》（社会科学版）2020 年第 5 期。

《扛稳保护传承弘扬黄河文化的历史责任》，《河南日报》2020 年 8 月 14 日。

史鸿文：《中原文化遗产的十大特征及其表现》，《华北水利水电学院学报》（社会科学版）2006 年第 4 期。

张新斌：《黄河文化的河南禀赋、范围及定位》，《河南日报》2020 年 9 月 16 日。

赵保佑：《中原文化及其现代价值》，《中州今古》2001 年第 5 期。

杨波：《中原人文精神的文化价值和当代意义》，《中国社会科学报》2012 年 6 月 27 日。

李龙海：《中原文化的"和合"特征》，《华北水利水电大学学报》（社会科学版）2009 年第 4 期。

四川省社会科学院课题组：《传承发展中华优秀传统文化的四川探索》，《光明日报》2019 年 6 月 28 日。

韩经太：《新经典化：新时代的文化阐释学使命》，《光明日报》2018 年 1 月 29 日。

李庚香等：《打造新时代黄河文化地标 全面展示黄河文化魅力》，《河南日报》2020 年 7 月 29 日。

田增志：《文化传承中的教育空间与教育仪式》，博士学位论文，中央民族大学，2010。

《习近平谈治国理政》，外文出版社，2014。

梅文慧：《新时代文旅融合的理论与实践》，人民论坛网，http：//www. rmlt. com. cn/2019/1209/563688. shtml。

《河南省文旅大会召开出台文化旅游强省建设意见》，东方资讯网，http：//mini. eastday. com/a/200511163858492. html。

第十二章　实施保障：确保黄河流域生态保护和高质量发展战略贯彻落实

黄河流域生态保护和高质量发展是事关中华民族伟大复兴的千秋大计，河南广大干部群众要深入贯彻习近平生态文明思想和习近平总书记重要指示批示精神，深刻领会党中央战略意图，始终坚持和加强党的全面领导，科学谋划抓好目标任务落实，深化问题研究服务科学决策，依法推进流域治理体系和治理能力现代化，协同推进黄河大保护大治理，为扛稳黄河流域生态保护和高质量发展的使命担当提供有力保障。

第一节　加强党的领导

党的领导是做好党和国家各项工作的根本保证，河南要牢固树立全省“一盘棋”思想，把坚持和加强党的全面领导落实到黄河流域生态保护和高质量发展各领域各方面各环节，为深入推动落实好黄河重大国家战略提供坚强的政治保证。

一　加强组织保障

坚持党的全面领导，是经济社会发展必须遵循的重大政治原则，是确保党中央决策部署有效落实的根本保证。河南实施黄河流域生态保护和高质量发展重大国家战略，必须自觉贯彻党总揽全局、协调各方的根本要求，充分发挥各级党组织的领导核心作用，推动党员干部进一步提升政治站位，增强“四个意识”，坚定“四个自信”，做到“两个维护”。深刻领会党中央的战略意图，把黄河流域生态保护和高质量发展视为事关中华民族伟大复兴的千秋大计，充分调动各方面积极性，层层压实主体责任，组织引导广大党员干部以更加清醒的认识、更高的工作标准和更加自觉的行动，把习近平总书记对河南工作的重要指示批示精神和中央关于加强黄河治理保护、推动黄河流域高质量发展的重大决策部署落到实处。

二　锻造干部队伍

高水平完成黄河流域生态保护和高质量发展的主要目标任务，关键在于锻造一支忠诚干净担当的高素质、专业化干部队伍。河南一要全方位加强省、市、县各级领导班子的思想、组织、作风建设，持续提升干部队伍的制度执行力和治理能力。二要全面贯彻新时代党的组织路线，树立正确的用人导向，突出政治主线，严把德才标准，推进相关体制机制改革和管理方式改进，扎实做好干部的培养选拔和使用工作。三要健全激励约束机制和尽职免责机制，充分调动各级干部干事创业的积极性、主动性和创造性，为全省各地深入贯彻落实黄河流域生态保护和高质量发展主要目标和重大任务提供坚强有力的队伍保证。

三　强化理论武装

习近平总书记指出："我们党是高度重视理论建设和理论指导的党，强调理论必须同实践相统一。"全省各级领导干部一要坚定不移地用习近平新时代中国特色社会主义思想武装头脑，深入学习贯彻习近平生态文明思想和习近平总书记关于黄河流域生态保护和高质量发展系列重要论述，吃透精神实质、领会核心要义，为落实好黄河重大国家战略找到科学方法论，通过理论学习的不断提升开创黄河流域高质量发展工作的新境界。二要以开展党史学习教育为契机，系统挖掘整理和研究宣传焦裕禄、人民胜利渠等党领导人民保护治理黄河（尤其是黄河河南段）进程中涌现的先进人物事迹和时代精神，努力从党的历史经验中汲取智慧和营养，凝聚河南贯彻落实黄河重大国家战略的精神力量。三要在推进黄河重大国家战略落地见效的过程中，及时总结沿黄市县的典型做法、存在的问题及有益经验，结合实践推进理论创新创造，不断深化对黄河河南段高质量发展规律的认识，自觉运用发展着的理论指导沿黄市县探索富有地域特色的黄河治理保护和高质量发展路子，更好地服务全国全省发展大局。

第二节　注重科学谋划

科学谋划是推进重大国家战略落实落地的重要基础和前提，也是中国共产党的一个优良传统和宝贵经验。河南要扛稳黄河流域生态保护和高质量发展的使命与担当，应当从做好顶层设计、加强统筹协调和强化政策支持等方面着手，在科学谋划上下功夫，增强决策的战略性、前瞻性和指导性，推动黄河重大国家战略主要目标任务高质高效完成。

一　抓好顶层设计

加强顶层设计和科学规划，为河南贯彻落实好黄河流域生态保护和高质量发展重大国家战略提供行动指南。一要在省级层面组织开展黄河河南段自然资源、生态环境、人文资源等调查，摸清黄河河南段的资源资产家底和治理保护现状，找准黄河流域生态保护和高质量发展的关键问题和薄弱环节，为沿黄市县立足实际找准定位，谋划富有自身特色的黄河治理保护和高质量发展路子奠定坚实基础。二要立足黄河河南段实际考虑和处理好几个关系，如中下游、左右岸、干支流在生态保护和协同治理方面的关系，黄河保护治理与经济社会高质量发展的关系，河南与其他沿黄省份在落实黄河重大国家战略的协同管理合作关系，沿黄市县与省内其他市县在高质量发展之间的竞争合作关系等。三要突出规划引领作用，引导沿黄市县在国家和省级规划的指导下，立足比较优势，强化问题导向，科学编制好黄河流域生态保护和高质量发展规划，明确自身黄河保护治理与高质量发展的总体思路、主要目标、重点任务和政策措施等，同步编制好生态、水利、产业、基础设施、文化旅游、民生等专项规划，为全省各地协同推进黄河流域生态保护和高质量发展重大国家战略实施提供科学指引。同时，也要注重加强与省、市国土空间规划、国民经济和社会发展第十四个五年规划及其他区域发展规划之间的衔接和协调，形成河南谱写新时代中原更加出彩绚丽篇章的规划合力。四要坚持问需、问计于民，积极从人民群众中汲取智慧和力量，提升黄河流域生态保护和高质量发展系列规划编制和政策制定的科学性、完善性和可操作性。

二　统筹协调推进

习近平总书记指出，“统筹兼顾是中国共产党的一个科学方法论”。面对落实黄河重大国家战略的复杂艰巨任务，河南必须坚持系统观念，提高全局思维，统筹推进黄河保护治理、高质量发展各领域各方面各环节工作全面协调发展。一要加强与其他沿黄省（区）的交流协作，建立完善流域管理与行政区域管理相结合的体制，健全跨流域跨区域跨部门协作配合工作机制，形成推进黄河流域生态保护和高质量发展重大国家战略实施的强大合力。二要将全省及沿黄市县黄河流域生态保护与高质量发展的主要目标、重点任务和保障措施进行分解，明确牵头部门及职责。相关部门要细化落实措施，明确时间表、任务书和路线图，层层压实工作责任，确保黄河治理保护和高质量发展各项目标任务圆满完成。三要建立健全实施评估机制，支持省市县有关决策部门借助智库力量提升系列规划、重大项目、政策实施评估的客观性和准确性，支持相关部门基于评估结果及时采取调整措施，确保黄河流域生态保护和高质量发展重大国家战略意图在河南得到有效落实。

三　强化要素保障

构建完善的要素支撑体系，是河南扛稳黄河流域生态保护和高质量发展使命担当的重要保障。一是加大对黄河流域生态保护和高质量发展的财税支持力度，完善财税奖补政策，制定税费优惠政策，支持和引导省内外各类金融机构聚焦河南在黄河保护治理、高质量发展的关键领域及薄弱环节，因地制宜地推进产品和服务模式创新，提升金融支持黄河重大国家战略实施的精准度和适配性。二是沿黄市县要主动对接国家、省级规划，在生态治理、环境保护、水资源利用、产业发展、城市建设等方面谋划实施一批具有基础性、引领性和支撑性的重大项目，夯实黄河流域生态保护和高质量发展的载体。

第三节　深化问题研究

习近平总书记强调，“黄河流域生态保护和高质量发展是一个复杂的系统工程”，要“加强重大问题研究”。河南要积极打造高端研究平台，加强对外交流合作，汇聚各方智力资源，深化对黄河流域保护和高质量发展重大问题的研究，更好地为全省及沿黄市县落实黄河重大国家战略提供科学决策服务。

一　搭建高端研究平台

搭建高端研究平台能够为河南集聚智力资源、加强黄河流域生态保护和高质量发展重大问题的研究合作提供载体支撑。一是支持省内外高等院校、科研院所、行业龙头企业及民间智库等打造聚焦黄河保护治理、流域高质量发展的专业智库，鼓励其对河南实施黄河重大国家战略的关键性问题和薄弱环节展开系统调查研究，为全省及沿黄市县落实好黄河重大国家战略提供智力支持。二是积极发挥郑洛新国家自主创新示范区、国家大数据（河南）综合试验区等引领作用，加快推进中原科技城、沿黄科创带建设，争取更多国家重大科技基础设施、国家重点实验室、综合性国家产业创新中心等在河南落地布局，加速集聚国内外高端创新要素和资源，集中优势科研力量开展水沙调控技术、流域生态修复、水污染防治、水资源高效利用、滩区综合治理、文化遗产保护等关键核心技术攻关，为推进黄河大保护大治理、增强流域高质量发展内生动力提供载体平台。三是委托省科技厅、省社科规划办、省社科联等机构以购买智力服务的形式发包课题，加强对黄河流域生态空间一体化保护和环境协同治理、黄河流域水资源集约高效利用、黄河流域横向生态补偿、黄河文化保护传承弘扬等重大现实问题的研究，形成一系列有深度、有价值的高水平研究成果，为推动黄河重大国家战略在河南落实落地提供决策服务。

二　深化对外交流合作

深化对外交流合作有助于提升河南对黄河流域生态保护和高质量发展相关问题的研究能力和工作水平。一是支持河南省社会科学院等官方智库每年定期举办黄河流域生态保护与高质量发展高层论坛，邀请国内外尤其是沿黄省（区）的政府管理人员和专业研究人员汇聚一堂，聚焦黄河重大国家战略实施开展多层次多领域的工作交流和学术合作。二是鼓励专业研究机构系统梳理、深入挖掘黄河文化的发展脉络及时代意蕴，全力做好黄河文化保护传承弘扬的大文章。支持郑州、洛阳、开封等城市建设好国家黄河历史文化主地标城市和黄河国家文化公园，不断提升黄河国际论坛、黄河文明国际论坛等系列高端会议的办会档次和水平，搭建闻名海内外的黄河文明学术交流平台和载体，打造具有较高国际知名度和影响力的黄河文化河南品牌。

三　加强人才队伍建设

千秋基业，人才为本。河南要以加快建成人才强省为依托，从完善人才政策、优化人才环境、引聚人才团队、加强人才培育等方面着手，为深化黄河流域生态保护和高质量发展重大问题研究夯实人才支撑。一是以加快建设中原科技城为依托，完善“人才+项目+平台”等模式，强化人才全链条服务，优化人才发展环境，加强黄河保护治理等关键领域的高层次创新型科技人才、高技能专业人才队伍引聚，努力推动在落实黄河重大国家战略的人才队伍建设上取得新的突破。二是鼓励省内高等院校、科研院所结合黄河流域生态保护和高质量发展的实际需要，加强与国内外知名高校的交流合作，通过成立国际联合合作实验室等方式，吸引海内外高层次人才投身黄河重大国家战略实施当中。支持省内高校加强黄河保护治理、流域高质量发展相关学科的建设，重视并加快急需紧缺专业人才的培养。

第四节　突出依法治理

法治是推进黄河流域治理体系和治理能力现代化的重要保障，河南要深刻学习领会习近平法治思想的核心要义，善于运用法治思维和法治方式，提升黄河流域治理体系和治理能力现代化水平，为展现河南在黄河流域生态保护和高质量发展中的使命担当提供坚实法治保障。

一　做好立法顶层设计

坚持全局观念和系统思维，综合考虑黄河河南段中下游、干支流、左右岸差异，构建契合河南实际，具有较强整体性、协同性的流域管理法律制度。一是成立由省人大常委会副主任和副省长共同牵头负责，省人大常委会、省司法厅、黄河水利委员会、省自然资源厅、省生态环境厅、省水利厅、省工信厅等相关部门和沿黄市县人大常委会等为成员单位的河南黄河保护立法协调小组，建立健全立法协调工作机制，统一调研、指导和协调河南黄河保护立法工作。二是邀请省市有关部门、行业龙头企业、高等院校、各类智库中从事法学、生态治理、环境保护、水利建设、自然资源管理、产业发展和城乡建设等领域工作和研究的高端人才组成专家顾问团队，系统梳理黄河河南段在水沙调控、减灾防洪、生态补偿、产业发展、文化传承等一系列重大问题的成功做法和不足之处，为河南黄河立法找准突破口献智献策。三是突出重点领域和关键环节，在充分调研论证的基础上，推动黄河流域管理体制机制、水资源集约高效利用、流域生态环境风险防控、非法排污等重点领域行政立法工作，提高立法工作质量和效率。

二　推进执法司法协作

加强黄河流域生态环境资源保护司法执法协作，是贯彻习近平生态文明思想、践行“山水林田湖草统筹治理”整体系统观的重要举措，是凝聚黄河流域生态环境治理强大合力的必然要求。一要系统梳理河南省实施“河长+检察长”制度、黄河流域（孟州段）生态环境保护巡回法庭等典型做法、有益经验和不足之处，进一步加强和完善黄河河南段环境资源专门审判机关建设，统一规范案件受理范围及审理程序。二要根据落实黄河流域生态保护和高质量发展重大国家战略的需要，建立完善案件集中管辖机制，探索流域内集中管辖法院与非集中管辖法院的协同审判机制。三要建立完善黄河流域跨区域审判协作机制，加强沿黄各级法院在资源环境立法、审判、执行等方面工作的协调对接，支持沿黄省、市、县加强联合行政执法。四要打造黄河流域法治工作信息共享平台，为流域内省际立法协调、执法司法协作等工作提供及时高效的信息资源交换共享服务，提高黄河流域立法、执法司法工作质量和效率。五要建设忠诚担当、高素质专业化的审判队伍和环境执法队伍，为黄河河南段加强环境资源司法执法协作夯实人才基础。

三　加强普法宣传教育

充分发挥普法宣传教育在引领意识形态、密切联系群众、营造全社会共同参与黄河治理保护良好法治环境方面的重要作用。一是每年以开展保护母亲河日、世界环境日活动等为契机，推出内容丰富、形式多样的普法宣传教育活动，引导社会公众牢固树立“绿水青山就是金山银山”“山水林田湖草生命共同体”理念，增强绿色发展和可持续发展意识。二是将黄河河南段丰富的历史文化资源与法治元素有机结合起来，打造富有地域特色、群众喜闻乐见的黄河法治产品，推进黄河法治文化带建设提档升级，扩大黄河法治文化宣传的普及度和影响力。三是支持各级司法部门与研究机构、新闻媒体联合举办讲座、研讨会等活动，交流探讨黄河流域特别是河南段资源环境司法执法面临的理论与现实问题，引导社会各界广泛关注和自觉参与黄河法治建设。四是依托“互换网+”，借助微信、微博、微视频等新兴媒体，多种形式增强黄河法治宣传教育的渗透力和实效性。

第五节　坚持协同推进

习近平总书记在河南主持召开黄河流域生态保护和高质量发展座谈会时强调，要“更加注重保护和治理的系统性、整体性、协同性”，“共同抓好大保护、协同推进大治理”，为河南立足黄河流域和生态系统的整体性，统筹谋划、协同推进重大国家战略的实施提供了方法路径。

一　协同推进多重战略实施

当前，我国正处在实现“两个一百年”奋斗目标的历史交汇期，也是“十四五”开好局、起好步的关键时期。黄河流域生态保护和高质量发展国家战略的提出，不仅要突出黄河流域生态保护和环境治理，还要解决沿黄省、市、县之间发展不平衡不充分的问题。河南要协同推进黄河流域生态保护和高质量发展、构建新发展格局、促进中部地区崛起等多重国家战略落实落地，协同推进中原城市群、郑州国家中心城市和洛阳副中心城市建设，以及郑州都市圈、洛阳都市圈等发展战略的实施，为河南高质量发展注入不竭的动力和活力，进一步凸显其在全国发展大局中的地位和作用。

二　协同推进保护治理工作

习近平总书记强调，“黄河生态系统是一个有机整体，要充分考虑上中下游的差异”，“坚持山水林田湖草综合治理、系统治理、源头治理”。长期以来，各地在黄河流域生态保护和治理方面存在条块分割、工作碎片化等问题，河南要在遵循流域保护治理规律的基础上，一是构建协同高效的综合治理格局，强化山水林田湖草等各种生态要素的协同治理，推进黄河河南段中下游、左右岸等在水沙调节、生态治理、环境保护、防洪减灾等工作中的联动协作，提升黄河流域综合治理与可持续发展的能力和水平。二是建立黄河流域绿色高质量发展长效机制，探索黄河保护治理跨区域协作工作考核机制，强化沿黄市县在黄河流域自然资源资产管理和生态环境保护中的责任落实。

三 协同推进区域协调发展

黄河流域地跨九省（区），河南要与沿黄省份协同打破行政壁垒制约，以跨省城市群建设为抓手，促进资源要素自由流通和专业化分工协作，推动不同地域、不同层级的城市间错位发展。同时，省内沿黄市县也要依据各自生态环境条件、自然资源禀赋和比较优势，精准定位、因地制宜发展生态农业、绿色工业、生态文旅等，探索富有特色的高质量发展路子。

参考文献

林永然、商玉萍：《以法治建设推动黄河流域生态保护和高质量发展》，《河南法制报》2021 年 4 月 8 日。

李宏伟：《以科学立法助推黄河流域生态保护和高质量发展》，《河南日报》2019 年 11 月 15 日。

范玉波：《协同推进黄河流域高质量发展》，《中国社会科学报》2020 年 6 月 24 日。

侯佳儒、孔梁成：《黄河流域治理需有协同思维》，《经济日报》2020 年 8 月 17 日。

图书在版编目(CIP)数据

黄河流域生态保护和高质量发展的河南担当 / 王建国主编. -- 北京：社会科学文献出版社，2021.6
ISBN 978-7-5201-8449-6

Ⅰ. ①黄… Ⅱ. ①王… Ⅲ. ①黄河流域-生态环境保护-经济发展-河南 Ⅳ. ①X321.261

中国版本图书馆 CIP 数据核字(2021)第 101907 号

黄河流域生态保护和高质量发展的河南担当

主　　编 / 王建国
副 主 编 / 王新涛　李建华　盛　见　赵中华

出 版 人 / 王利民
组稿编辑 / 任文武
责任编辑 / 高振华
文稿编辑 / 李艳芳

出　　版 / 社会科学文献出版社 · 城市和绿色发展分社（010）59367143
　　地址：北京市北三环中路甲 29 号院华龙大厦　邮编：100029
　　网址：www. ssap. com. cn
发　　行 / 市场营销中心（010）59367081　59367083
印　　装 / 三河市龙林印务有限公司

规　　格 / 开 本：787mm × 1092mm　1/16
　　印 张：19. 25　字 数：313 千字
版　　次 / 2021 年 6 月第 1 版　2021 年 6 月第 1 次印刷
书　　号 / ISBN 978-7-5201-8449-6
定　　价 / 68. 00 元